21世纪普通高等院校计算机专业规划教材

# 数字视频技术

戴辉 卢益民 主编

北京邮电大学出版社
www.buptpress.com

## 内 容 简 介

本书深入浅出地介绍了数字视频技术设计与开发的基础知识，包括4篇，共15章，内容涉及音频、图形与图像、视频与编码标准、JPEG编码、MPEG编码、H.264-AVC编码、AVS视频编码以及数字视频应用等最新技术。全书理论与实践相结合，包含大量应用实例，强调实际操作技能的培训。为适合教学需要，各章末尾均配有习题，并配有电子课件。

本书面向数字视频技术的中级用户，可以使读者较为全面地了解数字视频技术的基本原理和相关应用开发，为将来更深入地学习数字视频技术奠定基础。

本书适合作为高等院校计算机、电子与信息工程、通信工程、数字媒体等相关专业高年级本科生和研究生的“数字视频技术”课程教材或教学参考书，也可作为工程技术人员的参考资料或培训教材。

**图书在版编目(CIP)数据**

数字视频技术/戴辉，卢益民主编．--北京：北京邮电大学出版社，2012.12（2023.8重印）
ISBN 978-7-5635-3125-7

Ⅰ.①数…　Ⅱ.①戴…②卢…　Ⅲ.①数字视频系统　Ⅳ.①TN941.3

中国版本图书馆CIP数据核字(2012)第141231号

**书　　名：**数字视频技术
**主　　编：**戴　辉　卢益民
**责任编辑：**张珊珊
**出版发行：**北京邮电大学出版社
**社　　址：**北京市海淀区西土城路10号(邮编：100876)
**发 行 部：**电话：010-62282185　传真：010-62283578
**E-mail：**publish@bupt.edu.cn
**经　　销：**各地新华书店
**印　　刷：**北京虎彩文化传播有限公司
**开　　本：**787 mm×1 092 mm　1/16
**印　　张：**17.5
**字　　数：**434千字
**版　　次：**2012年12月第1版　2023年8月第3次印刷

ISBN 978-7-5635-3125-7　　　　定　价：36.00元

**· 如有印装质量问题，请与北京邮电大学出版社发行部联系 ·**

# 前　言

人类获取信息的75%来自于人的视觉，在计算机网络上传输的视频信息只能是数字化的视频。随着科学技术的进步和人机界面技术的引入，计算机变得越来越友好和人性化。视听娱乐的普及、万维网的兴盛和计算机游戏的火爆，大大促进了数字视频技术的应用和发展。

本书介绍了数字视频基础、数字视频编码、数字视频信息处理、数字视频信息传输等内容，较为全面地介绍了数字视频技术及应用。

数字视频技术的内容十分广泛，涉及多种学科和领域。数字视频技术的课程和教材的内容选取和编排也各不相同，主要分为两类：

- 应用型——简单介绍媒体的基本属性，重点讲解各种用户级的数字视频素材和著名工具软件的使用，如 Cool Edit、Cakewalk、Corel Draw、Photoshop、Flash、3DS 等。
- 原理型——也介绍各类媒体的基本属性和数字视频的主要应用，但重点放在压缩算法、编码标准、编程开发和系统应用上，不介绍应用软件的具体使用方法。

本课程属于后者——原理型。强调基本概念的了解、具体方法的掌握和实际动手能力的培养。

采用数字视频教学手段，通过课堂讲解、平时练习和大作业，使学生掌握数字视频技术的基本内容和主要方法。注重数字视频技术的最新发展及与实际应用的紧密结合。

特别强调学生自己动手上机实习。通过 Windows 的 MFC 编程，实现主要的压缩算法和常见图像、音频、视频文件的读写、显示或播放，加深对各种媒体的特性、数据压缩、编码标准及文件格式等内容的理解。

本书第 1 章由卢益民编写，第 2～4 章由魏应彬编写，第 5～6 章由聂梦遥编写，第 7～15 章由戴辉编写。陈晓薇博士、袁晓辉博士、李毓蕙博士、高燕博士等也参与了本书的辅助性工作。全书由戴辉统稿，卢益民教授主审。

本书编写过程中得到了许多人的帮助和支持。本课题受国家自然科学基金(60874116)、海南省自然科学基金(610227)和华中科技大学“新世纪教学改革工程”教材建设基金资助。感谢国家自然科学基金委员会信息科学部、华中科技大学武汉光电国家实验室(筹)、华中科技大学电子与信息工程系以及北京邮电大学出版社领导和老师的大力支持；感谢骆清铭教授、朱光喜教授、喻莉教授的指导和帮助；感谢我的同事、我的学生对本书的建议。

感谢作者家人的大力支持和理解。

由于数字视频技术知识繁杂，作者水平有限，编写时间仓促，本书中错误或不妥之处难免，敬请读者批评指正。

作　者

于华中科技大学

# 目　录

# 第一篇　绪　论

# 第二篇　压缩与编码

# 第三篇 数字视频国际标准

# 第四篇 数字视频技术应用

# 第一篇

# 绪　　论

视觉是人类最重要的感觉，也是人类获取信息的主要来源。据统计，人类从外界获取的信息中，75%来自视觉。视频信息同其他的信息形式相比，具有直观、具体、生动等诸多显著优点，并且视频所包含的信息量很大。

视频是一组在时间轴上有序排列的图像，是二维图像在一维时间轴上构成的图像序列，又称为动态图像、活动图像或者运动图像。它不仅包含静止图像的内容，还包含场景中目标运动的信息和客观世界随时间变化的信息。电影、电视等都属于视频的范畴。早期的视频主要指模拟的视频信号，随着全球数字化进程的不断推进，视频的采集设备和采集方式都有了很大的进展。而且，压缩算法、多媒体通信协议的不断发展都为数字视频技术的应用奠定了良好的基础，相信在不久的将来，数字视频应用将渗透到我们工作、生活的方方面面。

本篇介绍数字视频的基本概念、视频相关技术、电视基本原理、数字化与编码以及图像信号的统计特性与评价等。

# 第1章　数字视频技术概论

人们获取的信息75%来自视觉系统，也就是图像和视频信息。在静止图像的基础上，考虑时间因素，就形成视频，因此，视频也称为时基媒体。从早期的模拟视频发展到如今的数字视频，无疑是一次质的飞跃。数字视频具有易存储、易编辑等特性，正在获得越来越广泛的应用。

本章首先引入有关数字视频技术的基本概念，然后介绍数字视频相关技术，最后讨论图像信号的统计特性及其质量评价标准等。

## 1.1　视频技术概论

### 1.1.1　视频的概念

**1. 视频**

视频是人眼视觉器官所感知(重现)自然景物(物体)的信息。常以图像形式来表示。视频一词译自英文Video，我们看到的电影和电视都属于视频范畴。

视频为活动图像，又称序列图像，由一幅幅静止图像组成，每幅图像称为一帧。帧是构成视频信息的最小和最基本单元。根据视觉惰性，每秒钟24帧的连续静止图像就能形成活动视频的感觉。

**2. 彩色电视**

(1) 广播频段的划分

广播频段的划分如表1-1所示。

**表1-1　广播频段的划分**

| 种类 | 频段 | 频率范围(Hz) | 波段频道 | 带宽/Hz | 特点 |
| --- | --- | --- | --- | --- | --- |
| 调幅广播 | MF | 526.5～1 606.5k | 中波 | 10k | 国内广播，地/天波可传百/千余公里 |
| | TF | 2 300～5 060k | 中短波 | | 热带地区的国内广播 |
| | HF | 3 900～26 100k | 短波 | | 国际广播，电离层反射可传数千公里 |
| 电视广播 | I(VHF) | 48.5～92k | 1～5 | 8M | 直线传播，电视广播 |
| 调频广播 | II(VHF) | 87～180M | 超短波 | 200k | 直线传播，调频广播 |
| 电视广播 | III(VHF) | 167～223M | 6～12 | 8M | 直线传播，电视广播 |
| | IV(UHF) | 470～566 | 13～24 | | |
| | V(UHF) | 606～988 | 25～68 | 8.68M | |

其中：MF＝Medium Frequency 中频；TF＝Tropic Frequency 热带频；HF＝High Frequency 高频；VHF＝Very High Frequency 甚高频；UHF＝UltraHigh Frequency 超高频。

(2) 彩色电视制式

目前世界上现行的模拟彩色电视制式有三种：NTSC 制、PAL 制和 SECAM 制。如表 1-2 所示。这里不包括模拟的高清晰度彩色电视。

- 国家电视系统委员会(National Television Systems Committee，NTSC)彩色电视制是 1952 年美国国家电视标准委员会定义的彩色电视广播标准，称为正交平衡调幅制，1954 年开始广播。美国、加拿大等大部分西半球国家，以及日本、韩国、菲律宾等国和中国台湾采用这种制式。
- 由于 NTSC 制存在相位敏感造成彩色失真的缺点，因此德国(当时的西德)于 1962 年制定了相位逐行交变(Phase-Alternative Line，PAL)制彩色电视广播标准，称为逐行倒相正交平衡调幅制，1967 年开始广播。德国、英国等一些西欧国家，以及中国、朝鲜等国家采用这种制式。
- 法国 1957 年起制定了顺序颜色传送与存储(法文：Sequential Coleur Avec Memoire，SECAM)彩色电视广播标准，称为顺序传送彩色与存储制，1967 年开始广播。法国、苏联及东欧国家采用这种制式。世界上约有 65 个地区和国家使用这种制式。

NTSC 制、PAL 制和 SECAM 制都是与黑白电视兼容制制式，即黑白电视机能接收彩色电视广播，显示的是黑白图像；而彩色电视机也能接收黑白电视广播，显示的也是黑白图像。为了既能实现兼容性而又要有彩色特性，彩色电视系统应满足下列两方面的要求：

- 必须采用与黑白电视相同的一些基本参数，如扫描方式、扫描行频、场频、帧频、同步信号、图像载频、伴音载频等。
- 需要将摄像机输出的三基色信号转换成一个亮度信号，以及代表色度的两个色差信号，并将它们组合成一个彩色全电视信号进行传送。在接收端，彩色电视机将彩色全电视信号重新转换成三个基色信号，在显像管上重现发送端的彩色图像。

**表 1-2　彩色电视制式(宽：高=4：3 隔行扫描)**

| 制式 | 制定国家 | 制定/广播时间(年) | (有效)扫描线数/帧数(场频) | 使用范围 |
|---|---|---|---|---|
| NTSC | 美国 | 1952/1954 | 525(480)/30(60) | 美国、日本、加拿大、韩国、中国台湾 |
| PAL | 西德 | 1962/1967 | 625(575)/25(50) | 西欧(法国除外)、中国内地、中国香港、朝鲜 |
| SECAM | 法国 | 1957/1967 | | 法国、俄国、东欧、中东 |

(3) 电视扫描

扫描有隔行扫描(interlaced scanning)和逐行扫描(non-interlaced scanning/progressive scanning)之分。图 1-1 表示了这两种扫描方式的差别。电视发展的初期，由于技术水平不高，数据传输率受到限制。在低数据传输率下，为了防止低扫描频率的画面所产生的闪烁感，黑白电视和彩色电视都采用了隔行扫描方式，通过牺牲扫描密度来换取扫描频率。而现在已经没有了这些限制，所以计算机的 CRT 显示器一般都采用非隔行扫描。

- 在非隔行扫描中，电子束从显示屏的左上角一行接一行地扫到右下角，在显示屏上扫一遍就显示一幅完整的图像，如图 1-1(a)所示。
- 在隔行扫描中，电子束扫完第 1 行后回到第 3 行开始的位置接着扫，如图 1-1(b)所示，然后在第 5、7……行上扫，直到最后一行。奇数行扫完后接着扫偶数行，这样就完成了一帧(frame)的扫描。由此可以看到，隔行扫描的一帧图像由两部分组成：一部分是由奇数行组成，称奇数场，另一部分是由偶数行组成，称为偶数场，两场合起来组成一帧。因此在隔行扫描中，无论是摄像机还是显示器，获取或显示一幅图像都要扫描两遍才能得到一幅完整的图像。

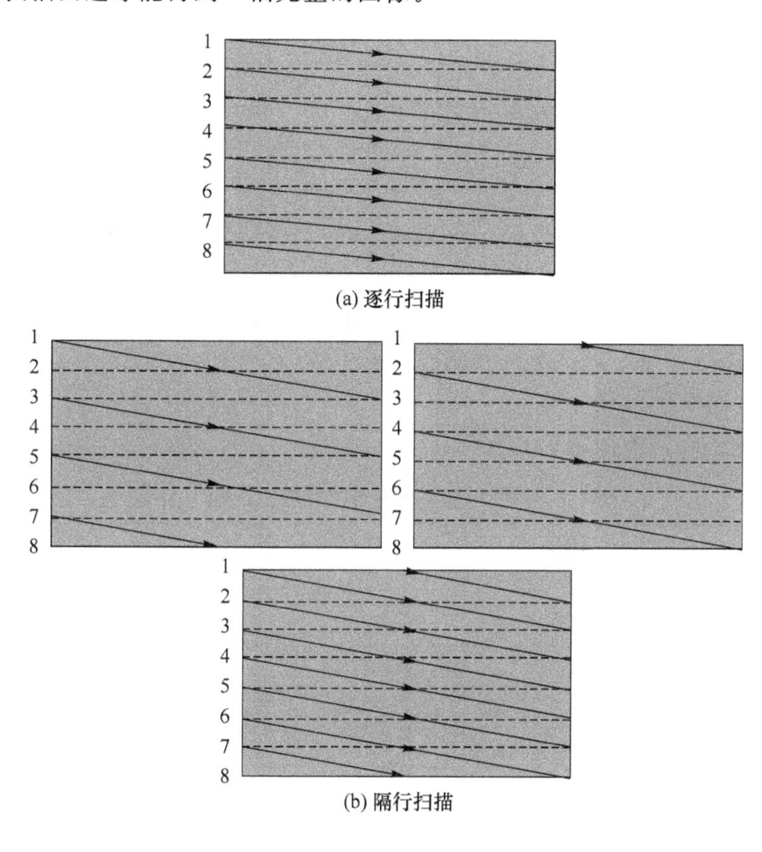


图 1-1　图像的光栅扫描

在隔行扫描中，扫描的行数必须是奇数。如前所述，一帧画面分两场，第一场扫描总行数的一半，第二场扫描总行数的另一半。隔行扫描要求第一场结束于最后一行的一半，不管电子束如何折回，它必须回到显示屏顶部的中央，这样就可以保证相邻的第二场扫描恰好嵌在第一场各扫描线的中间。正是这个原因，才要求总的行数必须是奇数。

每秒钟扫描多少行称为行频 fH；每秒钟扫描多少场称为场频 ff；每秒扫描多少帧称帧频 fF。ff 和 fF 是两个不同的概念。

电视的扫描频率之所以取为 50 场/秒(25 帧/秒)或 60 场/秒(30 帧/秒)，一个重要的原因是，受当时技术的限制，电视信号还不能完全避免交流电的干扰，因此才将电视的扫描场频与电源的交变频率取成一致。例如，美日交流电的频率是 60 Hz，所以它们的电视场频也取为 60 Hz(30 帧/秒)；而中国和欧洲的交流电频率是 50 Hz，所以我们的电视场频就取为 50 Hz(25 帧/秒)。虽然现在的技术已经有了很大发展，交流电的干扰问题早就获得了解决，但是为了与传统的电视信号兼容，同时也可以避免技术上的复杂性，所以即使是最新的高清晰电视广播，仍然还是保留了这样的扫描频率。

（4）黑白电视国际标准

黑白电视的国际标准如表 1-3 所示。

**表 1-3　黑白电视的国际标准（宽高比＝4∶3）**

| 标准系统 | A | M | B、C、G、H | I | D、K、L | E |
| --- | --- | --- | --- | --- | --- | --- |
| 行数/帧 | 405 | 525 | 625 | | | 819 |
| 场数/秒 | 50 | 60 | 50 | | | |
| 帧数/秒 | 25 | 30 | 25 | | | |
| 行数/秒 | 10 125 | 15 750 | 15 625 | | | 20 475 |
| 带宽/（MHz） | 3.0 | 4.2 | 5.0 | 5.5 | 6.0 | 10.0 |
| 码率/（Mbit・$s^{-1}$） | 48 | 67.2 | 80 | 88 | 96 | 160 |

其中，系统 A 和 I 用于英国，M 用于北美和日本，E 和 L 用于法国，其余西欧国家用 B、C、G 和 H，中国用 D。

（5）彩色电视国际标准

彩色电视的国际标准如表 1-4 所示。

**表 1-4　彩白电视的国际标准（宽高比＝4∶3）**

| TV 制式 | PAL(GID) | NTSC(M) | SECAM(L) |
| --- | --- | --- | --- |
| 行/帧 | 625 | 525 | 625 |
| 帧/秒（场・$秒^{-1}$） | 25(50) | 30(60) | 25(50) |
| 行/秒 | 15 625 | 15 734 | 15 625 |
| 参考白光 | $C_{白}$ | $D_{6500}$ | $D_{6500}$ |
| 声音载频/MHz | 5.5 6.0 6.5 | 4.5 | 6.5 |
| $\gamma$ | 2.8 | 2.2 | 2.8 |
| 彩色副载频/Hz | 4 433 618 | 3 579 545 | 4 250 000(＋U)4 406 500(－V) |
| 彩色调制 | QAM | QAM | FM |
| 亮度带宽/MHz | 5.0 5.5 | 4.2 | 6.0 |
| 色度带宽/MHz | 1.3(Ut)1.3(Vt) | 1.3(I)0.6(Q) | >1.0(Ut)>1.0(Vt) |

（6）彩色分量

根据光电三基色的加法原理，任何一种颜色都可以用 R、G、B 三个彩色分量按一定的比例混合得到。图 1-2 说明用彩色摄像机摄取景物时，如何把自然景物的彩色分解为 R、G、B 分量，以及如何重现自然景物彩色的过程。

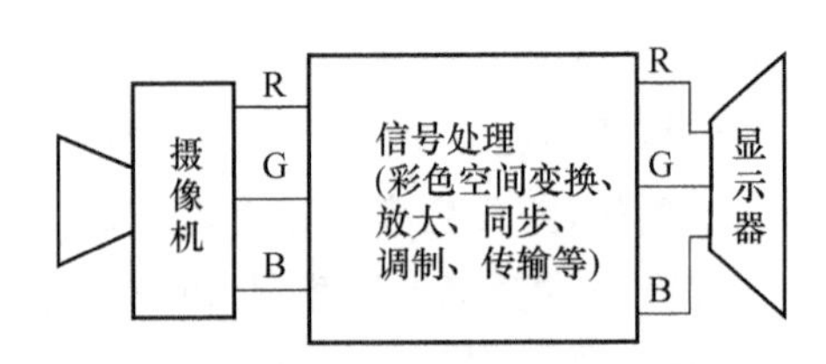

图 1-2　彩色图像重现过程

为了使彩色电视与黑白电视兼容，同时也为了可以利用人眼对亮度和颜色的不同感知特性进行数据压缩，彩色电视并没有直接采用红绿蓝 RGB 颜色体系进行信号传输，而是采用了亮度色差颜色体系 $YC_1C_2$。

$YC_1C_2$ 中的 Y 表示亮度信号，$C_1$ 和 $C_2$ 是两个色差信号，$C_1$ 和 $C_2$ 的含义与具体的制式有关。在 NTSC 彩色电视制中，$C_1$ 和 $C_2$ 分别表示 I 和 Q 两个色差信号；在 PAL 彩色电视制中，$C_1$ 和 $C_2$ 分别表示 U 和 V 两个色差信号；在 SECAM 彩色电视制中，$C_1$ 和 $C_2$ 分别表示 $D_b$ 和 $D_r$ 两个色差信号；在 CCIR 601 数字电视标准中，$C_1$ 和 $C_2$ 分别表示 $C_b$ 和 $C_r$ 两个色差信号。所谓色差是指基色信号中的三个分量信号（即 R、G、B）与亮度信号之差。

三种彩电制式的颜色坐标都是从 PAL 的 YUV 导出的，而 YUV 又是源于 XYZ 坐标。Y 为亮度，可以由 RGB 的值确定，色度值 U 和 V 分别正比于色差 B-Y 和 R-Y。YUV 坐标与 PAL 制式的基色值 RGB 的关系为：

$$\begin{pmatrix} Y \\ U \\ V \end{pmatrix} = \begin{pmatrix} 0.299 & 0.587 & 0.114 \\ -0.147 & -0.289 & 0.436 \\ 0.615 & -0.515 & -0.100 \end{pmatrix} \begin{pmatrix} \tilde{R} \\ \tilde{G} \\ \tilde{B} \end{pmatrix}$$

其中 $\tilde{R}\tilde{G}\tilde{B}$ 为 RGB 归一化的 $\gamma$ 校正后的值，其(1，1，1)点对应于 PAL/SECAM 颜色体系中的基准白色。

NTSC 的 YIQ 坐标中的 IQ 分量是 UV 分量旋转 33 度后的结果：

$$\begin{pmatrix} Y \\ I \\ Q \end{pmatrix} = \begin{pmatrix} 0.299 & 0.587 & 0.114 \\ 0.596 & -0.275 & -0.321 \\ 0.212 & -0.523 & 0.311 \end{pmatrix} \begin{pmatrix} \tilde{R} \\ \tilde{G} \\ \tilde{B} \end{pmatrix}$$

SECAM 制式所采用的 $YD_bD_r$ 坐标中的 $D_bD_r$ 与 YUV 中的 UV 之间有如下关系：

$$D_b = 3.059U, D_r = -2.169V$$

601 标准 $YC_bC_r$ 是 YUV 的伸缩平移：

$$\begin{pmatrix} Y \\ C_b \\ C_r \end{pmatrix} = \begin{pmatrix} 0.257 & 0.504 & 0.098 \\ -0.148 & -0.291 & 0.439 \\ 0.439 & -0.368 & -0.071 \end{pmatrix} \begin{pmatrix} R \\ G \\ B \end{pmatrix} + \begin{pmatrix} 16 \\ 128 \\ 128 \end{pmatrix}$$

其中，$R=255\tilde{R}$，$G=255\tilde{G}$，$B=255\tilde{B}$。伸缩后 $Y=16\sim235$、$C_bC_r=16\sim240$。

在彩色电视中，使用 Y、$C_1C_2$ 颜色体系进行信号的发送和接收，有如下两个重要优点：

- Y 和 $C_1C_2$ 是独立的，因此彩色电视和黑白电视可以同时使用，Y 分量可由黑白电视接收机直接使用而不需做任何进一步的处理；
- 可以利用人的视觉特性来节省信号的带宽和功率，通过选择合适的颜色模型，可以使 $C_1C_2$ 的带宽明显低于 Y 的带宽，而又不明显影响重现彩色图像的观看。这为以后电视信号的有效数字化和数据压缩提供了良好的基础。

**3. 高清晰数字电视**

最开始的电视机只有 9 英寸或 14 英寸大，五六百条扫描线就足够清晰了，可后来电视机越做越大：18 英寸、20 英寸、25 英寸、29 英寸、34 英寸、39 英寸，甚至 42 英寸、50 英寸和 63 英寸（等离子电视和背投电视），但电视信号却仍然只有五六百线，观看效果让人难以接受，迫切需要发展高清晰度电视（其他可供比较的视频信号的扫描线数为：VHR/VCD：200多线、S-VHS：320线、Laser Disc：420线、DVD：576线）。

高清晰度电视（High-Definition TeleVision，HDTV）是指图像质量大于1 000线（似16 mm电影）、环绕立体声（似现代电影院）、宽高比为16：9或5：3（似宽银幕电影）的电视。普通电视的图像质量只有五六百线、单声道或立体声、宽高比为4：3（似普通银幕电影和普通的计算机显示器）。可见HDTV的扫描线数是普通彩色电视的2倍，信息量（像素）增加到5倍。如图1-3和表1-5所示。

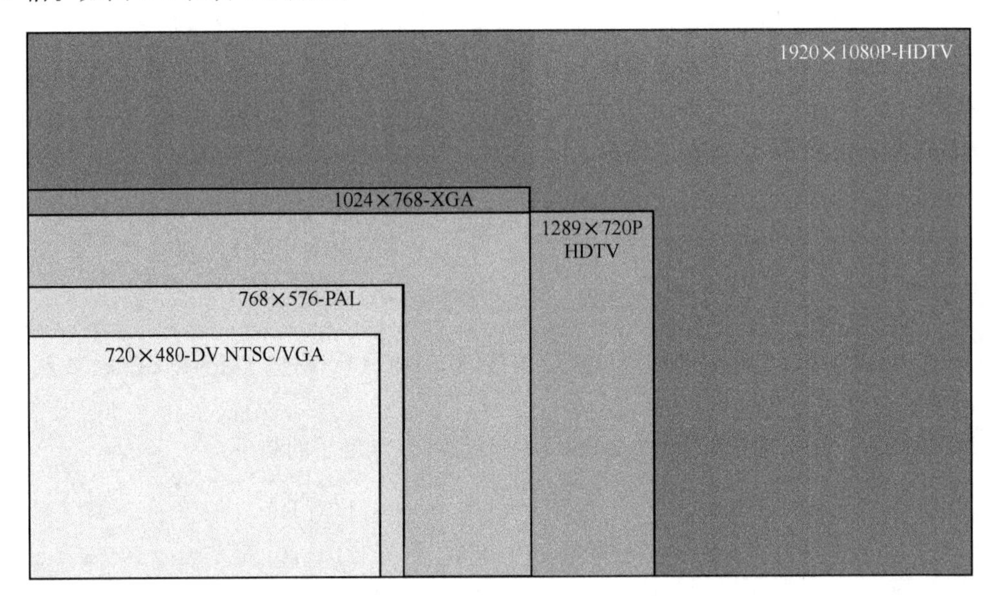


图1-3　HDTV与普通电视的分辨率

**表1-5　HDTV与普通彩色电视的比较**

| 参数 | HDTV | 普通彩色电视 |
| --- | --- | --- |
| 扫描行数 | 1 250 | 525/625 |
| 图幅宽高比 | 16：9或5：3 | 4：3 |
| 最佳观看距离 | 3倍屏幕高 | 5倍屏幕高 |
| 水平视角/° | 30（电影60） | 10 |
| 隔行比 | — | 2：1 |
| 场频/Hz | 50 | 60/50 |
| Y带宽/MHz | 25 | 4.2/5.5 |
| C带宽/MHz | 6.5 | 1.3 |
| 行频/kHz | 31.25 | 15.734/15.625 |
| Y取样频率/MHz | 72 | 13.5 |
| C取样频率/MHz | 36 | 6.75 |
| Y取样个数/行 | 2 304 | 858/864 |
| Y有效样数/行 | 1 920 | 720 |

续 表

| 参数 | HDTV | 普通彩色电视 |
|---|---|---|
| Y 有效行数 | 1 152 | 480/576 |
| C 有效样数/行 | 960 | 432 |
| C 有效行数 | 576 | 240/288 |
| 像素纵横比 | 15∶16 | 3∶4/15∶16 |
| 总码率(Mbit/s) | 25 | 8.448 |
| 压缩比 | 26.5∶1 | 20∶1 |

最早的 HDTV 是日本研究与实现的，但主要为模拟系统。后来美国和欧洲相继研究和制定了全数字化的 HDTV 方案，日本也只好随大流而改用 DTV(Digital TV，数字电视)。现代的 HDTV 都采用数字方案，数字广播的主要优越性有：

- 一个 PAL 制式的频道可以传输 8～10 套压缩后的标准分辨率的 DTV 信号；
- 数字电视的信号更稳定，抗干扰能力强；
- 可以实现联网和交互性，如浏览网络信息、视频点播(Video-On-Demand，VOD)等。

许多国家的政府为了促进 HDTV 的使用，都制定了强制性的停播模拟电视的时间表，但一直遭到想保护原有投资的各大电视公司的消极抵制，进展十分缓慢，最近几年才有所改观。

HDTV 有不同的实现方案，主要有以下几种。

(1) 日本 ISDB

1972 年日本广播协会(NHK)研究所提出多重奈奎斯特取样编码(Multi Sub-Nyquist Sampling Encoding，MUSE)的 HDTV(在日本叫 Hi-vision)方案，20 世纪 80 年代开发了全套 HDTV 设备，1987 年试验成功，1988 年转播汉城奥运会，1991 年开始每天 8 小时的正式试播。由于 MUSE 主要采用的是模拟方法，占用的频带宽，与全数字化的发展趋势相悖，所以于 1997 年 3 月决定改为数字系统集成业务数字广播(Integrated-Services Digital Broadcasting，ISDB)。

ISDB 的主要技术特点如下：

- 信源码与系统码——视频、音频及业务数据位流复用编码，均采用 MPEG-2 标准。
- 信道编码调制——地面传输时，信道内码为卷积码、外码为 RS，采用 OFDM 调制。

1995 年 NHK 又着手开发 4 000 线(似 70 mm 电影)的超高清电视 UDTV(Ultra High Definition TV)，得到日本 100 多家公司的支持。2006 年 4 月 NHK 广播技术研究所和 NTT 集团公布了可通过 IP 网络传输的扫描线数达 4 000 条(7 680×4 320 像素)UDTV 影像的系统。

(2) 美国 ATSC

- 1983 年在美国成立了一个自愿研究数字电视标准的非营利国际组织——先进电视系统委员会(Advanced Television Systems Committee，ATSC)。
- 1987 年 11 月美国的联邦通信委员会(Federal Communications Commission，FCC)成立管理先进电视(Advanced Television，ATV)业务的先进电视业务咨询委员会(Advisory Committee on ATV Service，ACATS)。
- 1988 年 9 月共提出了 24 种 ATV 方案，ACATS 从其中选出 6 种。

- 1990 年 5 月美国 GI 公司发布全数字 HDTV 传输制式数字密码(DigiCipher)，引起轰动。
- 1993 年淘汰了两种模拟方案 EDTV 和 MUSE，只剩下 4 种全数字方案。
- 1993 年 5 月 FCC 成立了由这 4 个方案的提出者(GI、Zenith、AT&T、Thomson、Sarnoff)参加的 HDTV 大联盟(GA=Grand Alliance)。
- 1994 年 4 月和 12 月先后发表 GA HDTV 规范 1.0 和 2.0。
- 1995 年 4 月通过 ATSC 数字电视标准作为美国 ATV 广播标准，参见网站 http://www.atsc.org。

为了适应消费电子、计算机和网络的发展，ATSC(GA HDTV)中引入了互操作性和可扩展性，使得 HDTV 成为信息高速公路上的多媒体终端。其主要技术特点有：

- 数字图像压缩技术——MPEG-2 的子集。
- 传输格式——与 ATM 兼容。
- 扫描格式——与计算机兼容(方形像素、逐行扫描、宽高比固定)。
- 传输调制——采用 8VSB 方式。
- 伴音——5.1 环绕声系统(以 Dollby AC-3 为备用系统)。

(3) 欧洲 DVB

1983 年欧洲推出新的电视制式——多元模拟成分(Multiplexed Analogue Components，MAC)，1986 年提出 HDTV 的 HD-MAC，并于 1992 年冬季奥运会上首次使用。在美国的影响下，1993 年 9 月欧洲制定了全数字的 HDTV 方案——数字视频广播(Digital Video Broadcasting，DVB)。它也是基于 MPEG-2 标准，采用 Musicam 环绕声和 AC-3 环绕声。参见网站 http://www.dvb.org。

1998 年 10 月 1 日英国开始 DVB 广播。

(4) 中国台湾 HDTV

1997 年确定方案、1999 年年中试播、2001 年年底开播、2006 年停模拟广播，原计划用 7 年时间完成模拟到数字广播的转换过程，现在也有所推迟。

(5) 中国 HDTV

- 1994 年中国国务院成立了由 11 个有关部委组成的数字 HDTV 研究开发小组
- 1996 年国家科委将 HDTV 列入国家重大科技产业工程项目(战略研究、八五攻关、样机研制)
- 1997 年 7 月 CCTV-长城试验成功，同年 11 月建成闭路电视系统
- 1998 年 9 月在 CCTV 试播
- 1999 年 10 月 CCTV 用 HDTV 实况转播 50 周年国庆

中国的 HDTV 的信源编码采用的上海交通大学提出的基于 MPEG-2 的方案(1 920×1 152，5：3 兼容国际标准的 1 920×1 080 和 1 280×720，16：9)。积极参加研究的单位有：HDTV 总体组、CCTV、清华-赛格高技术研究中心、康佳、TCL、海信、夏华-天津大学、创维-华中科技大学等。

中国的数字电视技术标准及其制定单位：

① 信道传输技术标准

- 卫星传输(欧洲 DVB-C 标准)

- 有线传输(浙江大学,采用欧洲 DVB-S 标准)
- 地面传输(清华大学、上海交通大学)

② 信源编码技术标准(AVS 工作组)

- 数据与命令格式(系统)
- 视频编码
- 音频编码

③ 用户与安全管理标准(信息产业部第三所)

- 付费管理
- 加密与解密

除了地面传输标准外,其他国家标准都早已制定完成。

地面传输标准原计划于 2003 年推出,最初是由于存在一些技术问题,后来却是因为标准背后利益集团的竞争,使得标准的退出时间一再推迟。主管部门要求将清华大学和上海交通大学的两套方案进行合并,后来又有广播科学研究院的方案参与。标准的制定一拖就是几年,大大影响了我国数字电视特别是高清晰电视广播的发展和普及的进程。

上海交大的 ADTB-T 单载波方案与现有电视技术兼容性好,实现成本较低,但主要采用的是国外的专利技术,得到了不少电视台的支持;而清华的 DMB-T 多载波方案(广播科学研究院的 TiMi 方案与之类似)与网络技术的兼容性好,主要技术是自主开发,更有发展前途,得到了许多电视机厂的支持。将这两套差别很大的方案进行合并,困难非常大。

终于,具有自主知识产权的中国数字电视(包括高清晰电视)地面广播传输系统标准——GB 20600—2006《数字电视地面广播传输系统帧结构、信道编码和调制》,于 2006 年 8 月 18 日被国家质量监督检验检疫总局和国家标准化管理委员会正式批准成为强制性国家标准,并于 2006 年 8 月 30 日对外公布,从 2007 年 8 月 1 日起实施(留出了近一年的过渡期)。

最终的国家地面数字电视标准是清华和上海交大这两套方案的"融合",其中的单载波部分主要用于没有被有线电视覆盖的城郊和广大农村地区的 8 亿用户,多载波部分则主要应用于移动和网络电视等。

2003 年 6 月中旬,广电总局发布了《我国有线电视向数字化过渡时间表》:

**1. 地域划分**

除北京、天津、上海、重庆四个直辖市外,分东部、中部、西部三个地区。

- 东部地区包括广东、福建、江苏、浙江、山东。
- 中部地区包括湖南、湖北、海南、四川、安徽、江西、广西、河南、河北、山西、陕西、辽宁、吉林、黑龙江。
- 西部地区包括新疆、西藏、青海、宁夏、甘肃、内蒙古、云南、贵州。

**2. 时间划分**

分 2005 年、2008 年、2010 年、2015 年四个阶段。

**3. 过渡计划**

- 第一阶段:到 2005 年,直辖市、东部地区地(市)以上城市、中部地区省会市和部分地(市)级城市、西部地区部分省会市的有线电视完成向数字化过渡。
- 第二阶段:到 2008 年,东部地区县以上城市、中部地区地(市)级城市和大部分县级城市、西部地区部分地(市)级以上城市和少数县级城市的有线电视基本完成向数字化过渡。
- 第三阶段:到 2010 年,中部地区县级城市、西部地区大部分县以上城市的有线电视基本完成向数字化过渡。
- 第四阶段:到 2015 年,西部地区县级城市的有线电视基本完成向数字化过渡。

上海电视台已于2001年1月1日开始试播数字高清晰度电视节目，北京电视台于2003年9月1日开始试播，深圳电视台于2003年10月8日试播高清频道，广州电视台也于2003年8月开始试播。

2006年元旦，中央电视台和上海文广传媒集团，同时开始高清晰度电视节目的正式广播。

### 1.1.2 视频技术的应用

**1. 视频技术在广播电视中的应用**

广播电视是视频技术的传统领域，早期的黑白电视和现在仍广泛使用的彩色电视及其相关产品，采用的是模拟视频技术，正在开发和将要使用的数字电视(常规数字电视、电视电话、会议电视和高清晰度电视)全面使用数字视频技术，其编码、存储、传输和播放都将数字化。数字视频技术在广播电视中的应用主要包括：

- 数字视频地面广播；
- 数字视频卫星广播；
- 数字视频有线电视；
- 交互式电视；
- 常规电视和高清晰度电视。

**2. 视频技术在通信领域中的应用**

以前视频通信一直局限于传输单向的模拟电视，在通信网中，高质量的彩色数字视频(数字电视)通信要占用3次群(34 Mbit/s)以上的带宽，因而很不经济。一方面，由于视频压缩技术的发展使得视频信号的误码率大大降低，现在使用MPEG-2标准，就能在2次群速率(2 Mbit/s)上传送1路高质量的常规数字电视。另一方面，通信技术的迅速发展又为视频通信提供了所需的带宽。这两方面的结合与发展，正在促发一场视频通信革命。

视频技术在通信领域中的应用主要包括：

- 电视电话；
- 会议电视；
- 数字视频通信；
- 视频点播；
- 交互式电视。

**3. 视频技术在娱乐领域中的应用**

电视机及其相关产品长久不衰的原因在于它是大众娱乐消费产品，电视是目前人类最重要的信息传播媒体，它对人类生活的影响之大，简直难以用语言表达，它已成为人们生活的重要组成部分。

视频技术赖以生存和迅速发展的基础在于娱乐领域，其主要应用包括：

- 常规电视和高清晰度电视；
- 记录、存储和显示设备，例如摄像机、录像机、光盘和大屏幕显示器等；
- VCD和DVD；
- 交互式电视；
- 视频点播；

- 视频游戏。

**4. 视频技术在计算机领域中的应用**

以前计算机中没有包括视频部分，近年来由于数字视频技术的发展，视频技术已广泛应用到计算机领域。现在高档计算机几乎都配置有视频解码压缩卡、CD-ROM和视频播放软件，这种数字视频计算机集视频画面的真实性和计算机的交互性于一体，已成为当前计算机领域的热门话题。视频技术在计算机领域中的应用主要包括：

- 数字视频计算机；
- CD-ROM和VCD；
- 视频数据库；
- 数字视频通信；
- 交互式电视；
- 三维图形图像；
- 动画设计与制作；
- 视频制作；
- 虚拟现实(VR)。

**5. 视频技术在其他领域中的应用**

- 监视控制；
- 天气预报；
- 卫星遥感；
- 军事；
- 电子图书馆；
- 电子新闻。

# 1.2　视频相关技术

## 1.2.1　视频信号的获取与显示

解决如何从光图像获得视频电信号以及视频信号的显示问题。本小节简单介绍视频卡、视频处理的最基本内容及常用的视频文件格式。

**1. 视频卡**

与音频有声卡类似，视频也有视频卡(video card)，可以进行视频信号的采集、处理和播放，包括视频信号的模数和数模转换。

(1) 功能

视频卡一般有如下基本功能：

- 汇集视频源——如TV音像源、录像机(VCR)、摄像机、数字摄像机(DV)、激光视盘机(LVDP)等。
- 硬件数字化——包括实时压缩。
- 支持编辑——如修整、缩放。
- 播放——在显示器上打开窗口或全屏(叠加)播放。

（2）分类

- 视频捕获/转换卡——模拟视频信号→数字视频信号→存储在计算机中/在显示器上播放。
- 视频回放卡(解压卡/电影卡)——将存储在计算机磁盘或光盘上的视频信号在显示器上播放(早期 286/386PC 需要)。
- 电视卡——带高频头,可将计算机(的显示器)变成一台电视机。

能收看电视节目。如 ATI 于 2004 年初推出的 HDTV Wonder TV,是市场上第一个 HDTV 电视卡产品。如图 1-4 所示。

（3）集成卡

- 常见——显卡＋图形加速卡＋TV 口。
- 多媒体——视频采集(＋视频压缩)＋视频输出。

图 1-4　ATI 的 HDTV 电视卡

**2. 视频信息处理**

视频信息处理过程如下:①视频信息采集;②视频编辑;③视频应用。

（1）视频信息采集

D/A　　　　　　　　（压缩）
视频信息——＞数字视频信号——＞数据存盘
↖视频捕获卡　　↗

（2）视频编辑

常见的播放和编辑软件有:

- Microsoft 的 Video for Windows(AVI 播放)、Windows Media Player 播放器(AVI/ASF 播放)、Windows Media Audio/Video(ASF 编码器);
- Apple 的 QuikTime(MOV 播放/编辑);
- RealNetwork 的 RealPlayer(RM 播放)、RealProductor(RM 生成);
- Ulead 的 VideoStudio(业余级);
- Adobe 的 Premiere(准专业级)/After Effects(专业级);
- Asymetrix 的 DVP(Digital Video Producter)。

（3）视频应用

- 全屏实时模拟信号源播放;
- 全屏数字化视频信号播放;

- 窗口数字化视频信号播放。

**3. 视频文件格式**

常用的视频文件格式有：

- AVI＝Audio/Video Interleaved 音频/视频交错(存储)，MS&IBM&Intel Windows；
- MOV＝Movie 电影，Apple MacOS/Windows；
- rm/rv＝RealMedia/RealVideo 实媒体/实视频，RealNetworks Windows/Unix/Linux；
- ASF＝Advanced Stream Dormat 先进流格式，MS Windows；
- MPG＝MPEG 运动图像专家组，ISO&IEC Windows/MacOS/Unix/Linux；
- DAT＝DATA 数据，VCD 的视频数据文件。

### 1.2.2 视频信号的数字化

视频是电视信号的可视部分(另一部分是伴音)，为了进行数字电视广播和视频信号处理与利用，必须先将视频信号数字化。与模拟视频相比，数字视频的优点很多。例如，可直接进行随机存储和检索、复制和传输后不会造成质量下降、很容易进行非线性电视编辑、能够进行数据压缩等。数字视频是现代(高清晰)数字电视广播、家庭影院(VCD/DVD/EVD/BD/HD-DVD 等)和网络流媒体等的基础。《数字信号处理》中已经讲过，通过采样和量化可以将音频信号数字化。类似地，也可以通过采样和量化的方法来将视频信号数字化。不过电视信号在空间上是二维的，而且有三个颜色分量 $YC_1C_2$。因此，除了时间帧(图像)的采样外，还需要进行帧图像的空间点(像素)采样。而对每个像素点的量化，又涉及到三个颜色分量。所以，视频数字化常用“分量数字化”这个术语，它表示对彩色空间的每一个分量进行数字化。

为用数字处理、存储、传输视频信息，首先要解决的问题是将模拟视频信号数字化，这包括以下几个方面的内容。

**1. 空间位置离散化——抽样**

视频信号的扫描和抽样。

扫描：垂直方向对模拟视频信号进行离散化；抽样：水平方向对模拟视频信号进行离散化。

视频数字化常用的方法有两种：

- 先从复合彩色视频中分离出彩色分量，然后数字化。通常的做法是首先把模拟的全彩色电视信号分离成 $YC_1C_2$ 或 RGB 彩色空间中的分量信号，然后用三个 A/D 转换器分别对它们数字化。
- 首先用一个高速 A/D 转换器对彩色全电视信号进行数字化，然后在数字域中进行分离，以获得所希望的 $YC_1C_2$ 或 RGB 分量数据。

抽样过程中会产生下述失真和噪声。

(1) 混叠噪声

如果抽样频率，$f_S$ 小于最大信号频率 $f_M$ 的 2 倍时，即 $f_S<2f_M$，则会产生混叠现象，从而对视频信号本身产生干扰。

通常在抽样前，对视频信号进行低通滤波。

(2) 孔径效应

实际抽样脉冲并非理想冲激函数，而是具有一定宽度，从而会产生孔径效应，使得信号中的高频成分明显衰落。

(3) 插入噪声

因恢复图像信号时,无法实现理想滤波器,因此会产生噪声,这种噪声称为插入噪声。

(4) 抖动噪声

由于时钟在发送端和接收端间存在相位抖动,所以在恢复视频信号时会产生噪声,这种噪声称为抖动噪声。

**2. (抽样电平)度值离散化——量化**

采用有限个离散值代替连续值。

**3. 数字化——量化值的数字编码**

使用二进制数对量化值进行编码。

(1) 数字化标准

1982年国际无线电咨询委员会(International Radio Consultative Committee,CCIR)制定了彩色视频数字化标准,称为CCIR 601标准,现改为ITU-R BT.601标准(601-4:1994年7月/601-5:1995年10月)。该标准规定了彩色视频转换成数字图像时使用的采样频率,RGB和YCbCr两个彩色空间之间的转换关系等。

其中的ITU=International Telecommunication Union(联合国)国际电信联盟,R=Radiocommunication Sector无线电部,BT=Broadcasting service Television广播服务(电视)。

(2) 彩色空间之间的转换

用8位二进制数表示BT.601的$Y'C'_bC'_r$和$R'G'B'$的各个颜色分量,而$R'G'B'$颜色空间使用相同数值范围[0,219]的分量信号。$R'G'B'$和$Y'C'_bC'_r$两个彩色空间之间的转换关系,用下式表示:

$$Y'=0.299R'+0.587G'+0.114B'+16$$

$$C'_b=(-0.1687R'-0.3313G'+0.500B')+128$$

$$C'_r=(0.500R'-0.4187G'-0.0813B')+128$$

(3) 采样频率

BT.601为NTSC制、PAL制和SECAM制规定了共同的视频采样频率。这个采样频率也用于远程图像通信网络中的视频信号采样。

对PAL制、SECAM制,采样频率$f_S$为

$$f_S=625\times25\times N=15\,625\times N=13.5\text{ MHz},N=864$$

其中,$N$为每一扫描行上的采样数目。

对NTSC制,采样频率$f_S$为

$$f_S=525\times29.97\times N=15\,734\times N=13.5\text{ MHz},N=858$$

其中,$N$也为每一扫描行上的采样数目。

(4) 有效显示分辨率

对PAL制和SECAM制的亮度信号,每一条扫描行采样864个样本;对NTSC制的亮度信号,每一条扫描行采样858个样本。对所有的制式,每一扫描行的有效样本数均为720(=864−144=858−138)个。每一扫描行的采样结构如图1-5所示。

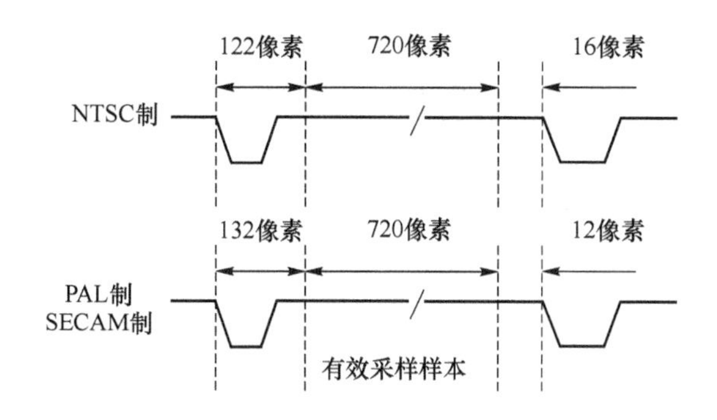


图 1-5　ITU-R BT. 601 的亮度采样结构

(5) ITU-R BT. 601 标准

BT. 601 用于对隔行扫描视频进行数字化，对 NTSC 和 PAL 制彩色电视的采样频率和有效显示分辨率都作了规定。BT. 601 推荐使用 4∶2∶2 的彩色视频采样格式。使用这种采样格式时，Y 用 13.5 MHz 的采样频率，$C_b$ 和 $C_r$ 用 6.75 MHz 的采样频率。采样时，采样频率信号要与场同步和行同步信号同步。

表 1-6 给出了 ITU-R BT. 601 推荐的采样格式、编码参数和采样频率。

**表 1-6　彩色电视数字化参数摘要**

| 采样格式 | 信号形式 | 采样频率/MHz | 样本数/扫描行 | | 数字信号取值范围(A/D) |
|---|---|---|---|---|---|
| | | | NTSC | PAL | |
| 4∶2∶2 | Y | 13.5 | 858(720) | 864(720) | 220 级(16～235) |
| | $C_b$ | 6.75 | 429(360) | 432(360) | 225 级(16～240)<br>(128±112) |
| | $C_r$ | 6.75 | 429(360) | 432(360) | |
| 4∶4∶4 | Y | 13.5 | 858(720) | 864(720) | 220 级(16～235) |
| | $C_b$ | 13.5 | 858(720) | 864(720) | 225 级(16～240)<br>(128±112) |
| | $C_r$ | 13.5 | 858(720) | 864(720) | |

(6) CIF、QCIF 和 SQCIF

为了既可用 625 行的视频又可用 525 行的视频，BT. 601 规定了公用中分辨率格式(Common Intermediate Format，CIF)、1/4 公用中分辨率格式(Quarter-CIF，QCIF)和子1/4 公用中分辨率格式(Sub-Quarter Common Intermediate Format，SQCIF)格式，具体规格如表 1-7 所示。

**表 1-7　CIF、QCIF 和 SQCIF 图像格式参数**

| | CIF | | QCIF | | SQCIF | |
|---|---|---|---|---|---|---|
| | 行数/帧 | 像素/行 | 行数/帧 | 像素/行 | 行数/帧 | 像素/行 |
| 亮度(Y) | 288 | 360(352) | 144 | 180(176) | 96 | 128 |
| 色度($C_b$) | 144 | 180(176) | 72 | 90(88) | 48 | 64 |
| 色度($C_r$) | 144 | 180(176) | 72 | 90(88) | 48 | 64 |

CIF 格式具有如下特性：

- 视频的空间分辨率为家用录像系统(Video Home System,VHS)的分辨率，即 352×288；
- 使用逐行扫描(non-interlaced scan)；
- 使用 NTSC 帧速率，视频的最大帧速率为 30 000/1 001≈29.97 幅/秒；
- 使用 1/2 的 PAL 水平分辨率，即 288 线；
- 对亮度和两个色差信号(Y、$C_b$ 和 $C_r$)分量分别进行编码，它们的取值范围同 ITU-R BT.601。即黑色＝16，白色＝235，色差的最大值等于 240，最小值等于 16。

(7) 图像子采样

图像子采样(Sub-sampling)是指对图像的色差信号使用的采样频率比对亮度信号使用的采样频率低，可以达到压缩彩色电视信号的目的。它利用了人视觉系统的如下两个特性：

- 人眼对色度信号的敏感程度比对亮度信号的敏感程度低，利用这个特性可以把图像中表达颜色的信号去掉一些而使人不察觉；
- 人眼对图像细节的分辨能力有一定的限度，利用这个特性可以把图像中的高频信号去掉而使人不易察觉。

试验表明，使用子采样格式后，人的视觉系统对采样前后显示的图像质量没有感到有明显差别。目前使用的子采样格式有如下几种：

- 4∶4∶4 这种采样格式不是子采样格式，它是指在每条扫描线上每 4 个连续的采样点取 4 个亮度 Y 样本、4 个红色差 $C_r$ 样本和 4 个蓝色差 $C_b$ 样本，这就相当于每个像素用 3 个样本表示。
- 4∶2∶2 这种子采样格式是指在每条扫描线上每 4 个连续的采样点取 4 个亮度 Y 样本、2 个红色差 $C_r$ 样本和 2 个蓝色差 $C_b$ 样本，平均每个像素用 2 个样本表示。
- 4∶1∶1 这种子采样格式是指在每条扫描线上每 4 个连续的采样点取 4 个亮度 Y 样本、1 个红色差 $C_r$ 样本和 1 个蓝色差 $C_b$ 样本，平均每个像素用 1.5 个样本表示。数字电视盒式磁带(Digital Video Cassette,DVC)上使用这种格式；
- 4∶2∶0 这种子采样格式是指在水平和垂直方向上每 2 个连续的采样点上取 2 个亮度 Y 样本、1 个红色差 $C_r$ 样本和 1 个蓝色差 $C_b$ 样本，平均每个像素用 1.5 个样本表示。MPEG-1(H.261/H.263)和 MPEG-2 都使用这种格式。但是它们的具体实现办法并不相同。如图 1-6 所示。

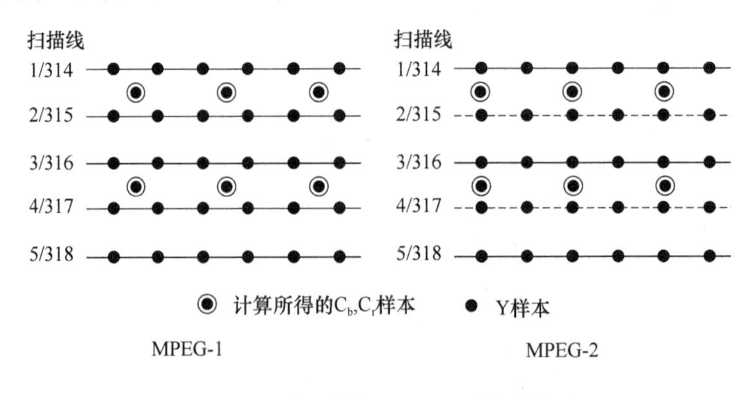


图 1-6　两种不同的 4∶2∶0 子采样格式

(8) 视频的数据率

按照奈奎斯特(Nyquist)采样理论,模拟电视信号经过采样(把连续的时空信号变成离散的时空信号)和量化(把连续的幅度变成离散的幅度信号)之后,数字电视信号的数据量大得惊人,当前的存储器和网络都还没有足够的能力支持这种数据传输率,因此需要对数字电视信号进行压缩处理。

① ITU-R BT.601 标准数据率

BT.601 标准,使用 4∶2∶2 的采样格式,亮度信号 Y 的采样频率选择为 13.5 MHz/s,而色差信号 $C_r$ 和 $C_b$ 的采样频率选择为 6.75 MHz/s,在传输数字电视信号通道上的数据传输率就达到 270 Mbit/s,即

- 亮度(Y)

  858 样本/行×525 行/帧×30 帧/秒×10 比特/样本≈135 Mbit/s(NTSC)

  864 样本/行×625 行/帧×25 帧/秒×10 比特/样本≈135 Mbit/s(PAL)

- $C_r$(R-Y)

  429 样本/行×525 行/帧×30 帧/秒×10 比特/样本≈68 Mbit/s(NTSC)

  429 样本/行×625 行/帧×25 帧/秒×10 比特/样本≈68 Mbit/s(PAL)

- $C_b$(B-Y)

  429 样本/行×525 行/帧×30 帧/秒×10 比特/样本≈68 Mbit/s(NTSC)

  429 样本/行×625 行/帧×25 帧/秒×10 比特/样本≈68 Mbit/s(PAL)

- 总计

  27 兆样本/秒×10 比特/样本=270 Mbit/s

实际上,在荧光屏上显示出来的有效图像的数据传输率并没有那么高。

- 亮度(Y)

  720×480×30×10≈104 Mbit/s(NTSC)

  720×576×25×10≈104 Mbit/s(PAL)

- 色差($C_r$,$C_b$)

  2×360×480×30×10≈104 Mbit/s(NTSC)

  2×360×576×25×10≈104 Mbit/s(PAL)

- 总计

  ≈207 Mbit/s

如果每个样本的采样精度由 10 bit 降为 8 bit,彩色数字电视信号的数据传输率就降为 166 Mbit/s。

② VCD 视频数据率

如果考虑使用 Video-CD 存储器来存储数字电视,由于它的数据传输率最高为 1.4112 Mbit/s,分配给电视信号的数据传输率为 1.15 Mbit/s,这就意味 MPEG 电视编码器的输出数据率要限制在 1.15 Mbit/s。显而易见,如果存储 166 Mbit/s 的数字电视信号就需要对它进行高度压缩,压缩比高达 166/1.15≈144∶1。

MPEG-1 视频压缩技术不能达到这样高的压缩比。为此首先把 NTSC 和 PAL 数字电视转换成 CIF 的数字电视(相当于 VHS 的质量),于是彩色数字电视的数据传输率就减小到

352×240×30×8×1.5≈30 Mbit/s(NTSC)

$$352 \times 288 \times 25 \times 8 \times 1.5 \approx 30 \text{ Mbit/s(PAL)}$$

把这种彩色电视信号存储到 CD 盘上所需要的压缩比为:30/1.15≈26∶1。这就是 MPEG-1 技术所能获得的压缩比。

③ DVD 视频数据率

根据当前成熟的压缩技术,视频的数据率压缩成平均为 3.5 Mbit/s～4.7 Mbit/s 时非专家难于区分视频在压缩前后的之间差别。如果使用 DVD-Video 存储器来存储数字电视,它的数据传输率虽然可以达到 10.08 Mbit/s,但一张 4.7 GB 的单面单层 DVD 盘要存放 133 分钟的电视节目,按照数字电视信号的平均数据传输率为 4.1 Mbit/s 来计算,压缩比要达到:166/4.10≈40∶1。

如果视频的子采样使用 4∶2∶0 格式,每个样本的精度为 8 bit,数字电视信号的数据传输率就减小到 124 Mbit/s,即

$$720 \times 480 \times 30 \times 8 \times 1.5 \approx 124 \text{ Mbit/s(NTSC)}$$

$$720 \times 576 \times 25 \times 8 \times 1.5 \approx 124 \text{ Mbit/s(PAL)}$$

使用 DVD-Video 来存储 720×480×30 或者 720×576×25 的数字视频所需要的压缩比为 124/4.1≈30∶1。

### 1.2.3 视频信号的处理

根据人的某种要求对视频图像信号进行处理,主要包括以下几个方面。

(1) 消除失真和干扰,使视频信号尽可能逼真地重现景物,如图像恢复、滤波等。

(2) 根据某些准则,突出视频图像中某些信息,如图像增强、直方图技术等。

(3) 特征提取,以使得更好地对其进行描述、分类、识别等。

(4) 视频压缩,在保证图像一定质量要求的前提下尽可能减少图像的数据量。

### 1.2.4 视频信号的压缩

为实现数字视频信号的有效传输、存储,解决数字视频数据量大的问题,必须对数字视频信号进行压缩,是目前 IT 业的热门话题,已发展成为一种技术学科。

(1) 图像压缩编码理论、方法研究。

(2) 图像视频信号和人类视觉特性相互关系的研究。

(3) 视频压缩编码标准。

(4) 视频压缩专用芯片的开发。

### 1.2.5 视频信号的传输

由于人类信息的大部分来自视觉,图像所携带的信息量远大于语音和数据,这就决定了图像通信将成为人类最重要的通信手段之一,专家们预言“21 世纪将是图像通信的世纪”。

视频在图像信息中最富有魅力和感染力,视频图像通信的重要性是不言而喻的,例如,电视已成为人类生活的重要组成部分。随着计算机和通信技术的迅速发展与结合,视频通信的应用将更为广阔和普及,例如,数字视频系统和高清晰度电视。

为了有效而高质量地传输视频信号,需要解决以下几个问题。

(1) 消除信息干扰，提高传输可靠性

视频信号在传输过程中会引入各种干扰和噪声，例如，随机噪声、脉冲噪声、周期性噪声、重影性噪声、线性失真和非线性失真等。如何降低甚至消除这些噪声和干扰，是视频信号传输要解决的首要问题。通常的解决办法有采用纠错编码、自适应均衡和自适应滤波等。

(2) 提高传输效率

为了节省频带，除了使用高效压缩技术压缩信源信息外，还可以使用先进的数字调制技术，例如残留边带调制(VSB)、正交幅度调制(QAM)和格状编码调制(TCM)等。

(3) 适应不同的传输方式

视频信号除可通过广播(卫星广播、地面广播)传输外，还可通过有线电视、光纤、微波和各种网络以及各种用户线进行传输。随着窄带综合业务数字网的普及和宽带综合业务数字网的发展，以及 Internet 网络的应用和普及，视频通信的前景将会更加光明。

### 1.2.6　视频信号的存储

录像带是一种最常见的模拟电视信号存储媒体。另一种存储模拟视频信号的媒体是激光影碟(LD)。但 1994 年出现了建立在激光唱盘(CD)基础上的视频激光视盘(VCD)。后者采用 MPEG-1 标准，可以在标准的 12 厘米 CD 存储 74 分钟 VHS 质量的视频节目和具有 CD 质量的立体声。VCD 与世界的所有广播电视制式兼容，易于使用和存放，而且生产成本也较低。

VCD 的出现使一个最广大的市场——家庭应用出现在人们的眼前。它极大地推动了数字视频技术和视听及信息工业的发展。VCD 的节目源非常广泛，例如，卡拉 OK、电影、MTV、动画、教育节目、记录片、游戏、数字视频节目等。播放 VCD 既可使用多数字视频计算机，也可使用专门的 VCD 播放机。

目前，VCD 已由 1.1 版发展到 2.0 版。VCD 版进一步增强了 VCD 的交互性，只要放上 2.0 板视盘，就可从屏幕上自由搜索和选择节目，这为观赏创造力和表现力极好的交互式影片(即一个剧本，多种发展线索的影片)提供了方便。VCD2.0 板大大扩展了其功能例如，兼容 NTSC 和 PAL 制式的视盘，兼容 LD、CD、CDN 和 CD-1 等，提供高保真立体声等。可以说 VCD 正方兴未艾。

值得关注的是第二代 VCD，即数值视盘(DVD)的发展十分迅速，由于 DVD 采用 MPEG-2 标准中的 MP@ML 标准，所以视频图像质量大大优于 VCD，而音频部分将采用杜比公司新开发的 AC-3 系统，其图像和声音质量将超过现有的任何系统。DVD 对视听工业(尤其是 HDTV)和数字视频技术的影响将是巨大而深远的，对此，我们必须有清醒的认识。

## 1.3　电视基本原理

### 1.3.1　黑白电视原理

**1. 图像的表示方法**

自然景物的彩色可用三个参量来描述，即亮度 $B$，色调 $\lambda$ 和饱和度 $S$，此外景物的形状可用 $x,y,z$ 坐标表示，如果是活动景物，那么它的外形和相应彩色都是时间 $t$ 的函数，因此一幅自然景象可用下列方程表示：

$$B=f_B(x,y,z,t)\text{(亮度)}$$
$$\lambda=f_\lambda(x,y,z,t)\text{(色调)}$$
$$S=f_S(x,y,z,t)\text{(饱和度)}$$

对黑白、平面图像，此时上述方程组只留下了亮度方程：

$$B=f_B(x,y,t)$$

一个平面为无穷点的集合，对于任何一时刻 $t_0$，$B=f_B(x,y,t_0)$ 拥有无限大的信息量。利用人眼的视觉物性，我们可以采用空间和时间抽样的传送方法，使重现景物与原景物有等效的视觉效果。

**2. 图像的分解与顺序传送**

① 人眼分辨力有限：一幅图像可以看作由许多小点组成。

② 人眼视觉惰性：人眼对快速运动的物体存在约 0.1 秒的“视觉暂留”现象。

由于人眼对黑白细节分辨力有限，任何一幅图都可以看作由许多密集的小点子组成。这些小点子是构成一幅图像的基本单元，称为像素。像素越小，单位面积上的像素数目越多，图像就越清晰。

把要传送的一幅图像分解许多像素，用这些像素的亮度变化，代替整幅平面图像的亮度变化，实现对图像进行空间抽样，将静止图像的信息从无限变成有限。

在电视技术中，利用人眼视觉惰性，采用顺序传送这些像素。如图 1-7 所示。

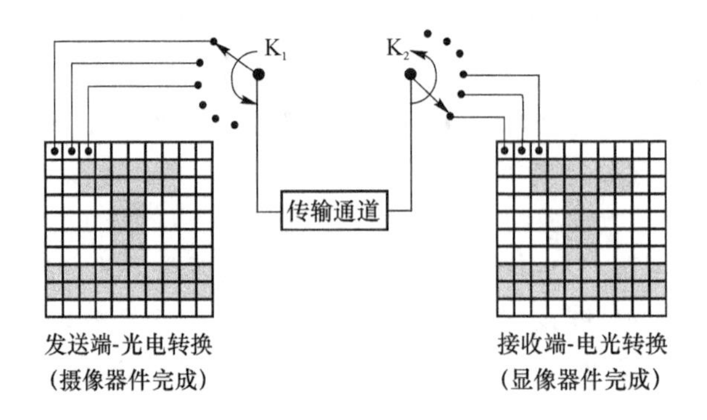


图 1-7　顺序传送电视系统示意图

发送端将图像上各像素的亮度按一定顺序转变成电信号，并依次传送出去，在接收端的屏幕上按同样的顺序将各个电信号在相应的位置上转变为光。只要这种顺序传送得足够快，那么由于人眼的视觉惰性和发光材料的余辉特性，就会使我们感觉到整幅图像同时发光而没有延迟感。这就完成了一幅平面静止图像的传送。

对于活动图像，任何瞬间都有一幅对应的静止图像，在任何有限时间内将包含无穷多幅图像。利用视觉的惰性，每秒钟传送 24 幅以上连续静止图像便可以获得活动图像感觉。电视中取 25 帧(幅)或 30 帧/秒。

对图像信息的空间抽样和时间抽样极大地压缩了被传送的图像信息，使之从无限变成有限，从而达到技术可以传送的程度。

**3. 扫描**

上述将图像转变成顺序传送的电信号以及反之将顺序传送的电信号转换成图像的过

程，在电视技术中称为扫描。

通过扫描和光电转换，就可以把反映图像亮度的空间、时间函数 $B=f_B(x,y,t)$，转变为用时间表示的电信号 $u=f(t)$。

电视技术中扫描的规律是从左到右，从上到下。

(1) 行扫描（水平扫描）：从左到右（称为行扫描正程），从右到左（称为行扫描逆程，约 $18\%T_H$）；从左到右，再从右到左扫描一行所需时间，称为行周期，用 $T_H$ 表示。

(2) 场（帧）扫描（垂直扫描）：从上到下（称为场扫描正程），从下到上（称为扫描正程，约 $6\%T_V$）；从上到下，再从下到上扫描一场（帧）所需时间，称为场（帧）周期，用 $T_V(T_P)$表示。

(3) 逐行扫描与隔行扫描

从上到下一行接一行扫描，至到扫描完整幅图像，这称为逐行扫描。所有逐行扫描行的集合成称之为帧。

顾名思义，隔行扫描是隔一行后再扫描下行，即先扫 1，3，5…行，再扫 2，4，6…行。从上到下隔行扫描行的集合称之为场，因此一帧由两场组成。

(4) 我国电视标准扫描参数（2 ： 1 隔行扫描）

行扫描频率：$f_H=15\ 625$ Hz，行扫描周期：$T_H=1/f_H=64\ \mu s$

场扫描频率：$f_V=50$ Hz，场扫描周期：$T_V=1/f_V=20$ ms

帧扫描频率：$f_P=1/2f_V=25$ Hz，帧扫描周期：$T_P=1/f_P=40$ ms

(5) 扫描同步

接收端、发送端扫描必须同步。在图 1-7 中的 $K_1$，$K_2$，当它们接通某个像素时，那个像素就被发送和接收，显然 $K_1$，$K_2$ 运动速度应相同，接通位置要一一对应，这种关系称作发送端与接收端的扫描同步。方法：发送端将代表扫描定时（同步）信息（行、场同步信号）与图像信号一起发送，接收端利用它，产生与发送端同步的扫描。

**4. 简单黑白电视系统**

简单黑白电视系统如图 1-8 所示。

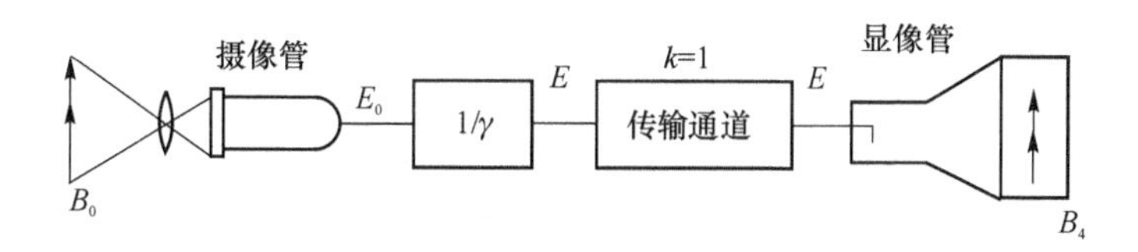


图 1-8　简单黑白电视系统

**5. 黑白电视信号分析**

(1) 组成

图像信号：扫描正程。

复合消隐信号：（消除回归，逆程）。

复合同步信号：起同步作用。

由图像信号、复合消隐信号、复合同步信号组成的黑白电视信号称作黑白全电视信号，常用符号 VBS 表示。图 1-9 为一行黑白电视信号。

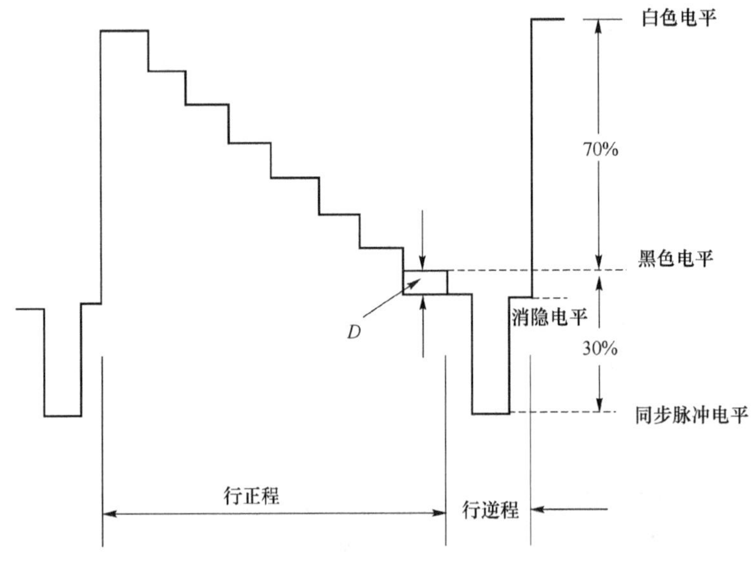


图 1-9　一行黑白电视信号波形

(2) 特点

(a) 单极性;

(b) 脉冲性;

(c) 周期性:有明显行、场周期性或准周期性。

(3) 电视信号的频谱结构

(a) 离散频谱

$$U(t)=\sum_{m=-\infty}^{\infty}\sum_{n=-\infty}^{\infty}U_{mn}\,\mathrm{e}^{\mathrm{i}(m\omega_{\mathrm{V}}+n\omega_{\mathrm{H}})t}$$

其中,$\omega_{\mathrm{V}}$ 为垂直扫描角频(场或帧角频率);$\omega_{\mathrm{H}}$ 为水平扫描角频(行角频率)。

(b) 结构

黑白电视信号频谱如图 1-10 所示。

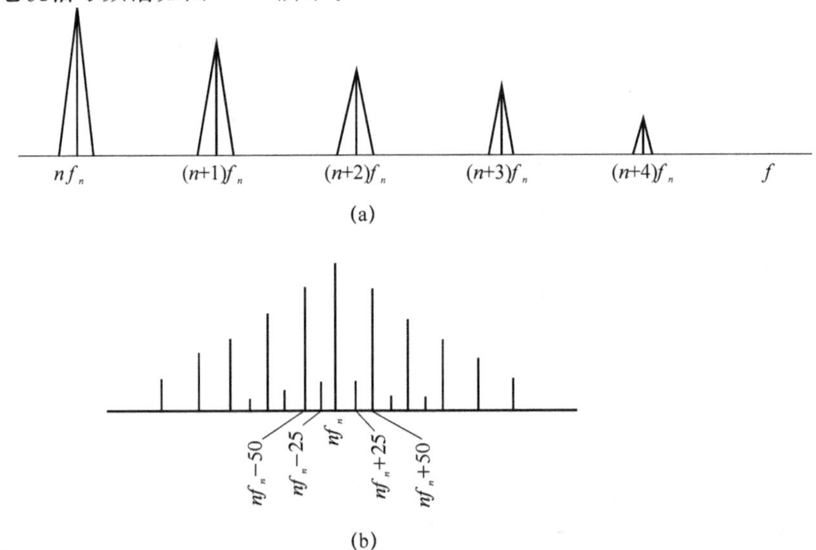


图 1-10　黑白电视信号频谱

电视信号的频谱线构是由行频的基波、谐波为主频谱线和分布于它们两侧以场(帧)的基、谐波为副频谱线构成的离散频谱。

统计分析表面,在整个电视信号的频带中,没有频谱能量的区域大于有能量区域。

彩色电视就是利用电视信频谱的这种结构特性,将色度信号插入到其频谱空隙,实现彩色电视与黑白电视的兼容。

(4) 电视信号的上限频率 $f_{max}$

$f_{max}$,即电视信号的带宽。

设一幅图像如图 1-11 所示,高为 $h$,宽为 $b$,垂直像素为 $N$→扫描行,$f_P$ 为帧频,要求水平分解力和水平分辨相同。

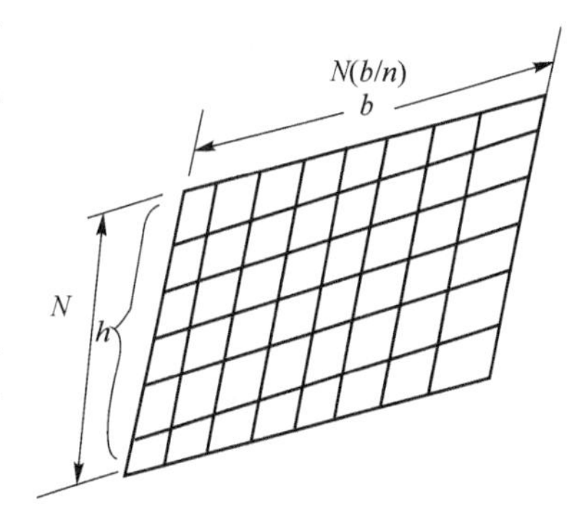

图 1-11　一幅图像像素示意图

则一幅总像素为:$P=N^2\left(\frac{b}{h}\right)$

则 $f_{max}=1/2Pf_P=1/2N^2\left(\frac{b}{h}\right)f_P$

$b/h$,称作宽高比。

当考虑 18%行消隐和 6%的场消隐,不分解图像,及隔行扫描所带来的影响时:

$$\triangle f_{max}=f_{max*}\frac{0.94_{\eta_\gamma}}{0.82_{\eta_H}}\times 0.65=0.74f_{max}=\frac{1}{2}N^2\left(\frac{b}{h}\right)f_{P*}\cdot 0.74$$

我国普通电视电视标准为:

$N=625$,$b/h=4/3$,$f_P=25$,可得$\triangle f_{max}=5$ MHz

## 1.3.2　彩色电视原理

**1. 三基色原理**

自然界的任何彩色光都可分解为红(R)、绿(G)、蓝(B)三基色光,反之,R、G、B 三种基色光按一定比例相加混合可得到自然界的任何彩色光。

将三种基色光按不同比例相加而获得不同彩色光的方法,称为相加混色法,它们的基本规律是:

红(R)+绿(G)+蓝(B)=白(W)

红(R)+绿(G)=黄(Ye)

绿(G)+蓝(B)=青(Cy)

红(R)+蓝(B)=品红(Mg)

**2. 彩色图像的摄取与重现**

彩色电视是在黑白电视的基础上,利用了三基色原理与人眼的彩色视觉的一些特性发展起来的。

(1) 彩色图像的摄取

彩色电视传送示意图如图 1-12 所示。

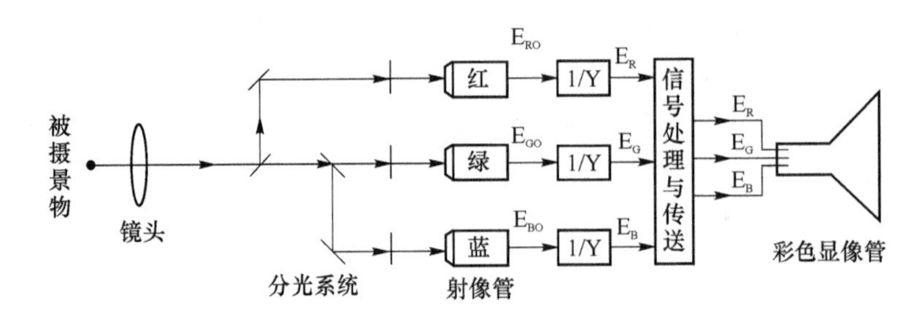


图 1-12　彩色电视传送示意图

彩色光→镜头→分光系统→各自摄像馆(与黑白电视相同)→……

(2) 彩色图像重现

① 同时混色法

利用三只投影式显像管分别将 $E_R$,$E_G$,$E_B$ 转换成红光、绿光、蓝光,通过放影镜头使三色光同时投射到银幕上,这样就混合成原彩色图像。这就是投影电视原理。如图 1-13 所示。

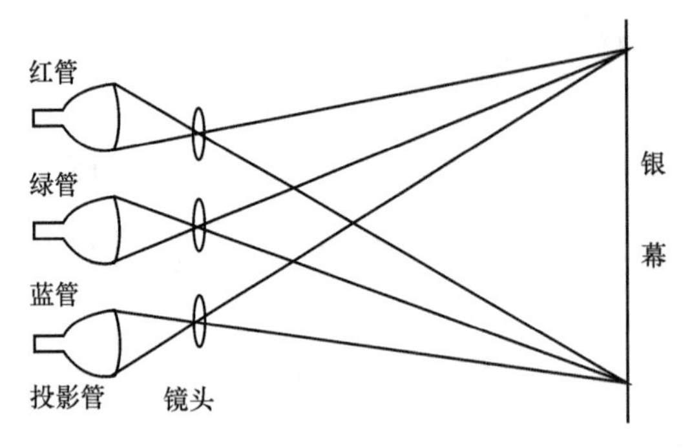


图 1-13　同时混色法

② 空间混色法

目前常用的彩色显像管显像法。以三枪三束阴罩式彩色显像管为例。如图 1-14,图 1-15 所示。

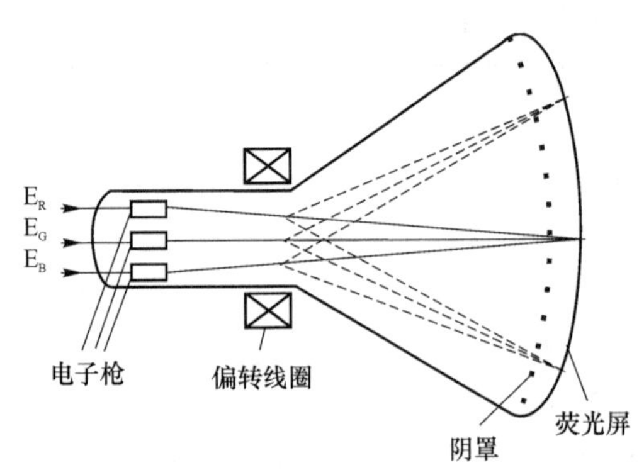


图 1-14　束阴罩式彩色显像管简图

- 三个电子枪:发出三束电子束,它们分别受 $E_R$,$E_G$,$E_B$ 信号激励。
- 荧光屏:由大量红、绿、蓝三色荧光点组组成。
- 金属阴罩板:在荧光屏前,布满小孔。每个小孔对应一组三色荧光点。

- 红、绿、蓝三个电子枪发出的三束电子束会聚于阴罩板的小孔，穿过小孔分别轰同组的红、绿、蓝三个荧光点，使它们发出相应颜色的光，由于红、绿、蓝三个荧光点距离很近，人眼分辨力有限，所以每组光点发出的光给人三点混色光的感觉。

③ 时间混色法

将红、绿、蓝三色光图像以一定频率顺序地输出，由于人眼的视觉惰性，红、绿、蓝三色光将在视觉上形成三色光相加的混色视觉。

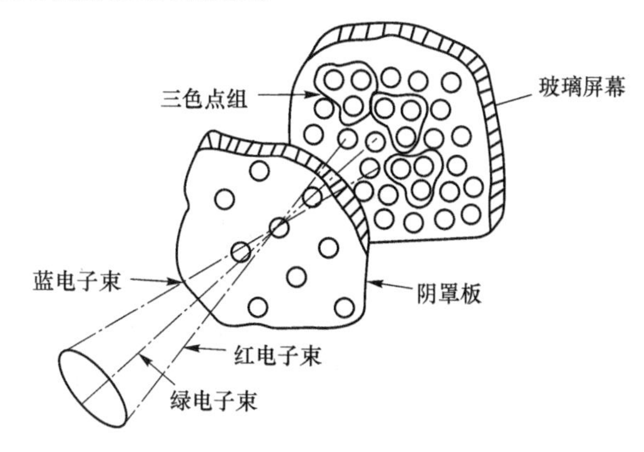


图 1-15 阴罩板作用示意图

**3. 亮度信号和色差信号**

在彩色广播电视系统中选用三个传输信号，代表三个基色信号，它们之间的转换关系如下：

$$V_Y = 0.30V_R + 0.59V_G + 0.11V_B$$
$$V_{R-Y} = 0.70V_R - 0.59V_G - 0.11V_B$$
$$V_{B-Y} = -0.30V_R - 0.59V_G + 0.89V_B$$

其中：$V_Y$代表亮度信息，$V_{R-Y}$，$V_{B-Y}$代表彩色信息。

**4. 色度信号频带压缩与频谱交错原理**

(1) 大面积着色原理

由于人眼对彩色细节分辨力比黑白细节分辨力低，传送彩色景物时，只传送景物中的粗线条、大面积的彩色部分，而彩色细节则用亮度(黑白)细节代替，其重现彩色图像的主观感觉仍然是清晰、逼真的，这一原理称为大面积着色原理。根据这一原理，用宽带传送亮度信号，以保证图像的清晰度，用窄带传送色度信号，进行大面积着色。

$$V_{R-Y}、V_{B-Y} \to 1.3\ \text{MHz}$$
$$V_Y \to 6\ \text{MHz}$$

(2) 高频混合原理

根据大面积着色原理，用宽、窄带分别传送亮、色信号，在接收端，亮、色信号相加复原为三基色信号时，将同一个亮度信号的高频分量分别加入到三个基色信号中去，这就是高频混合原理。如图 1-16 所示。

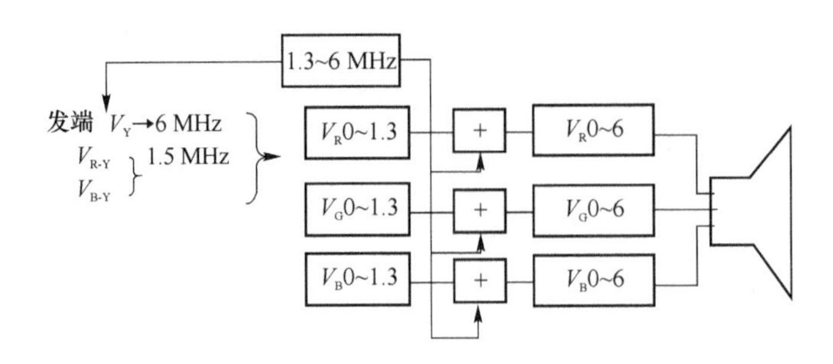


图 1-16 高频混合原理框图

(3) 频谱交错原理

为了在黑白电视频带带宽内(6 MHz)传送彩色电视信号,解决彩色电视兼容问题,将调制色差信号的载波(为与图像载波区别,称为副载波),插入到黑白电视信号频镨空白处。

① $V_{R-Y}V_{B-Y}$正交平衡调幅——一载波调制两个信号。

$$C=(R-Y)\cos 2\pi f_S t+(B-Y)\sin 2\pi f_S t$$

两者之和称为色度信号。形成色度信号的不同方法,构成了不同的电视制式。如 NT-SC 制、PAL 制、SECAM 制。

② 正确选择副载波(相对于图像载波称调制色差信号的载波为传载波)——为将色度信号插入到黑白电视信号频镨空白处。

$$f_S=(n-1/2)f_H \quad \text{半行频的奇数倍}$$

③ 亮度信号与色度信号相加得到彩色电视图像信号。

亮度信号与色度信号频谱交错原理如图 1-17 所示。

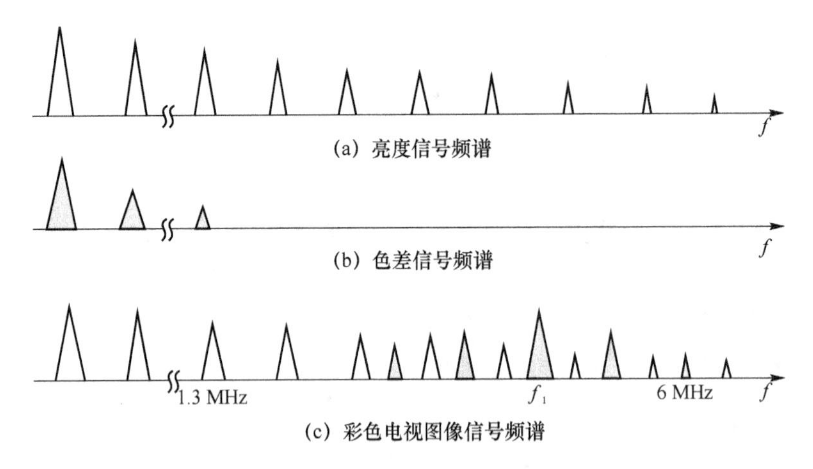


图 1-17 频谱交错原理图

图 1-18 给出了亮度信号、色差信号、色度信号频谱、彩色视频信号全带宽频谱图。

**5. 彩色全电视信号形成——PAL 编码器**

① 方框图

图 1-19 给出了 PAL 制彩色电视信号形成原理方框图——PAL 编码器。

PAL 编码器的主要任务是实现从 RGB 系统到 CRBS(彩色全电视信号)系统的转换。

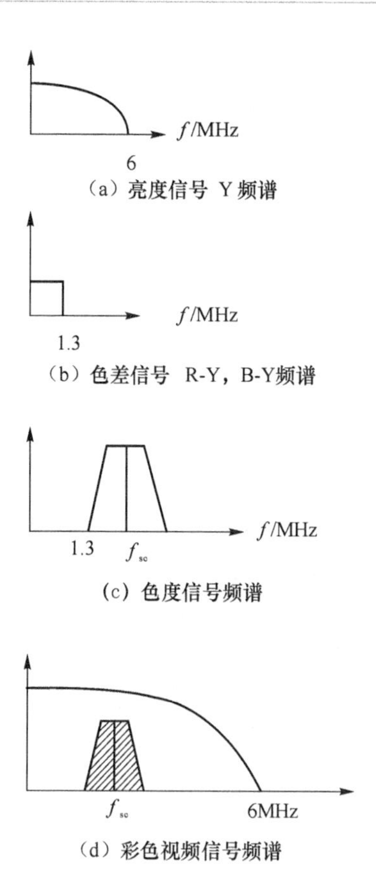


图 1-18 彩色电视有关信号全带宽频谱图

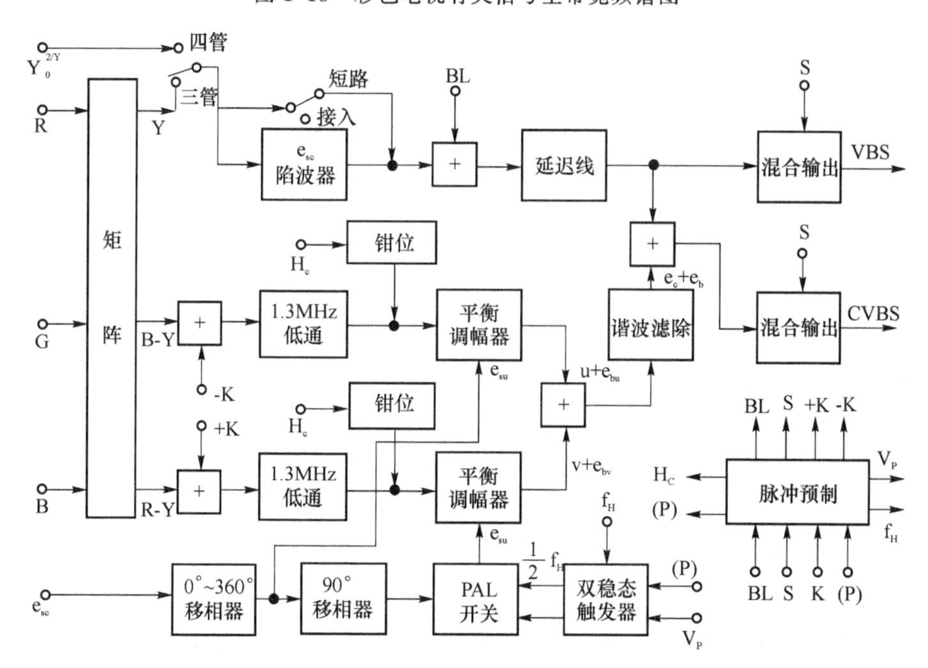


图 1-19 PAL 编码器原理方框图

② 主要组成

a. 矩阵电路 R,G,B→Y,R-Y,B-Y

b. 亮度通道

c. 色度通道

d. 定时脉冲电路

**6. 彩色电视接收机简介**

图 1-20 为 PAL 制彩色电视机原理方框图。

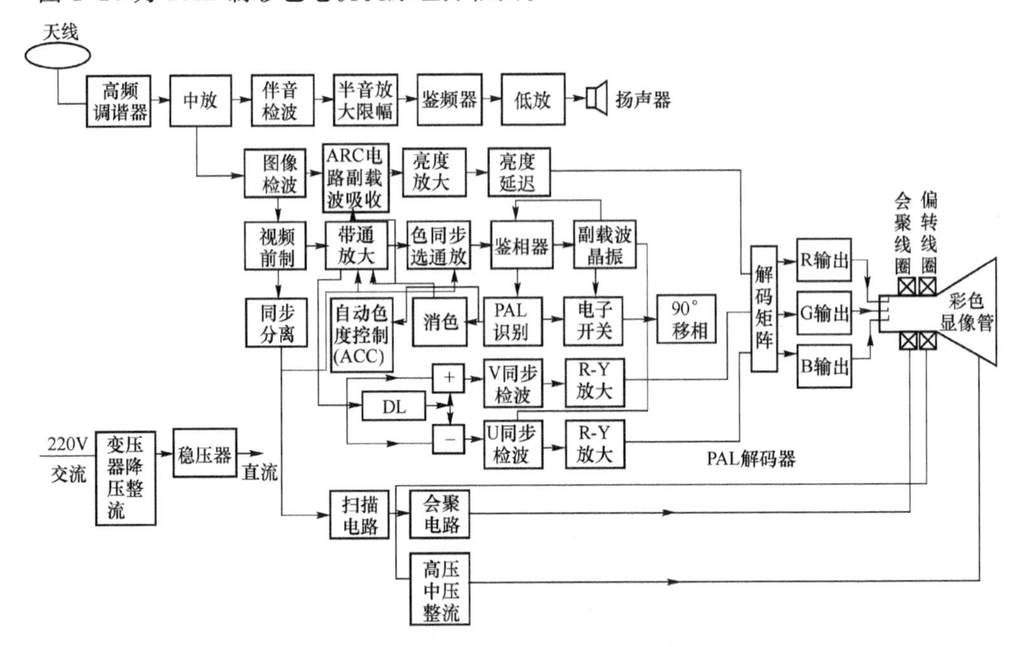


图 1-20　PAL 制彩色电视机原理方框图

# 1.4　视频信号的数字化

## 1.4.1　图像信号的数字化

**1. 模拟图像信号**

黑白、静止图像(或活动图像中的一幅)可以用二维连续函数 $f(x,y)$ 表示，$f(x,y)$ 是二维图像在 $(x,y)$ 位置的亮度值。如图 1-21 所示。

$$0\leqslant f(x,y)\leqslant f_m\text{(常数)}$$

$$0\leqslant x\leqslant L_x$$

$$0\leqslant y\leqslant L_y$$

空间位置值和亮度值都是连续的。

**2. 数字化处理过程**

为了适应数字处理，必须对图像信号数字化。

(1) 含义

对图像数字化包括三方面的含义：

① 空间位置离散化——抽样(取样,采样);

② 亮度信号(幅值)离散化——量化;

③ 编码——对量化值编码。

(2) 图像的抽样

① 抽样图像可用离散函数 $f(i,j)$表示

把在空间上矩形区内的连续图像分成 $N\times N$ 个网格,每个网格用一个亮度值表示,这一过程完成了空间位置的离散化,称为抽样;每个网格的值称为抽样值。

抽样图像可用一离散函数表示 $f(i,j)$,$i,j=0,1,2,\cdots,N-1$。$f(i,j)$是图像抽样点$(i,j)$位置的亮度值。$i$ 是行号,$j$ 是列号。$\Delta x=\frac{L_x}{N}$,$\Delta y=\frac{L_y}{N}$,为抽样点在水平点方向、垂直方向的间隔。如图 1-22 所示。

从电视基本原理知道,电视是通过扫描来分解图像的,即电视图像信号是一行行组成,这说明在垂直方向已经离散化。我们只要在每条一行上等间隔地抽取图像值,即可完成图像的抽样。

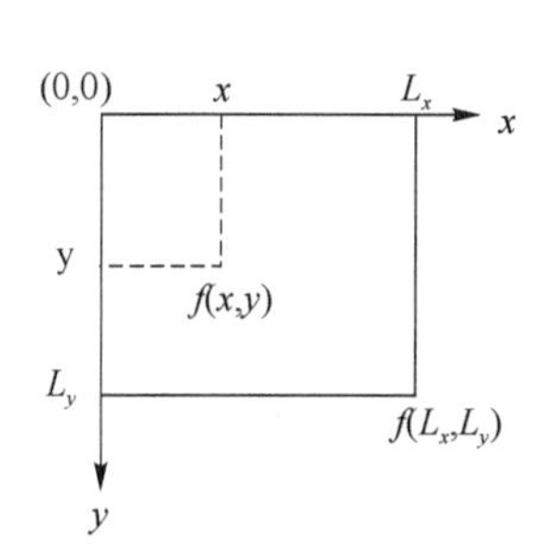


图 1-21　模拟图像二维连续函数图

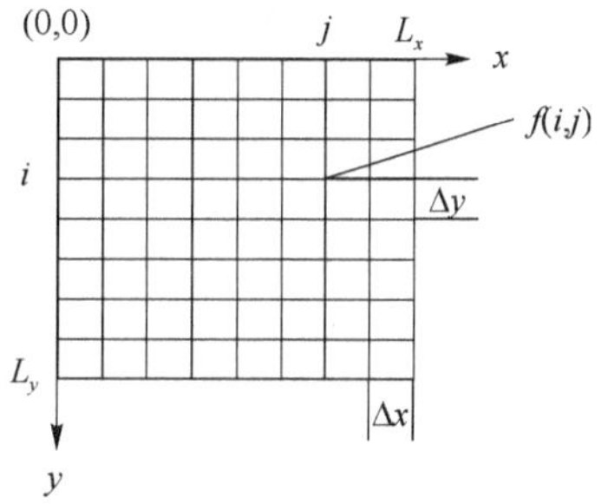

图 1-22　图像抽样示意图

一幅抽样图像可用正方矩阵$[f(i,j)]$表示,矩阵各元素称为抽样图像像素。

$$[f(i,j)]=\begin{pmatrix} f(0,0) & & f(0,n-1) \\ & \ddots & \\ f(n-1,0) & & f(n-1,n-1) \end{pmatrix}$$

若抽样点位置在正方格的顶点上,这种抽样方式称为正交抽样,是一种采用最多的一种抽样方式。

② 抽样频率

抽样要解决的主要问题是找出能从抽样图像精确地恢复原图像所需要的 $N$ 数,即各抽样点在水平方向和垂直方向的最大间隔,就是 $\Delta x$,$\Delta y$ 取多大。

A. 为了保证抽样图像能精确的恢复原图像抽样频率应满足奈奎斯特定(抽样定理)。

$$V_{OX}\geqq 2U_m \qquad V_{OY}\geqq 2V_m$$

$V_{OX}$,$V_{OY}$:水平方向,垂直方向的抽样频率;$U_m$,$V_m$:图像水平方向,垂直方向的截止频率。即

$$\Delta x=\frac{L_x}{N}\leqslant\frac{1}{2U_m},\Delta y=\frac{L_y}{N}\leqslant\frac{1}{2V_m}$$

$\Delta x$,$\Delta y$ 为水平、垂直方向抽样间隔;$L_x$,$L_y$ 为图像水平、垂直方向的尺寸;$N$ 为水平(垂

直)方向抽样点数。

抽样定理是选择抽样频率的基本依据,但在实际应用中还考虑其他原则。

B. 从数码率考虑,数码率($R_S$)与取样频率($f_0$)成正比。

$$R_S \propto f_0$$

从降低数码率考虑,应使 $f_0$ 降低。

C. 抽样结构。

所谓抽样结构,指抽样点在空间位置排列的位置关系,国际无线电咨询委员会(CCIR)建议采用正交结构。即抽样点的排列位置为正方格。要满足这个要求,取样频率 $f_0$ 应与行频 $f_H$ 有整数倍关系:

$$f_0 = n f_H$$

$f_0$:抽样频率,$f_H$:行频,$n$ 为整数。

同时,

$$f_0 = m f_B$$

$f_B$ 为付载波频率,$m$ 为整数。

③ 抽样信号的频谱

抽样信号的频谱是原模拟信号频谱以抽样频率的各次谐波为中心的周期性延拓。

从图 1-23 中可以看出,在满足抽样定理的条件下,各频谱区不交叠。为从二维抽样恢复原图像,只要有一个理想二维方形滤波器,其特性为:

$$H(u,v)=\begin{cases}1 & |u|\leqslant u_m, |v|\leqslant v_m \\ 0 & 其他\end{cases}$$

满足极限条件的抽样为奈奎斯特抽样。当抽样定理不满足时,就会发生频谱的交叠,由此在图像恢复中将会引入一定的失真,通常称之为混叠失真。

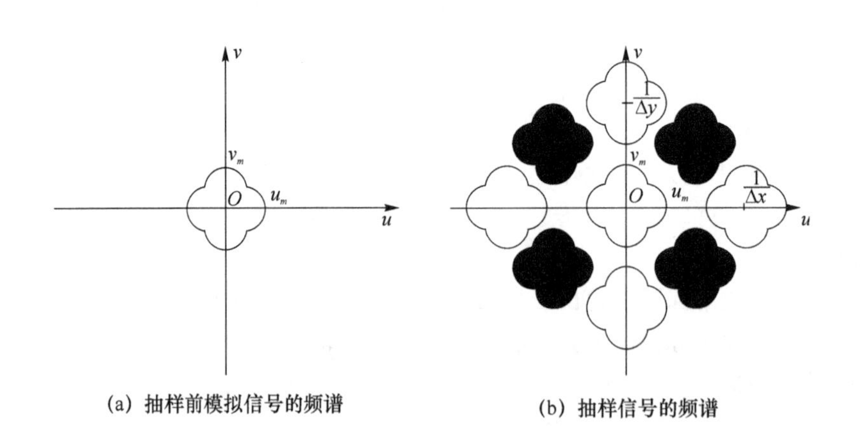


(a) 抽样前模拟信号的频谱

(b) 抽样信号的频谱

图 1-23 抽样前模拟信号的频谱以及抽样信号的频谱

抽样值仍然是连续变化。

(3) 图像的量化及编码

① 概念

A. 用有限的离散值(量化值)代替原图像连续变化的模拟抽样值(无限)。

a. 量化层

把 $f(i,j)$的亮度区间$(a_l,a_m)$分为 $k$ 个小区,称为 $k$ 个量化层,常取 $k=2^n$,$n$ 单位比特,$n$ 为量化层比特数。

b. 判决电平

划分区间的端点称为判决电平。

$$d_k \quad k=0,1,\cdots,k$$

$$d_0,d_1,\cdots,d_{k-1},d_k$$

c. 量化值

每一个小区用一个代表值表示,该值称为量化值 $f_q(i)$(量化层内抽样值的代表值)。

把落入同一小区的任何抽样值,都以同样的量化值表示。

$Q\{f(i,j)\}=f_q(k)$,当 $d_k \leqslant f(i) < d_{k+1}$时,这个过程称为量化。如图 1-24 所示。

图 1-24 图像量化示意图

经量化得到的数字图像,可用量化像素矩阵$[f_q]$表示。

$$[f_q(i,j)]=\begin{pmatrix} f_q(0,0) & & f_q(0,n-1) \\ & \ddots & \\ f_q(n-1,0) & & f_q(n-1,n-1) \end{pmatrix}$$

d. 编码

采用 $n$ 位(比特)二进制数表示量化值。

B. 均匀量化

以等间隔分层量化。这样的编码 PCM 编码。

C. 非均匀量化

以不等间隔分层量化。例如,根据实际图形信号的概率分布进行非均匀量化,可以得到更好的量化效果。

D. 量化误差

由于量化是用有限量化值近似表示无限多个连续值,这就会产生误差,称为量化误差。用 $\varepsilon_q(i,j)$表示。

因为

$$f_q(i,j) \neq f(i,j)$$

$$\varepsilon_q = f_q(i,j) - f(i,j)$$

可得量化误差矩阵

$$[\varepsilon_q(i,j)]=\begin{pmatrix}\varepsilon_q(0,0) & & \varepsilon_q(0,n-1)\\ & \ddots & \\ \varepsilon_q(n-1,0) & & \varepsilon_q(n-1,n-1)\end{pmatrix}$$

**3. 量化比特数 *n* 的选择**

A. 数据率

数据率($R_B$)与 $n$ 成正比

$$R_B=nf_0$$

$f_0$ 为抽样频率,如果要降低数据率 $R_B$,则要减少 $n$。

B. 量化信噪比

图像量化的基本要求是在量化噪声对图像质量的影响可以忽略的前提下用最少的层化层进行量化。信号峰值功率信噪比与量化比特数 $n$ 的关系如下式所示。

$$\left(\frac{S_{PP}}{N_q}\right)_{\text{dB}}=10\lg\frac{(S_{PP})^2}{N_q}=10.79+6n$$

其中,$N_q$ 为量化均方噪声;$S_{PP}$ 为信号峰值功率。

结论:每增加一个比特,即总分层数增加一倍,信噪比增加 6 dB。

选择 $n$ 可用主观评价方法,比较原图像与量化图像的差别,当量化引起的差别已觉察不出或可以忽略时,所对应的最小量化层比特即为 $n$。

对广播电视,采用 8 bit,对于较高的要求,也可采用 9 bit 或 10 bit。一般计算机监视器显示,只要求 6 bit,一些更低图像质量的应用场合,如可视电话,还采用了 5 bit。

附:$\left(\frac{S_{PP}}{N_q}\right)_{\text{dB}}$ 推导。

取均匀量化,设抽样值在它的动态范围内的概率分布是均匀的。

量化均方误差 $N_q$ 为:

$$N_q=\frac{1}{\Delta V}\int_{q_k-\frac{\Delta V}{2}}^{q_k+\frac{\Delta V}{2}}(z-q_k)^2\,\mathrm{d}z=\frac{(\Delta V)^2}{12}$$

$\Delta V$ 为量化电平间隔,均匀量化,故为常数。$q_k$ 为第 $k$ 个判决电平,$z$ 为信号抽样值。

设以 $n$ 比特量化,则量化分层为 $2^n$ 个,则信号峰值为 $2^n\times\Delta V$,则信号峰值功率 $S_{PP}$ 为:

$$(S_{PP})^2=(2^n\Delta V)^2$$

$$\left(\frac{S_{PP}}{N_q}\right)_{\text{dB}}=10\log\frac{(2^n\Delta V)^2}{\frac{\Delta V^2}{12}}=10.79+6n$$

(4) 视频捕捉卡原理方框图

目前,图像数字化的工作由模数转换器 A/D 完成,它包括了信号的取样,保持到量化及编码全部过程,输出为 PCM 编码。

图 1-25 给出了图像计算机输入卡(图像采取卡)的基本原理框图。

① 信号预处理：放大、滤波、箝位。

② 同步分离：从全电视信号中分离出行同步和场同步信号，作为时钟形成和地址发生器的同步信号。

③ A/D：模拟数字转换器，有各种不同性能的芯片。将模拟视频信号转换成数字信号，通常为 PCM 码。

④ 地址、读写、控制信号形成。

⑤ 视频缓冲器。

⑥ 总线接口及总线切换开关。

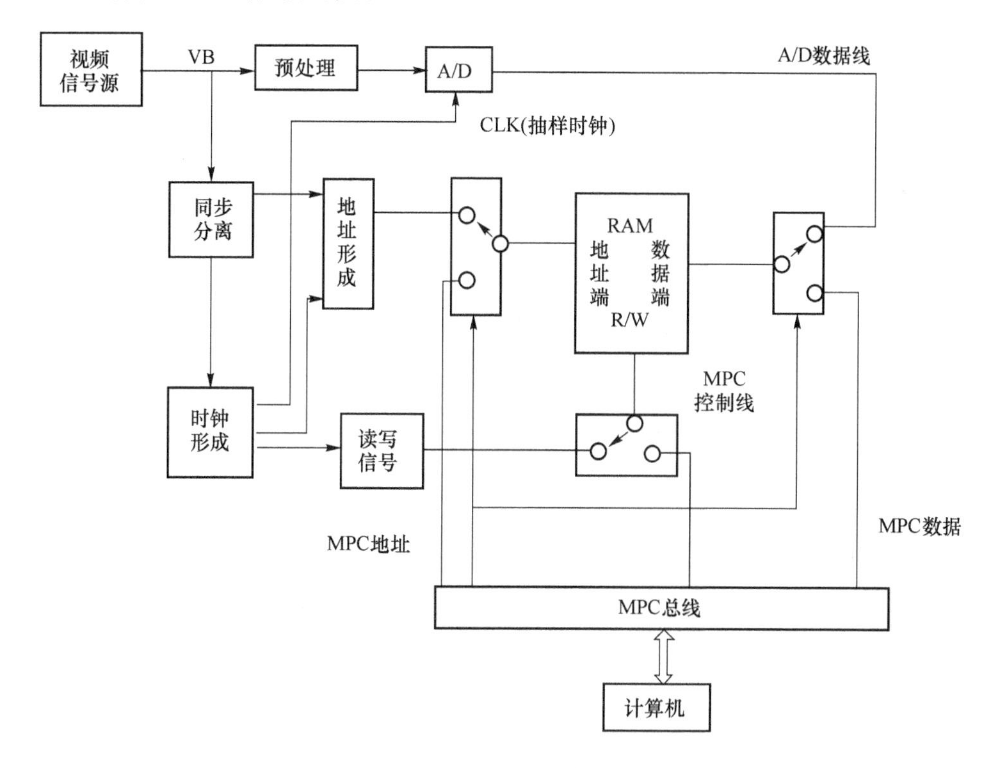


图 1-25　视频捕捉卡原理方框图

### 1.4.2　视频数字化标准建议

1982 年 10 月国际无线电咨询委员会(CCIR)通过了第一个关于演播室彩色电视数字化编码建议，即 601 号建议。

(1) 分量编码

分别对亮度信号 Y，色差信号 R-Y、B-Y 编码。

(2) 具体参数

A. 抽样频率

Y：13.5 MHz　　　R-Y：6.75 MHz　　　B-Y：6.75 MHz

B. 抽样结构

正交抽样。

由于 R-Y、B-Y 抽样频率为 Y 信号 Y 的一半，所以色差信号抽样点只有 Y 信号的一半，与 Y 信号奇数样点重合，如图 1-26 所示。

○ 亮度信号抽样点
+ 色差信号抽样点

图 1-26　Y 信号 R-Y、B-Y 信号抽样点结构示意图

C. 编码方式

PCM 编码。

量化分层比特数(每个样点比特)：8 bit(即：$k=2^8=256$)

D. 每行全抽样数

| | NTSC | PAL |
|---|---|---|
| Y | 858 | 864 |
| R-Y，B-Y | 429 | 432 |

E. 每行有效抽样数

| | |
|---|---|
| Y | 720 |
| R-Y，B-Y | 360 |

上述为 4∶2∶2 标准。在一些场合，可取 4∶1∶1(4∶2∶0——取样频率同 4∶2∶2 格式，但色差信号的行数为 4∶2∶2 的 1/2)，甚至 2∶1∶1(亮度、色差信号的取样频率各为原来的 1/2)。

例如：DVD 采用 4∶2∶2 标准，达到电视演播室标准，图像质量水平 480 线

VCD 采用 2∶1∶1，图像质量水平 240 线。

## 1.5　图像信号的统计特性

图像的统计特性是进行图像编码的基本依据，因此对它的研究是非常必要的。

通过大量的统计实验发现，各抽样的亮度值并不是孤立的，比如图像的同一行相邻像素之间，相邻行像素之间，以及活动图像相邻帧的对应像素之间往往存在很强的相关性。经典图像编码方法就是利用图像信号这种固有的统计特性，通过除去相关性来减少传输数码率。因此必须知道能描述这种相关性的统计特性。

图像的统计特性一般包含空域和频率域上两个方面的内容。由于图像本身数据量极大，而图像的内容又是千差万别的，给统计分析带来很大困难。

例如，以(256 * 256)个像数，每个像素 6 个比特的二维静止图像，总共可构成 $(2^6)^{(256*256)}=2^{393\,216}=10^{118\,000}$ 幅图像。

目前常采用的方法对〔国际电报电话咨询委员会(CCITT)、电影电视工程师协会(SMPTE)和欧洲广播联盟(EBU)〕提供的一些标准图像进行研究，并以此作为其他各种的实验依据。

### 1.5.1　空间域上的统计特性

**1. 图像信号的自相关函数**

设$(i,j)$,$(i_2,j_2)$为图像中的两个像素点,图像的自相关函数表示为:

$$\rho_{1,2}=E\{[f(i,j)-M][f(i_2,j_2)-M]\}/\sigma^2$$

$$M=\frac{1}{N\times N}\sum_{i=0}^{N-1}\sum_{j=0}^{N-1}f(i,j)$$

$$\sigma^2=E[f(i,j)^2]-M^2$$

$E[\,]$:表示数学期望。

$M$:表示图像亮度平均值。

$\sigma^2$:表示图像方差。

**2. 一维自相关函数**

(1) 一维概念

同一行上的两个像素:$(i_2=i_1,j_2=j_1+\tau)$

同一列上的两个像素:$(i_2=i_1+\tau,j_2=j_1)$

$\tau$为两个像数之间的距离。

(2) 计算公式

$$p_\tau=\frac{\sum_i\sum_j[f((i,j)-M][f(i,j+\tau)-M]}{\sum_i\sum_j[f(i,j)-M]^2}$$

(3) 规律

$$p_\tau=e^{-\alpha|\tau|}$$

一维相关系数随间距$\tau$按指数规律变化。

$$p_\tau=e^{-\alpha|\tau|}$$

修正:与实际图像更符合。

$$p_\tau=e^{-\alpha|\tau|r}$$

$\alpha,r$对实际图像统获得。可写成:

$$\rho_\tau=\rho^{|\tau|}$$

$p$统计得:

$$\begin{cases}\text{一般电视图像:0.95～0.98}\\ \text{电视电话:0.90～0.96}\end{cases}$$

(4) 曲线

曲线如图1-27所示。

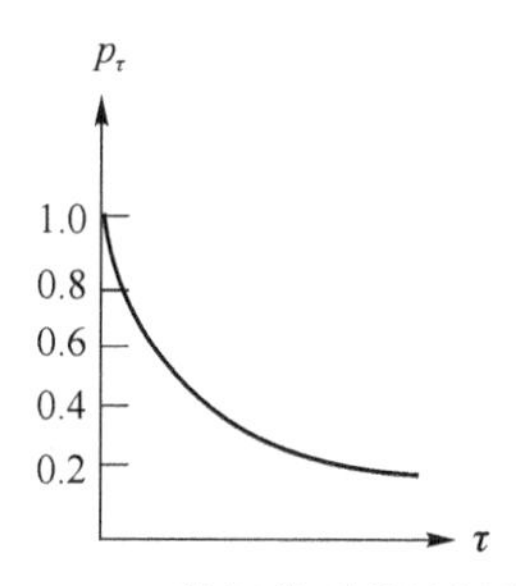


图1-27　一维相关系数随间距$\tau$按指数规律变化示意图

**3. 二维自相关函数**

A. 概念

$f(i,j)$和$f(i+\tau_1,j+\tau_2)$两个像素,$\tau_1$,$\tau_2$分别表示像素在垂直和水平方向的距离。

B. 规律

两个一维相关函数乘积构成二维自相关函数:

$$p(\tau_1,\tau_2)=e^{-\alpha|\tau_1|}e^{-\beta|\tau_2|}$$

修正：$p(\tau_1,\tau_2)=\mathrm{e}^{-\alpha|\tau_1|r_1}\mathrm{e}^{-\beta|\tau_2|r_2}$，其中 $\alpha,\beta,r_1,r_2$ 由实验确定。

也可以写成：$p(\tau_1,\tau_2)=p^{|r|}$，其中 $p$ 由实验确定，$r=\sqrt{\tau_1^2+\tau_2^2}$ 为相关距离。

结论：二维相关函数由中心向四周按指数规律衰减。

## 1.5.2 频率域上的统计特性

**1. 表达式**

自相关系数与功率谱密度是一对傅里叶变换关系，对于自相关系数作傅里叶变换可得：

$$p(\omega)=\int_{-\infty}^{+\infty}\mathrm{e}^{-\alpha|\tau|}\mathrm{e}^{-\mathrm{j}\omega\tau}\mathrm{d}\tau=\int_{-\infty}^{0}\mathrm{e}^{\alpha\tau}\mathrm{e}^{-\mathrm{j}\omega\tau}\mathrm{d}\tau+\int_{0}^{+\infty}\mathrm{e}^{-\alpha\tau}\mathrm{e}^{-\mathrm{j}\omega\tau}\mathrm{d}\tau=\frac{1}{\alpha^2-\mathrm{j}\omega^2}+\frac{1}{\alpha^2+\mathrm{j}\omega^2}$$

$$=\frac{2\alpha}{\alpha^2+\omega^2}$$

分析：当 $\omega=0$ 时，$p(\omega)$有最大值 $2/\alpha$；随着 $\omega$ 的提高，导致 $p(\omega)$下降。功率谱密度通常集中在低频

图像信号在空域上的强相关性意味着在频域上功率谱的分布非常集中(图像信号的绝大部分能力集中于直流和低频分量)。

**2. 曲线**

曲线图如图 1-28 所示。

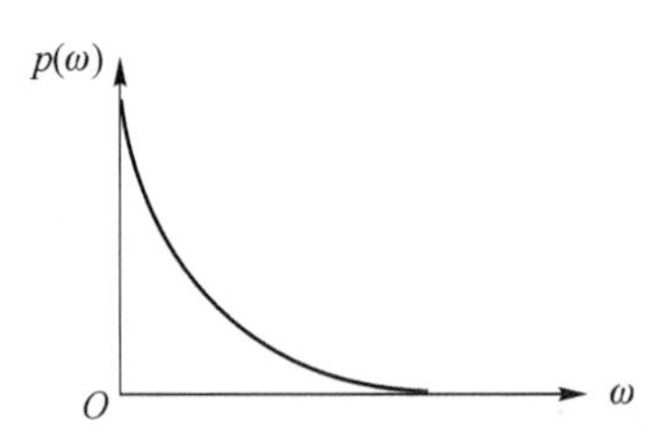


图 1-28 图像信号频率域上的统计特性示意图

具有类似与低通特性，对于不同的图像内容其具体分布不同，但总体特性相同。

## 1.5.3 差值信号的统计特性

**1. 相邻像素差值信号的统计特性**

前述可知，在水平方向或垂直方向，图像相邻像素之间具有较强的相关性，从频域特性也可看出，图像中的直流分量和低频分量占了整个图像的主要部分。因此，对于常见的大多数图像，其相邻像素之间差值的统计分布集中在零或绝对值较小的范围。

(1) 相邻像素差值

相邻像素差值是研究图像差值信号的最简单的一种。

水平方向相邻像素差值：$d_H(i,j)=f(i,j)-f(i,j+1)$。

垂直方向相邻像素差值：$d_V(i,j)=f(i,j)-f(i+1,j)$。

(2) 统计分布特性

相邻像素差值统计分布集中在零或绝对值较小值范围。

80%～90%落在总数在256个量化层中的16～18个量化层范围内,反映了图像帧内统计特性(空域相关特性)。

**2. 帧间差值信号统计特性**

前述的统计分析是对一幅(帧)图像进行的,通常称为帧内统计特性。对电视活动图像,相邻帧之间的时间间隔很小,因此有必要对相邻图像之间的统计特性进行研究,这种相邻帧图像之间的统计特性为帧间统计特性。通常只讨论帧间差值的统计特性。

(1) 帧间差值

帧间差值是指活动图像序列中的像素位置$(i,j)$上,当前帧的亮度值$f_t(i,j)$与上一帧的亮度值$f_{t-1}(i,j)$之差,即

$$D_t(i,j)=f_t(i,j)-f_{t-1}(i,j)$$

其中,$t$为当前帧时刻;$t-1$为上一帧时刻。

(2) 统计特性

除景物有激烈运动或整幅场景更换外,帧间差值集中分布在零和绝对值较小的范围。

表1-8为实测出会议电视标准图像序列中某连续三帧图像相邻帧间差平均值,超过阈值像素占整幅图像像素百分比(其中大部分像素是基本不变的,且帧间差值为0或小)。

**表1-8 帧间差值超过指定阈值的像素占图像像素总数的百分比**

| 阈值 | 1 | 3 | 5 | 7 | 10 |
| --- | --- | --- | --- | --- | --- |
| 帧间差值超过指定阈值的像素(%) | 61.6 | 41.7 | 27.9 | 12.0 | 0.83 |

如彩色电视广播节目一帧时间间隔内,只有10%以下的像素有亮度差值超过2%的变化,而色度信号只有1%以下的像素有变化。

(3) 帧间差值统计特性是视频图像帧间压缩编码的基本依据

图像数据具有冗余度,即有大量无须传送的多余信息,这是因为在一行相邻像素之间,相邻行像素之间,活动图像相邻帧对应像素之间存在着很强的相关性。从信息论角度出发,只降低或消除信源的冗余度,信息量没有减少。除降低或消除信源的冗余度外,进一步减少信源的信息量,属于有损压缩、限失真编码,信息非保持编码和熵压缩编码。较冗余度压缩具有更大的压缩比,具有更大的现实意义。

# 1.6 图像质量的评价

## 1.6.1 主观评价

**1. 概念**

① 以人作为图像的观察者,对图像优劣作出评价;

② 人数≥20(内行,外行);

③ 测试条件与使用条件匹配。

**2. 绝对评价**

用妨碍尺度(适用于专业人员)。

**3. 相对评价**

质量尺度适用于非专业人员。

**4. 五级评分**

如表 1-9 所示。

**表 1-9 图像质量主观评价**

| 质量分数 | 妨碍尺度 | 质量尺度 |
| --- | --- | --- |
| 5 | 丝毫看不出图像质量变坏 | 很好 |
| 4 | 可以看出图像质量变化,但不妨碍观看 | 好 |
| 3 | 明显看出图像质量变坏 | 一般 |
| 2 | 图像质量对观看有妨碍 | 差 |
| 1 | 图像质量对观看有严重妨碍 | 很差 |

**5. 平均分数**

$$c = \frac{\sum_{i=1}^{N} c_i k_i}{\sum_{i=1}^{N} k_i}$$

其中,$c_i$:图像属于第 $i$ 类的量质分数,$k_i$ 判断图像属于第 $i$ 类的人数;$N$ 为图像的类数。

## 1.6.2 客观评价

**1. 概念**

用数学计算的方法得出图像评价结果。

**2. 两种方法**

① 逼真度:重建图像与原始图像之间的偏差程度。

② 可懂度:人或机器能从图像中抽取有关信息的程度。

**3. 逼真度**

(1) 峰值信噪比 $PSNR$

$$PSNR = 10\log \frac{A^2}{\frac{1}{NM}\sum_{i=1}^{N}\sum_{j=1}^{M}[f(i,j) - f'(i,j)]^2}$$

其中,$f(i,j)$为原始图像;$f'(i,j)$为重建图。

$N*M$ 为图像尺寸;$A$ 为 $f(i,j)$中的最大值,通常取 255。

(2) 归一化均方误差

$$NMSE = \frac{\sum_{i=1}^{N}\sum_{j=1}^{M}\{Q[f(i,j) - Q[f'(i,j)]\}^2}{\sum_{i=1}^{N}\sum_{j=1}^{M}\{Q[f(i,j)]\}^2}$$

对 $Q[\,]$进行某种预处理，例如对数、幂处理等，是为了使测量值与主观评价结果相一致。

## 复习思考题

1. 数字视频技术主要涉及哪些技术领域？

2. 目前数字视频所能处理的有哪些具体媒体对象？它们被分为哪两类？

3. 数字视频技术的特点有哪些？为什么传统电视不是数字视频？举出几种常见的数字视频系统与设备。

4. 数字视频的发展涉及哪些关键技术与设备？

5. 20 人观察评价某图像，其中 10 人认为“非常好”，5 人认为“好”，5 人认为“一般”，求该图像的平均分数。

# 第二篇

# 压缩与编码

图像压缩的目的在于用较少的数据来表示图像，以节约存储空间，或者是传输带宽。因此，几乎所有涉及数字图像处理技术的应用，都需要进行有效的数据压缩。通常，对图像数据进行压缩而不会严重地降低视觉效果，这是由于图像中含有：

（1）由于相邻像素之间存在相关性而产生的大量空间冗余；

（2）由于彩色元素间存在相关性而产生的大量频谱冗余；

（3）由于人类视觉系统特点而引起的大量心理视觉冗余。

因此冗余量越大，可压缩的程度也就越高。

本篇将介绍图像数据压缩编码概述，内容包括数字视频图像压缩的必要性和可能性，图像压缩系统的组成以及视频图像压缩编码的主要方法及其分类；熵编码、变换编码、预测编码、运动补偿编码的基本原理与应用。

本篇包含如下5章：

第2章　压缩与编码概论

第3章　熵编码

第4章　变换编码

第5章　预测编码

第6章　运动补偿与预测编码

# 第2章　压缩与编码概论

随着微电子技术和计算机技术的迅猛发展，数字技术在各个领域都得到了广泛的应用。在此基础上，网络技术应运而生。语音、图形、图像和数据等多媒体信息的传输、处理、存储及检索技术，成为数字视频技术的重要组成部分。如何有效地传输和存储数字化图像信息就成为网络技术中的关键技术。在减少传输和存储信息量方面，人们采用了数字视频压缩编码技术。这门技术已成为当今多媒体领域主要的研究热点之一。

本章依次介绍压缩编码的必要性和可行性、压缩编码的基本模型、压缩编码的分类、压缩编码的过程等，重点放在压缩编码过程上。

## 2.1　压缩编码的必要性

### 2.1.1　压缩基本术语

数据压缩(Data Compression)，在电子与通信领域也常被称为信号编码(Signal Coding)，包括压缩和还原(或编码和解码)两个步骤，相关概念的英文单词如表2-1所示。与压缩相关的学科有：信息论、数学、信号处理、数据压缩、编码理论和方法。

**表2-1　压缩概念所对应的英文单词**

| 领域 | 概念 | 动词 | 名词 |
| --- | --- | --- | --- |
| 计算机 | 压缩 | Compress | Compression |
| | 还原(解压缩/重构) | Decompress | Decompression |
| 电子与通信 | 编码 | Encode | Encoding/Coding |
| | 解码(译码) | Decode | Decoding |

### 2.1.2　压缩的需要

数据量巨大是视频信号的特点，例如：

- 一幅1 024×1 024真彩图：1 024行×1 024列×3 B彩色=3 MB
- 5分钟的CD音乐：44 100样本/秒×2 B(16 bit)/样×2声道×60秒×5分钟=50.47 MB
- 90分钟的PAL视频：625行×864列×3B彩色×25帧/秒×60秒×90分钟=203.68 GB
- 一路彩色电视信号的数码率

按CCIR的601建议，(亮度信号y为13.5 MHz，两个色差信号R-Y、B-Y为6.75 MHz，每个抽样为 8 bit 量化），所以一路彩色电视信号的数码率为：

$$13.5\times8+6.75\times8\times2=216\ \text{Mbit/s}$$

通过数字信道传输必须符合 CCITT 推荐的关于 PCM 数据率的组群方案，如表 2-2 所示。

**表 2-2　PCM 数据率的组群方案**

| 群 | 基群 | 二次群 | 三次群 | 四次群 |
| --- | --- | --- | --- | --- |
| 数字电话路数 | 38 | 120 | 480 | 1 920 |
| 数码率 kbit/s | 2 048 | 8 448 | 34 368 | 139 264 |

**1. 占用的 PCM 数信道**

需要 2 个四次群的数字信道传输，约占用 3 840 路数字电话。

**2. 一片 CD-ROM 记录时间**

例如：(1GB)1 000 MB×8/216 Mbit＝37 秒

即只能记录 37 秒的图像。

# 2.2　压缩编码的可行性

视频数据和人类感觉存在着各种冗余。

- 空间冗余：图像的相邻像素相关；
- 时间冗余：相邻音频样本相关、相邻视频帧相关；
- 信道冗余：（环绕）立体声的声道之间相关、立体电影/电视的左右视觉信号之间相关；
- 频率冗余：相邻的频谱值相关，人对高频信号不敏感或分辨率低；
- 统计冗余：信号中有的字符出现的频率高，可以采用较短的编码；有的信号特征有标度不变性或统计自相似性（如纹理和分形等）；
- 结构冗余：视频数据存在分布模式，相近的图区可分类（用于矢量量化方法）；
- 听觉冗余：人耳的低音听阈高、强纯音的频率屏蔽、相邻声音的时域屏蔽；
- 视觉冗余：人眼对亮度变化比对色彩的变化更敏感、对高亮区的量化误差不敏感。

## 2.2.1　图像的统计特性

图像数据具有冗余度，即存在大量无须传送的多余信息；是由于在一行相邻像素之间、相邻行像素之间、活动图像相邻帧对应像之间存在着很强的相关性，即存在时域上的冗余度。通过去除时域上的冗余度信息，减小时域相关性，从而使图像数据得到压缩。

## 2.2.2　图像的视觉特性

**1. 允许一定失真**

通过去除冗余度信息，丢掉一些有效信息，使图像数据得到压缩，若主观感觉难以觉察或可以接收，仍然是有效的。

**2. 视觉特性**

(1) 人眼视觉(特性)的相互交换性

① 数字图像码率和视觉的关系

以黑白图像为例，对模拟信号进行取样，应满足下式

$$f_T=\frac{1}{T}=2W$$

其中，$T$ 为取样周期；$W$ 为模拟信号带宽；$f_T$ 为每秒钟取样(传输)像素数。

每个像素的量化层次(级数)为 $n$，可求得黑白数字图像的码率(bit/s，每秒钟的比特数)

$$R_b=\frac{\log_2 n}{T}=2W\log_2 n=\rho f_p \log_2 n$$

其中，$\rho$ 为每幅图像的取样总数；$f_p$ 为帧频。

上式三个乘积项分别定义为下列三个分辨率参数。

a. 细节分辨率＝整个图像的像素数 $\rho$；

b. 活动分辨率＝帧频 $f_p$；

c. 灰度分辨率＝量化级数 $n$ 的比特数($\log_2 n$)。

这三个参数的乘积决定了数码率。

例如对黑白普通电视，

$$R_b=2W\log_2 n=2\times 5\ \text{MHz}\times 8\ \text{bit}=80\ \text{Mbit/s}$$

PCM 传输信道的带宽，$W_b$ 为

$$W_b=\frac{R_b}{2}=40\ \text{MHz}$$

② 三个分辨率参数之间的关系

三个分辨率参数之间的关系如图 2-1 所示。

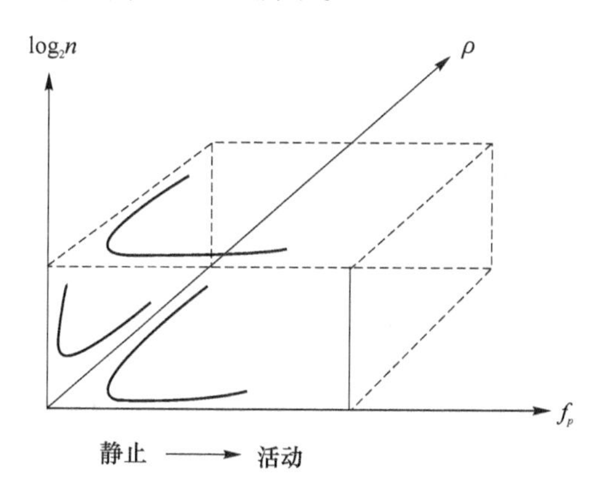


图 2-1　数码率与三个分辨率关系图

数码率与三个分辨率的关系可以用一立方图表示。体积等于数码率。

对心理学与生理学的研究表明，这三个参数不是彼此孤立的，而是相互关联的。

a. 细节分辨率 $\rho$ 与活动分辨率 $f_p$

用分辨率曲线表示：随着 $f_p$ 降低，$\rho$ 提高；反之，$f_p$ 提高，$\rho$ 降低。

b. 细节分辨率 $\rho$ 和灰度分辨率 $\log_2 n$

用分辨率曲线函数表示：

$\rho$ 提高，$\log_2 n$ 降低；

$\rho$ 降低，$\log_2 n$ 提高。

c. 灰度分辨率 $\log_2 n$ 和活动分辨率 $f_p$

同样可用分辨率曲线函数表示：

$f_p$ 提高，$\log_2 n$ 降低；

$f_p$ 降低，$\log_2 n$ 提高。

$\rho$、$\log_2 n$、$f_p$ 不会同时达到最大，具有互换性，可利用这一点对图像进行压缩——非相关压缩。

| 应用领域 | 空间分辨率 | 活动分辨率 | 适用方法 |
|---|---|---|---|
| 静止，活动慢 | 高 | 低 | 隔帧传送 |
| 运动场景 | 低 | 高 | 低抽样频率 |

(2) 掩盖效应

在幅度变化较大的边缘，较大的干扰不易觉察，即掩盖了干扰。因此可以对图像边缘附近采用粗量化，平缓区采用细量化，从而减小数据率。

# 2.3 压缩算法的特点与分类

## 2.3.1 压缩算法的特点

### 1. 无损与有损

- 无损压缩：能够无失真地从压缩后的数据重构，准确地还原原始数据。可用于对数据的准确性要求严格的场合，如可执行文件和普通文件的压缩、磁盘的压缩，也可用于视频数据的压缩。该方法的压缩比较小。如差分编码、RLE、Huffman 编码、LZW 编码、算术编码。
- 有损压缩：有失真，不能完全准确地恢复原始数据，重构的数据只是原始数据的一个近似。可用于对数据的准确性要求不高的场合，如视频数据的压缩。该方法的压缩比较大。例如预测编码、音感编码、分形压缩、小波压缩、JPEG/MPEG。

### 2. 对称性

若编解码算法的复杂性和所需时间差不多，则为对称的编码方法，多数压缩算法都是对称的。但也有不对称的，一般是编码难而解码容易，如 Huffman 编码与分形编码。但用于密码学的编码方法则相反，是编码容易，而解码则非常难。

### 3. 帧间与帧内

在视频编码中会同时用到帧内与帧间的编码方法，帧内编码是指在一帧图像内独立完

成的编码方法，同静态图像的编码，如 JPEG；而帧间编码则需要参照前后帧才能进行编解码，并在编码过程中考虑对帧之间的时间冗余的压缩，如 MPEG。

**4. 实时性**

在有些视频的应用场合，需要实时处理或传输数据（如现场的数字录音和录影、播放 MP3/RM/V-CD/DVD、视频/音频点播、网络现场直播、可视电话、视频会议），编解码一般要求延时不超过 50 ms。这需要简单、快速、高效的算法和高速、复杂的 CPU/DSP 芯片。

**5. 分级处理**

有些压缩算法可以同时处理不同分辨率、不同传输速率、不同质量水平的视频数据，如 JPEG2000、MPEG-2/4。

## 2.3.2 压缩算法的分类

**1. 熵编码**

熵编码(Entropy Encoding)是一类利用数据的统计信息进行压缩的无语义数据流的无损编码。信息熵为信源的平均信息量（不确定性的度量）。常见的熵编码有：行程编码(RLE)、LZW 编码、香农(Shannon)编码、哈夫曼(Huffman)编码和算术编码(Arithmetic Coding)。

**2. 信源编码**

（信）源编码(Source Coding)是一类利用信号原数据在时间域和频率域中的相关性和冗余进行压缩的有损的编码。种类繁多，可进一步分为如下几种。

- 预测编码(Predictive Coding)：利用先前和现在的数据对在时间或空间上相邻的下面或后来的数据进行预测，从而达到压缩的目的。如增量调制(DM)、差分和自适应编码(ADPCM)。
- 变换编码(Transformation Coding)：采用各种数学变换方法，将原时间域或空间域的数据变换到频率域或其他域，利用数据在变换域中的冗余或人类感觉的特征来进行压缩。常见的变换编码有：FFT（快速傅里叶变换）、DCT（离散余弦变换）、DWT（离散小波变换）和 IFS（迭代函数系统）。
- 分层编码(Layered Coding)：将原数据在时空域或频率域上分成若干子区域，利用人类感觉的特征进行压缩编码，然后再合并。如二值位(Bit Position)、子采样(Sub-sampling)、子带编码(Sub-band Coding)。
- 其他编码：包括矢量量化(Vector Quantization)、运动补偿(Motion Compensation)、音感编码(Perceptual Audio Coding)等。

**3. 混合编码**

混合编码(Hybrid Coding)＝熵编码＋源编码。大多数压缩标准都采用混合编码的方法进行数据压缩，一般是先利用信源编码进行有损压缩，再利用熵编码做进一步的无损压缩。如 H.263、JPEG、MPEG 等。

表 2-3 是常见编码方法的汇总。

表 2-3 常见编码算法

| PCM | 预测 | 变换 | 熵 | 其他 | 图像 | 视频 | |
|---|---|---|---|---|---|---|---|
| 线性 PCM<br>非线性 A/μ<br>自适应量化<br>APCM | 差分 DM<br>自适应<br>ADPCM | FFT<br>DCT<br>DWT<br>IWT<br>IFT<br>W-H<br>Haar<br>K-L<br>Slant | RLE<br>LZW<br>Shannon<br>Fano<br>Huffman<br>算术 | 矢量量化<br>子带<br>轮廓<br>二值<br>音感<br>对象 | 方块<br>渐显<br>逐层内插<br>比特平面<br>抖动 | 帧内预测 | 帧间编码<br>帧间预测<br>运动估计<br>运动补偿<br>条件补偿<br>内插 |

其中，W-H 为 Walsh-Hadamard，即沃尔什-哈达马；K-L 为 Karhumen-Loeve，即卡乎门-劳夫。

## 2.3.3 压缩比的定义

压缩比是表示压缩编码方法的编码效率的一个参数。

$$\eta=\frac{\text{压缩前每个像素的比特数}}{\text{压缩后的每个像素的比特数}}=\frac{8}{\eta_r}$$

$\eta$：编码的压缩比。

$\eta_r$：压缩后，平均每个像素的比特数。

也可以转换为另一种表示。

$$\text{对于一定尺寸的图像：}\eta=\frac{\text{压缩前的总比特数}}{\text{压缩后的总比特数}}$$

$$\text{对传输码流：}\eta=\frac{\text{压缩前的比特率}}{\text{压缩后的比特率}}$$

## 2.3.4 压缩算法优劣的重要指标

1. 压缩比：比值越大，表明压缩效率越高。
2. 恢复图像质量：压缩、解压后图像的失真程度。
3. 对误码扩散的制约：误码对图像正常编码的影响。
4. 压缩、解压速度：压缩、解压缩算法的时间复杂度。

## 2.3.5 视频压缩技术的新进展

1. 视频压缩国际标准的制定工作进展迅速。

(1) 视频压缩国际标准

- H. 261
- H. 263
- JPEG

MPEG(MPEG-1,MPEG-2,MPEG-4)

(2) 语音压缩标准

- G. 711
- G. 721
- G. 728

2. 高速、高性能数字视频压缩和处理芯片的开发和大规模生产。

3. 计算机技术日新月异,可使用软件实现实时解、压视频信息。

4. 新的图像压缩技术不断涌现。如小波变换编码、分形图像编码、模型基图像编码。

## 2.4　压缩编码基本模型

**1. 方框图**

压缩编码基本模型方框图如图 2-2 所示。

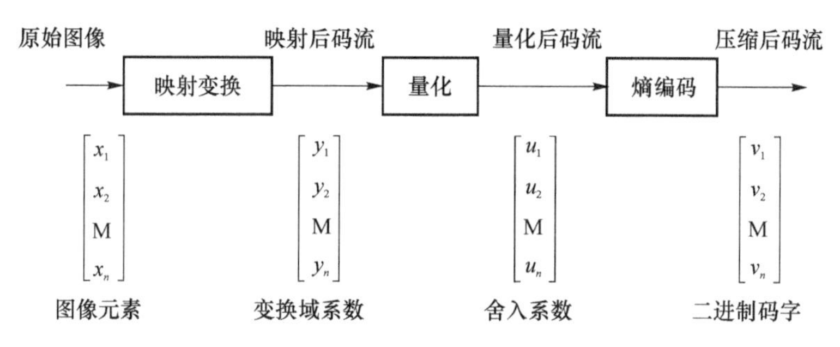


图 2-2　压缩编码基本模型方框图

**2. 映射变换**

使输入图像数据从像素域变换到另一域,目的是通过映射改变图像数据的特性,使之更有利于压缩编码,即在变换域能以较少的比特数对图像进行量化。为压缩创造了有利条件。是图像压缩编码的核心。

**3. 量化**

用较少的数据量表示原始数据,用以减少量据量(是压缩数据的重要环节)。

当产生失真时,限失真编码可以使用,无失真编码不能使用。

**4. 熵编码**

用来消除符号冗余度(减少信息表示方面的冗余度),它不产生失真。

## 2.5　压缩编码过程

编码的主要过程是:压缩→存储/传输→解压缩,在进行编码之前一般还需要进行若干准备工作。

(1) 编码准备

在各种编码的准备工作中,主要是模数转换和预处理。

① A/D 转换(Ana log-to-Digital Conversion):将在时空和取值上都连续的模拟数据,

经过采样(Sampling)和量化(Quantization)变成离散的数字信号。

A/D

连续模拟信息——→离散数字信号

采样/量化

② 预处理(Pretreatment):指对得到的初始数字信号进行必要的处理,包括过滤、去噪、增强、修复等;目的是除去数据中的不必要成分、提高信号的信噪比、修复数据的错误等。

(2) 编解码过程

视频数据编解码的一般过程如图 2-3 所示。

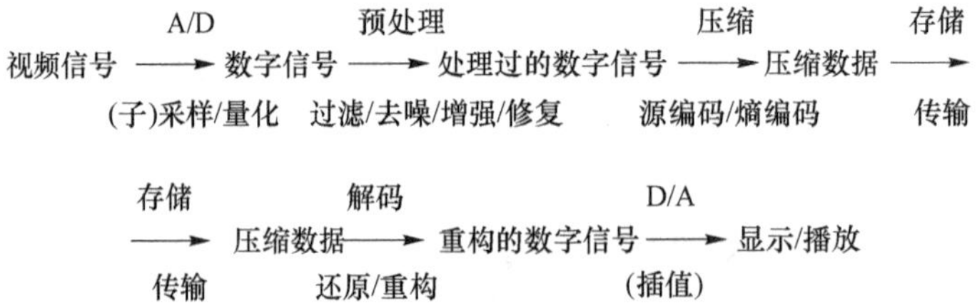

视频信号 —A/D, (子)采样/量化→ 数字信号 —预处理, 过滤/去噪/增强/修复→ 处理过的数字信号 —压缩, 源编码/熵编码→ 压缩数据 —存储, 传输→

—存储, 传输→ 压缩数据 —解码, 还原/重构→ 重构的数字信号 —D/A, (插值)→ 显示/播放

图 2-3 视频数据的编解码过程

# 第3章　熵编码

熵编码(Entropy Encoding)是一类利用数据的统计信息进行压缩的无语义数据流之无损编码。本章先介绍熵的基本概念,然后介绍香农-范诺(Shannon-Fano)编码、哈夫曼(Huffman)编码、算术编码(Arithmetic Coding)、行程编码(RLE)和 LZW 编码等常用的熵编码方法。

## 3.1　熵的定义

熵(Entropy)本来是热力学中用来度量热力学系统无序性的一种物理量(热力学第二定律:孤立系统内的熵恒增)。

对可逆过程,

$$S = \int \frac{\mathrm{d}Q}{T}, \quad \mathrm{d}S = \frac{\mathrm{d}Q}{T} \geqslant 0(\text{孤立系统})$$

其中,$S$ 为熵、$Q$ 为热量、$T$ 为绝对温度。

(信息)熵 $H$ 的概念则是美国数学家香农(Claude Elwood Shannon)于 1948 年在他所创建的信息论中引进的,用来度量信息中所含的信息量:(为自信息量 $I(s_i)=\log_2 \frac{1}{p_i}$的均值/数学期望)

$$H(S) = \sum_i p_i \log_2 \frac{1}{p_i}$$

其中,$H$ 为信息熵(单位为 bit),$S$ 为信源,$p_i$ 为符号 $s_i$ 在 $S$ 中出现的概率。

例如,一幅用 256 级灰度表示的图像,如果每种灰度的像素点出现的概率均为 $p_i=1/256$,则

$$I=\log_2 \frac{1}{p_i} \equiv \log_2 256=\log_2 2^8=8$$

$$H = \sum_{i=0}^{255} p_i \log_2 \frac{1}{p_i} = \sum_{i=0}^{255} \frac{1}{256}\log_2 256 = 256 \times \frac{1}{256}\log_2 2^8 = 8 \text{ bit}$$

即编码每一个像素点都需要 8 bit($I$),平均每一个像素点也需要 8 bit($H$)。

## 3.2　Shannon-Fano 编码

按照 Shannon 所提出的信息理论,1948 年和 1949 年分别由 Shannon 和 MIT 的数学教授 Robert Fano 描述和实现了一种被称之为香农-范诺(Shannon-Fano)算法的编码方法,它是一种变码长的符号编码。

### 3.2.1　Shannon-Fano 算法描述

Shannon-Fano 算法采用从上到下的方法进行编码：首先按照符号出现的概率排序，然后从上到下使用递归方法将符号组分成两个部分，使每一部分具有近似相同的频率，在两边分别标记 0 和 1，最后每个符号从顶至底的 0/1 序列就是它的二进制编码。

### 3.2.2　Shannon-Fano 算法举例

例如，有一幅 60 个像素组成的灰度图像，灰度共有 5 级，分别用符号 A、B、C、D 和 E 表示，60 个像素中各级灰度出现次数如表 3-1 所示。

**表 3-1　符号在图像中出现的数目**

| 符号 | A | B | C | D | E |
|---|---|---|---|---|---|
| 出现的次数 | 20 | 10 | 5 | 15 | 10 |

如果直接用二进制编码，则 5 个等级的灰度值需要 3 bit 表示，也就是每个像素用 3 bit 表示，编码这幅图像总共需要 60×3＝180 bit。按照香农理论，这幅图像的熵为

$$H=(20/60)\times\log_2(60/20)+(10/60)\times\log_2(60/10)+(5/60)\times\log_2(60/5)+(15/60)\times\log_2(60/15)+(10/60)\times\log_2(60/10)\approx 2.189$$

这就是说平均每个符号用 2.189 bit 表示就够了，60 个像素共需用 131.33 bit，压缩比约为 3/2.189≈1.37∶1。

按照 Shannon-Fano 算法，先按照符号出现的频度或概率排序：A、D、B、E、C，然后分成次数相近左右两个部分——AD(35)与 BEC(25)，并在两边分别标记 0 和 1：

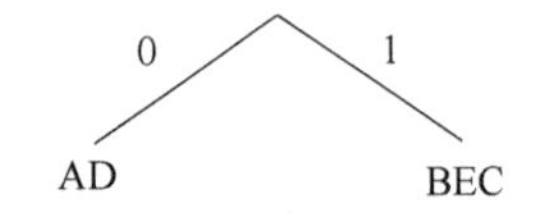


图 3-1　香农-范诺算法举例

然后类似地再将 AD 分成 A(20)与 B(15)、BEC 分成 B(10)与 EC(15)，最后再把 EC 分成 E(10)与 C(5)，如图 3-2 和表 3-2 所示。

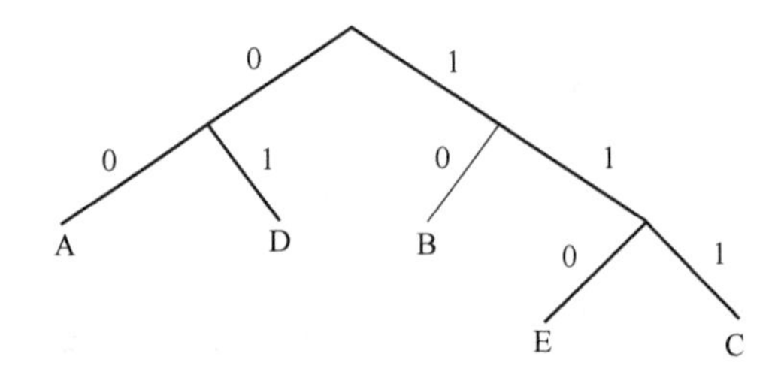


图 3-2　香农-范诺算法编码举例图

表 3-2 Shannon-Fano 算法举例表

| 符号 | 次数($p_i$) | $\log_2(1/p_i)$ | 编码 | 需要的位数 |
|---|---|---|---|---|
| A | 20(1/3) | 1.585 | 00 | 40 |
| B | 10(1/6) | 2.585 | 10 | 20 |
| C | 5(1/12) | 3.585 | 111 | 15 |
| D | 15(1/4) | 2.000 | 01 | 30 |
| E | 10(1/6) | 2.585 | 110 | 30 |
| 合计 | 60(1) | 12.340 | 232 | 135 |

按照这种方法进行编码得到的总位数为 135，平均码长为 135/60＝2.25，实际的压缩比为 180/135＝4/3≈1.33∶1。

## 3.3 Huffman 编码

Fano 的学生哈夫曼(David Albert Huffman)在 1952 年提出了一种从下到上的编码方法，它是一种统计最优的变码长符号编码，让最频繁出现的符号具有最短的编码。

### 3.3.1 Huffman 算法描述

**1. 编码过程**

Huffman 编码的过程：生成一棵二叉树(H 树)，树中的叶子节点为被编码符号及其概率，中间节点为两个概率最小符号(串)的并所构成的符号串及其概率之和，根节点为所有叶子节点概率之和，且总和应该为 1。

**2. 编码步骤**

具体编码步骤为：

(1) 将符号按概率从小到大顺序从左至右排列为叶节点；

(2) 连接两个概率最小的顶层节点来组成一个父节点，并在到左右子节点的两条连线上分别标记 0 和 1；

(3) 重复步骤 2，直到得到根节点，形成一棵二叉树；

(4) 从根节点开始到相应于每个符号的叶节点的 0/1 串，就是该符号的二进制编码。

由于符号按概率大小的排列既可以从左至右、又可以从右至左，而且左右分枝哪个标记为 0 哪个标记为 1 是无关紧要的，所以最后的编码结果可能不唯一，但这仅仅是分配的代码不同，而代码的平均长度是相同的。

### 3.3.2 Huffman 算法举例

**例 3-3-1** 仍以 3.3.1 小节的 60 像素的图像为例，来进行 Huffman 编码，如图 3-3 和表 3-3 所示。

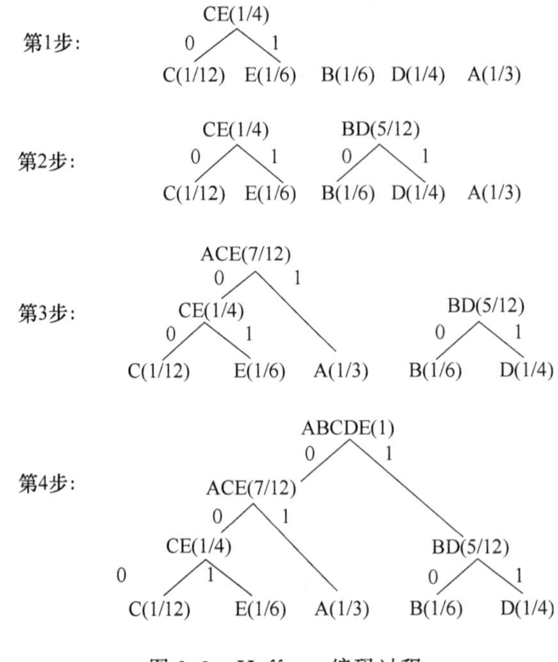


图 3-3 Huffman 编码过程

**表 3-3 Huffman 算法举例表**

| 符号 | 次数($p_i$) | $\log_2(1/p_i)$ | 编码 | 需要的位数 |
| --- | --- | --- | --- | --- |
| A | 20(1/3) | 1.585 | 01 | 40 |
| B | 10(1/6) | 2.585 | 10 | 20 |
| C | 5(1/12) | 3.585 | 000 | 15 |
| D | 15(1/4) | 2.000 | 11 | 30 |
| E | 10(1/6) | 2.585 | 001 | 30 |
| 合计 | 60(1) | 12.340 | | 135 |

平均码长也为 135/60=2.25,压缩比也为 180/135=4/3≈1.33∶1。

**例 3-3-2** $A$、$B$、$C$、$D$ 四个字符出现概率分别如下所示,参见图 3-4。

$$P(A)=3/4, P(B)=1/8, P(C)=1/16, P(D)=1/16$$

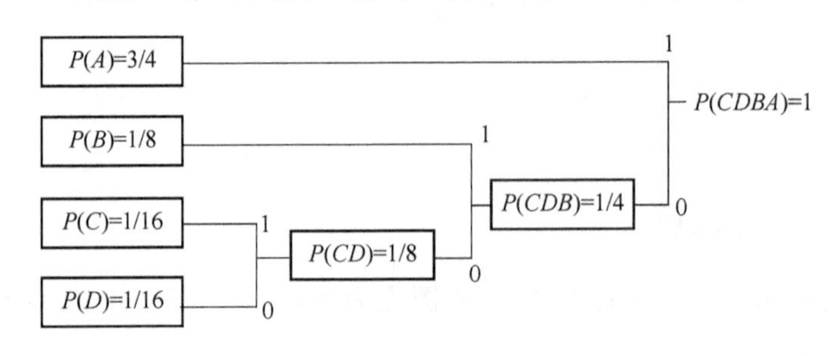


图 3-4 Huffman 编码过程

$$H(A)=1, H(B)=01, H(C)=001, H(D)=000,$$

- 压缩前，等长编码：每个符号 2 bit。
- 压缩后，$L=\sum_{i=1}^{k} p(a_i)l_i = 1\times 3/4 + 2\times 1/8 + 3\times 1/16\times 2 = 1.375$ bit。
- 压缩比：$\eta=2/1.375=1.45$。

**例 3-3-3** 有 $a_1, a_2, a_3, a_4, a_5, a_6$ 六个符号，它们的概率分别如下，求符号的 Huffman 码。参见图 3-5。

$$a_1=\frac{5}{8}=\frac{20}{32}, a_2=\frac{3}{32}, a_3=\frac{3}{32}, a_4=\frac{1}{32}, a_5=\frac{4}{32}, a_6=\frac{1}{32}$$

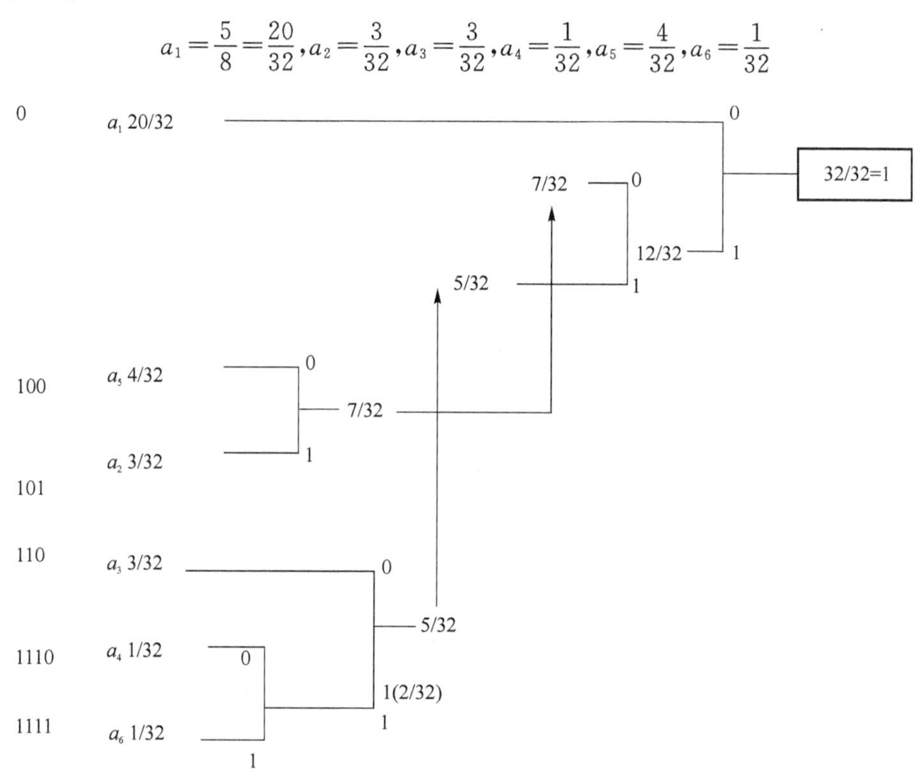


图 3-5 Huffman 编码过程

用等长编码：3 bit/符号。

Huffman 码：$L=5/8\times 1+3/32\times 3+3/32\times 3+1/32\times 4+1/8\times 3+1/32\times 4=1.813$ bit/符号。

熵：

$$H(x)=-(2/8\log_2 5/8+3/32\log_2 3/32+3/32\log_2 3/32+ 1/32\log_2 1/32+1/8\log_2 1/8+1/32\log_2 1/32)=1.752 \text{ bit/符号}$$

压缩比： $\eta=3/1.813=1.65$

### 3.3.3 Huffman 解码

设 A、B、C 和 D 的码字如例 3-3-1 所示，那么接收端收到的码流是 101001000，如何判断应“断”在何处，即哪几个比特应对应一个码字，也就是说如何解码？下面介绍两种方法。

(1) 树形解码。

与上例对应的解码树如图 3-6 所示，解码器先进高位，并根据该位是 1 还是 0 判断由根向下走向，若走到树叶，说明至此为止的码串部分对应一个码字，从而解出对应的符号。

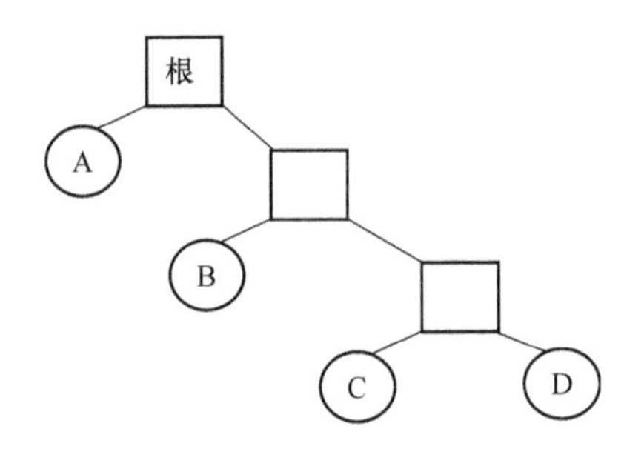


图 3-6　树形解码器

**例 3-3-4**　从新从树根开始解码，若未走到树叶，则继续进一位，至到走到树叶。例如，101001000，1 向左到树叶，解出 A 并退回到根，接着进 0，向右不是树叶，继续读入 1 向左是树叶，解出 B，退回根；一直下去解出 C、D。

(2) 并行解码

用树形解码时需一位一位读入和判断，当码表较长时，速度太慢。特别是对活动图像解码时，难以用硬件实现。而并行解码，可一次解出一个码字，易于硬件实现，解码速度快。

并行解码的方法如下。

① 一次读入 $L_{MAX}$bit，$L_{MAX}$bit 为最长码字的长度，它可能为一个最长码字，也可能为一个半码字，也可能两个码字，但至少包含一个码字。

② 查并行解码表，解出一个码字所表示的符号及其码长 $L$，表 3-4 是与例 3-3-4 对应的并行解码表。

**表 3-4　并行解码器码表举例　$L_{MAX}=3$**

| 读入 | 码字表 | 码字长 |
|---|---|---|
| 111 | A | 1 |
| 110 | A | 1 |
| 101 | A | 1 |
| 100 | A | 1 |
| 011 | B | 2 |
| 010 | B | 2 |
| 001 | C | 3 |
| 000 | D | 3 |

(3) 左移码串 $L$ 位，丢去已解码的 $L$ 位码，再取高位 $L_{MAX}$bit，重复上述解码过程。

这里 $L_{MAX}=3$ bit，首先读入 3 位 01，从表中查码字表可得 A，查码长表得 A 的码长 $L=1$，于是左移 1 bit，继续考察高位 010，解出 B 及 $L=2$，再左移 2 bit，考察 001，解出 C，最后解出 D。

总之，并行解码一次检查 $L_{MAX}$ bit，并解出一个码字，操作简单(查表+左移)，易于硬件实现。

### 3.3.4 误码扩散及解决办法

我们把解码器能自动正确地把码流“分断”成码字的过程称为一种“同步”，前面的讨论给了我们这样一种信念，即只要传输不出错，Huffman码有能力自己维持“同步”，但实际上不能保证传输绝对不出错，而若错了一个或几个比特，解码器就必然会解出错误的码字，原来一个码字可能拆成两个，原来两个码字可能合为一个等，解码器就混乱了。虽然经过若干长码流后解码器可能又会重新恢复“同步”正确“分断”码流，但此时解出的符号个数已经不对了，对于变换编码和二维图像，由此引起的错误将导致极其严重的后果，例如基波可能被解释成直流分量，上下行可能错位等。

所以为了限制这种错误的影响，减小误码的扩散范围，必须引入“清洁码字”(Clear Code Word)，清洁码字不能由几个码字“拼合”而成，必须是一种具有特定组合的码字，而且不必解码就可读出。例如，传真中的清洁码字是加入的EOL(End Of Line)码，它由11个0和1个1组成，那么只要本行的EOL码不出错，本行的误码就不会影响下一行，又如在分块DCT中，每块加入清洁码字EOB(End Of Block)码，误码扩散最多影响本块，后一块不会受到影响。

### 3.3.5 香农-范诺编码与哈夫曼编码

香农-范诺编码和哈夫曼编码都属于不对称、无损、变码长的熵编码。

**1. 同步代码**

它们的码长虽然都是可变的，但却都不需要另外附加同步代码(即在译码时分割符号的特殊代码)。如上例中，若哈夫曼编码的码串中的头两位为01，那么肯定是符号A，因为表示其他符号的代码没有一个是以01开始的，因此下一位就表示下一个符号代码的第1位。同样，如果出现“000”，那么它就代表符号C。如果事先编写出一本解释各种代码意义的“词典”，即码簿(H表)，那么就可以根据码簿一个码一个码地依次进行译码。

**2. 问题**

采用香农-范诺编码和哈夫曼编码时有两个问题值得注意。

(1) 没有错误保护功能。在译码时，如果码串中有哪怕仅仅是1位出现错误，则不但这个码本身译错，而且后面的码都会跟着错。称这种现象为错误传播(Error Propagation)，计算机对这种错误也无能为力，不能知道错误出在哪里，更谈不上去纠正它。

(2) 是可变长度码，因此很难在压缩文件中直接对指定音频或图像位置的内容进行译码，这就需要在存储代码之前加以考虑。

**3. 比较**

与香农-范诺编码相比，哈夫曼编码方法的编码效率一般会更高一些，如下面的例题所示。尽管存在上面这些问题，但哈夫曼编码还是得到了广泛应用。

**例3-3-5** 符号在图像中出现的数目(如表3-5所示)，对该图像分别进行香农-范诺编码(如表3-6和图3-7所示)，以及哈夫曼编码(如表3-7和图3-8所示)，比较其编码效率的差异。

**表3-5 符号在图像中出现的数目**

| 符号 | A | B | C | D | E |
|---|---|---|---|---|---|
| 出现的次数 | 15 | 7 | 7 | 6 | 5 |

(1) 香农-范诺编码

表 3-6 Shannon-Fano 算法表

| 符号 | 次数($p_i$) | $\log_2(1/p_i)$ | 编码 | 需要的位数 |
|---|---|---|---|---|
| A | 15(0.375) | 1.4150 | 00 | 30 |
| B | 7(0.175) | 2.514 5 | 01 | 14 |
| C | 7(0.175) | 2.514 5 | 10 | 14 |
| D | 6(0.150) | 2.736 9 | 110 | 18 |
| E | 5(0.125) | 3.000 0 | 111 | 15 |
| 合计 | 40(1) | 12.180 9 | | 91 |

按照这种方法进行编码得到的总位数为 91,实际的压缩比为 120/91 ≈ 1.319 ∶ 1。

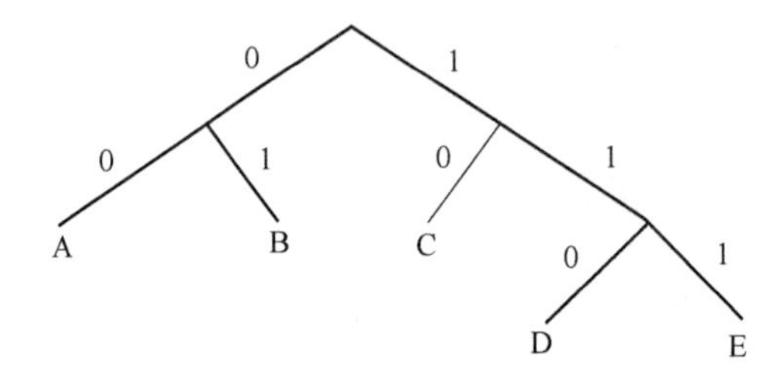


图 3-7 Shannon-Fano 编码过程

(2) 哈夫曼编码

表 3-7 Huffman 算法表

| 符号 | 次数($p_i$) | $\log_2(1/p_i)$ | 编码 | 需要的位数 |
|---|---|---|---|---|
| A | 15(0.375) | 1.4150 | 1 | 15 |
| B | 7(0.175) | 2.514 5 | 011 | 21 |
| C | 7(0.175) | 2.514 5 | 010 | 21 |
| D | 6(0.150) | 2.736 9 | 001 | 18 |
| E | 5(0.125) | 3.000 0 | 000 | 15 |
| 合计 | 40(1) | 12.180 9 | | 90 |

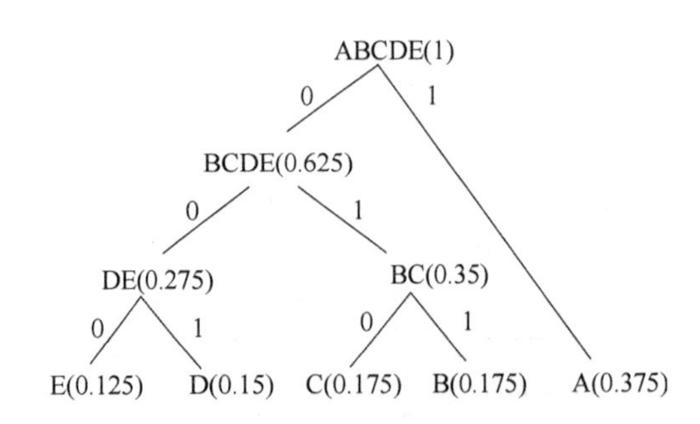


图 3-8 Huffman 编码过程例

压缩比为 120/90≈1.333∶1。

### 3.3.6　H 表与自适应哈夫曼编码

**1. H 表**

利用哈夫曼方法进行编解码，在编码时需要计算造 H 表（哈夫曼表），存储和传输时需要存储和传输 H 表，解码时则需要查 H 表。有时为了加快编码速度、减少存储空间和传输带宽，可以对视频数据使用标准的 H 表，但其压缩率一般比计算所造的表稍低。

所以，如果只关心编码速度、存储空间和传输带宽，可以采用标准 H 表方法；如果更关心压缩质量和压缩比，则可以自己计算造 H 表。即使是计算造表，也一般只对高频符号计算编码，而对其他符号则直接编码。这种方法尤其适用于有大量不同的输入符号，但只有少数高频符号的情况。

**2. 自适应哈夫曼编码**

还有一种自适应哈夫曼编码（Adaptive Huffman Coding），不需要存储和传输 H 表，而是按与编码严格一致的方法建立同样的 H 表，还可以利用兄弟节点的特征来加快更新 H 树的过程。由于时间有限，这里不做详细介绍。

## 3.4　算术编码

算术编码（Arithmetic Coding）是由 P. Elias 于 1960 年提出雏形，R. Pasco 和 J. Rissanen 于 1976 年提出算法，由 Rissanen 和 G. G. Langdon 于 1979 年系统化并于 1981 年实现，最后由 Rissanen 于 1984 年完善并发布的一种无损压缩算法。从信息论上讲是与 Huffman 编码一样的最优变码长的熵编码。其主要优点是，克服了 Huffman 编码必须为整数位，这与实数的概率值相差大的缺点。如在 Huffman 编码中，本来只需要 0.1 位就可以表示的符号，却必须用 1 位来表示，结果造成 10 倍的浪费。

算术编码所采用的解决办法是，不用二进制代码来表示符号，而改用[0,1)中的一个宽度等于其出现概率的实数区间来表示一个符号，符号表中的所有符号刚好布满整个[0,1)区间（概率之和为 1，不重不漏）。把输入符号串（数据流）映射成[0,1)区间中的一个实数值。

### 3.4.1　编码算法

符号串编码方法：将串中使用的符号表按原编码（如字符的 ASCII 编码、数字的二进制编码）从小到大顺序排列成表，计算表中每种符号 $s_i$ 出现的概率 $p_i$，然后依次根据这些符号概率大小 $p_i$ 来确定其在[0,1)期间中对应的小区间范围[$x_i$，$y_i$)：

$$x_i = \sum_{j=0}^{i-1} p_j, \quad y_i = x_i + p_i, \quad i = 1, \cdots, m$$

其中，$p_0=0$。显然，符号 $s_i$ 所对应的小区间的宽度就是其概率 $p_i$。如图 3-9 所示。

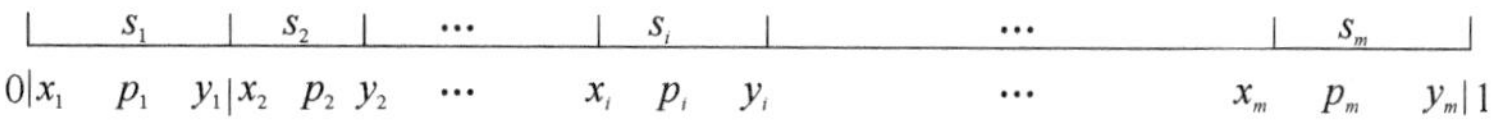

$s_1$　$s_2$　…　$s_i$　…　$s_m$

$0|x_1$　$p_1$　$y_1|x_2$　$p_2$　$y_2$　…　$x_i$　$p_i$　$y_i$　…　$x_m$　$p_m$　$y_m|1$

图 3-9　算术编码的字符概率区间

然后对输入符号串进行编码：设串中第 $j$ 个符号 $c_j$ 为符号表中的第 $i$ 个符号 $s_i$，则可根据 $s_i$ 在符号表中所对应区间的上下限 $x_i$ 和 $y_i$ 来计算编码区间 $I_j=[l_j,r_j)$：

$$l_j=l_{j-1}+d_{j-1}\cdot x_i,\quad r_j=l_{j-1}+d_{j-1}\cdot y_i,\quad j=1,\cdots,n$$

其中，$d_j=r_j-l_j$ 为区间 $I_j$ 的宽度，$l_0=0, r_0=1, d_0=1$。显然，$l_j$ 增大而 $d_j$ 与 $r_j$ 减小。串的最后一个符号所对应区间的下限 $l_n$ 就是该符号串的算术编码值。

例如：输入符号串为"helloworld"(10 个字符)，符号表含 7 个符号，按字母顺序排列，容易计算它们各自出现概率和所对应的区间。表 3-8 是符号表及其符号的概率和对应区间。

**表 3-8　符号表(符号及其概率与区间)**

| 序号 | 符号 | $p_i$ | $[x_i,y_i)$ |
|---|---|---|---|
| 1 | d | 0.1 | [0.0,0.1) |
| 2 | e | 0.1 | [0.1,0.2) |
| 3 | h | 0.1 | [0.2,0.3) |
| 4 | l | 0.3 | [0.3,0.6) |
| 5 | o | 0.2 | [0.6,0.8) |
| 6 | r | 0.1 | [0.8,0.9) |
| 7 | w | 0.1 | [0.9,1.0) |

表 3-9 是对输入符号串"helloworld"的编码过程。

**表 3-9　算术编码的编码过程表**

| 序号 | 符号 | $l_i$ | $r_i$ | $d_i$ |
|---|---|---|---|---|
| 0 | 初值 | 0.0 | 1.0 | 1.0 |
| 1 | h | (0.0+1.0×0.2=)0.2 | (0.0+1.0*0.3=)0.3 | (0.3−0.2=)0.1 |
| 2 | e | (0.2+0.1×0.1=)0.21 | (0.2+0.1*0.2=)0.22 | (0.22−0.21=)0.01 |
| 3 | l | (0.21+0.01×0.3=)0.213 | (0.21+0.01*0.6=)0.216 | (0.216−0.213=)0.003 |
| 4 | l | (0.213+0.003×0.3=)0.2139 | (0.213+0.003*0.6=)0.2148 | (0.2148−0.2139=)0.0009 |
| 5 | o | (0.2139+0.0009×0.6=)0.21444 | (0.2139+0.0009*0.8=)0.21462 | (0.21462−0.21444=)0.00018 |
| 6 | w | 0.214602 | 0.214620 | 0.0000018 |
| 7 | o | 0.2146128 | 0.2146164 | 0.00000036 |
| 8 | r | 0.21461568 | 0.21461604 | 0.000000036 |
| 9 | l | 0.214615788 | 0.214615896 | 0.0000000108 |
| 10 | d | 0.2146157880 | 0.2146157988 | 0.00000000108 |

编码输出为 $l_{10}=0.2146157880$。

算术编码的过程，也可以用图 3-10 来表示。

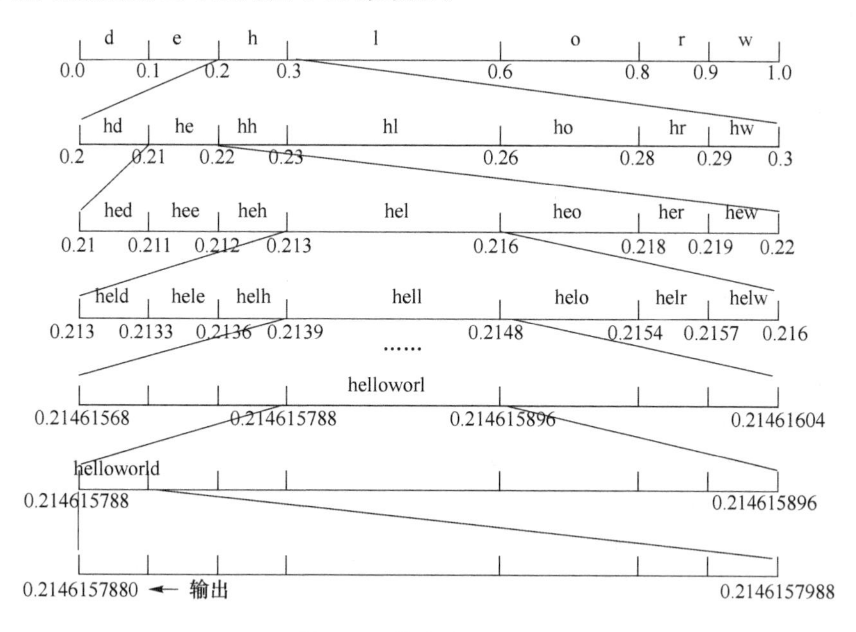


图 3-10 算术编码的过程

### 3.4.2 解码算法

由符号表(包括符号对应的概率与区间)和实数编码 $l_n$，可以按下面的解码算法来重构输入符号串：

设 $v_1=l_n=$码值，若 $v_j\in[x_i,y_i)\rightarrow c_j=s_i,j=1,\cdots,n$，则

$$v_{j+1}=(v_j-x_i)/p_i,j=1,\cdots,n-1$$

对“helloworld”的解码过程如表 3-10 所示。

**表 3-10 算术编码的解码过程表**

| j | $v_j$ | $I$ | $c_j=$s |
|---|---|---|---|
| 1 | 0.2146157880 | 3 | h |
| 2 | (0.2146157880−0.2)/0.1=0.14615788 | 2 | e |
| 3 | (0.14615788−0.1)/0.1=0.4615788 | 4 | l |
| 4 | (0.4615788−0.3)/0.3=0.538596 | 4 | l |
| 5 | (0.538596−0.3)/0.3=0.79532 | 5 | o |
| 6 | (0.79532−0.6)/0.2=0.9766 | 7 | w |
| 7 | (0.9766−0.9)/0.1=0.766 | 5 | o |
| 8 | (0.766−0.6)/0.2=0.83 | 6 | r |
| 9 | (0.83−0.8)/0.1=0.3 | 4 | l |
| 10 | (0.3−0.3)/0.3=0.0 | 1 | d |

重构输入符号串为 $v_{10}$="helloworld"。

### 3.4.3 若干问题

**1. 问题**

在算术编码中需要注意的几个问题。

(1) 由于实际计算机的浮点运算器不够长(一般为 80 位),可用定长的整数寄存器低进高出来接收码串,用整数差近似实数差来表示范围,但可能会导致误差积累。

(2) 算术编码器对整个消息只产生一个码字,这个码字是在间隔[0,1)中的一个实数,因此译码器在接收到表示这个实数的所有位之前不能进行译码。

(3) 算术编码也是一种对错误很敏感的编码方法,如果有一位发生错误就会导致整个字符序列被译错。

**2. 静态与自适应**

算术编码可以是静态的或者自适应的。在静态算术编码中,信源符号的概率是固定的。在自适应算术编码中,信源符号的概率根据编码时符号出现的频繁程度动态地进行修改。需要开发动态算术编码的原因是因为事先知道精确的信源概率是很难的,而且是不切实际的。当压缩数据时,我们不能期待一个算术编码器获得最大的效率,所能做的最有效的方法是在编码过程中估算概率,它成为确定编码器压缩效率的关键。

## 3.5 RLE 编码

行程编码游程长度编码(Run Length Encoding,RLE)是一种使用广泛的简单熵编码。它被用于 BMP、JPEG/MPEG、TIFF 和 PDF 等编码之中,还被用于传真机。

### 3.5.1 RLE 算法描述

RLE 视数字信息为无语义的字符序列(字节流),对相邻重复的字符,用一个数字表示连续相同字符的数目(称为行程长度),可达到压缩信息的目的。

例 3-5-1:例如一个数据字符串为 RTTTTTTTTABBCKGHJK,用一新的字符串 #8T,代替 8 个 T。

- #为特殊标识符,表示行程编码。
- 8 代表其后字符重复的次数。
- T 为重复的字符。

则行程编码后的字符串为:R#8TABBCKGHJK。

其压缩比:

$$\eta=\frac{\text{压缩前总字符数}}{\text{压缩后总字符数}}=\frac{18}{13}=1.38$$

例 3-5-2:未压缩的数据:ABCCCCCCCCDEFFGGG。

RLE 编码:AB8CDEFF3G。

对比该 RLE 编码例前后的代码数可以发现,在编码前要用 17 个代码表示的数据,而编码后只要用 10 个代码,压缩比为 1.7∶1。这说明 RLE 确实是一种压缩技术,而且这种编

码技术相当直观，也非常经济。RLE 所能获得的压缩比有多大，这主要是取决于数据本身的特点。如果图像数据（如人工图形）中具有相同颜色的图像块越大，图像块数目越少，获得的压缩比就越高。反之（如自然照片），压缩比就越小。

RLE 译码采用与编码相同的规则，还原后得到的数据与压缩前的数据完全相同。因此，RLE 是一种无损压缩技术。

RLE 压缩编码特别适用于计算机生成的图形，对减少这类图像文件的存储空间非常有效。然而，RLE 对颜色丰富多变的自然图像就显得力不从心，这时在同一行上具有相同颜色的连续像素往往很少，而连续几行都具有相同颜色值的连续行数就更少。如果仍然使用 RLE 编码方法，不仅不能压缩图像数据，反而可能使原来的图像数据变得更大。

但是，这并不意味着 RLE 编码方法在自然图像的压缩中毫无用处，恰恰相反，在各种自然图像的压缩方法中（如 JPEG），仍然不可缺少 RLE。只不过，不是单独使用 RLE 一种编码方法，而是和其他压缩技术联合应用。

**几点说明：**

1. 如果原始数据字符串包含了“#”符号，则用两个“#”符号替换原始数据字符串中的“#”符号。

2. 原始数据字符串中重复字符数少于 4 个，则行程编码无效。

3. 压缩对象可以是重复的单个字符序列，也可以是重复的多个字符序列。对于后者，必须标识一个字符序列的长度或者结束标志。

## 3.5.2 BMP 中的 RLE 算法

**1. 编码**

在 BMP 文件中，对 16 色和 256 色的普通格式的位图可进行 RLE 压缩（BI_RLE4 和 BI_RLE8），编码由若干信息单位构成，每个信息单位有 2 个字节。

信息单位的第一个字节一般为同一色索引的像素数，这时第二个字节对 BI_RLE8 为一个颜色索引（8 bit），对 BI_RLE4 为两个颜色索引（各 4 bit，高 4 位为第一个像素，低 4 位为第二个像素）。如表 3-11 所示。

**表 3-11　BMP 的 RLE 编码信息单位的组成 1**

| 第一字节 | >0：重复的像素数 |
|---|---|
| 第二字节 | BI_RLE8：一个颜色索引值（8 bit） |
| | BI_RLE4：两个颜色索引值（各 4 bit，高 4 位为第一个像素，低 4 位为第二个像素） |

若信息单位的第一个字节为 0，这时，第二个字节表示特殊意义：0——线结束、1——位图结束、2——偏移（后跟的两个字节分别表示从当前位置向右和向下偏移的像素数）、3～255——后跟的未压缩的像素（色索引）数（填充到双字节边界，不足时补 0）。如表 3-12 所示。

表 3-12 BMP 的 RLE 编码信息单位的组成 2

| 第一字节 | 0:特殊含义 |
|---|---|
| 第二字节 | 0:线结束 |
| | 1:位图结束 |
| | 2:偏移(后跟的两个字节分别表示从当前位置向右和向下偏移的像素数) |
| | 3～255:后跟的未压缩的像素(色索引)数 |

**2. 例 3-5-3:RLE 编、解码对照实例。**

(1) BI_RLE8

| Compressed data | Expanded data |
|---|---|
| 03 04 | 04 04 04 |
| 05 06 | 06 06 06 06 06 |
| 00 0345 56 67 00 | 45 56 67 |
| 02 78 | 78 78 |
| 00 02 05 01 | Move 5 right and 1 down |
| 02 78 | 78 78 |
| 00 00 | End of line |
| 09 1E | 1E 1E 1E 1E 1E 1E 1E 1E 1E |
| 00 01 | End of RLE bitmap |

(2) BI_RLE4

| Compressed data | Expanded data |
|---|---|
| 03 04 | 0 4 0 |
| 05 06 | 0 6 0 6 0 |
| 00 06 45 56 67 00 | 4 5 5 6 6 7 |
| 04 78 | 7 8 7 8 |
| 00 02 05 01 | Move 5 right and 1 down |
| 04 78 | 7 8 7 8 |
| 00 00 | End of line |
| 09 1E | 1 E 1 E 1 E 1 E 1 |
| 00 01 | End of RLE bitmap |

# 3.6 LZW 编码

## 3.6.1 LZW 算法描述

LZW 算法被 GIF 和 PNG 格式的图像压缩所采用,并被广泛应用于文件的压缩打包(如 ZIP 和 RAR)和磁盘压缩。

因为它不需要执行那么多的字符串比较操作,所以 LZW 算法的速度比 LZ77 算法的快。对 LZW 算法进一步的改进是增加可变的码字长度,以及在词典中删除老的字符串。

在 GIF 图像格式和各种文件和磁盘压缩程序中已经采用了这些改进措施之后的 LZW 算法。

LZW 是一种专利算法,专利权的所有者是美国的一个大型计算机公司——Unisys(优利系统公司)。不过,除了商业软件生产公司需要支付专利费外,个人则是可以免费使用 LZW 算法的。

## 3.6.2 LZW 编码算法

1977 年以色列 Jakob Ziv 和 Abraham Lempel 提出了一种基于词典编码的压缩算法,称为 LZ77 算法;1978 年他们对该算法作了改进,称为 LZ78;1984 年 Terry A. Weltch 又对 LZ78 进行了实用性修正,因此把这种编码方法称为 LZW(Lempel-Ziv Walch)算法。

**1. 词典编码的思想**

词典编码(Dictionary Encoding)的根据是数据(字符串)本身包含有重复代码块(词汇)这个特性。词典编码法的种类很多,可以分成两大类。

第一类词典编码的想法,是试图查找正在压缩的字符序列(词汇)是否在以前输入的数据中出现过,然后用已经出现过的字符串替代重复的部分,它的输出仅仅是指向早期出现过的字符串(词汇)的"指针",如图 3-11 所示。

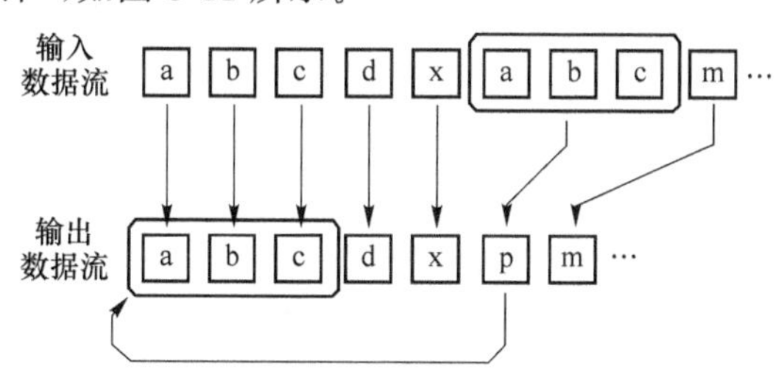


图 3-11 第一类词典编码概念

第二类词典编码的想法,是试图从输入的数据中创建一个"短语词典(Dictionary of the Phrases)",这种"短语"(词汇/单词)不一定是像"computer 计算机"和"programming 程序设计"这类具有具体含义的短语,它可以是任意字符的组合。编码数据过程中当遇到已经在词典中出现的"短语"时,编码器就输出这个词典中的短语的"索引号",而不是短语本身,如图 3-12 所示。

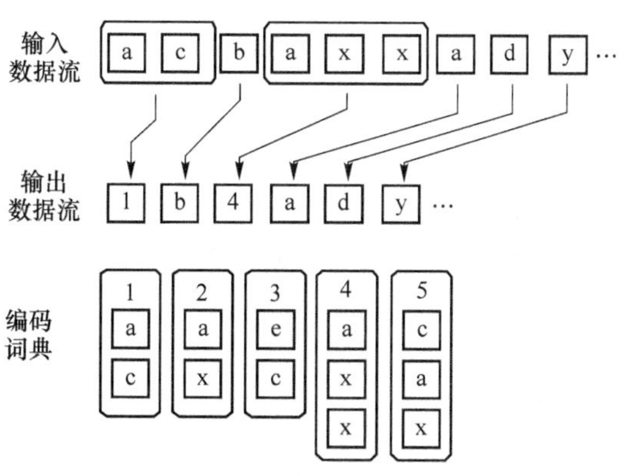


图 3-12 第二类词典编码概念

**2. LZW 与 LZ78**

LZ78 是首个第二类词典编码，1984 年提出的 LZW 压缩编码也属于这类编码，它是对 LZ78 进行了实用性修正后提出的一种逻辑简单、速度快、硬件实现廉价的压缩算法，并首先在高速硬盘控制器上应用了这种算法。

在 LZW 算法中使用的术语与 LZ78 使用的相同，仅增加了一个术语—前缀根(Root)，它是由单个字符串组成的字符串(String)。

在编码原理上，LZW 与 LZ78 相比有如下差别。

① LZW 只输出代表词典中的字符串(String)的码字(Code Word)。这就意味在开始时词典不能是空的，它必须包含可能在字符流出现中的所有单个字符，即前缀根(Root)。

② 由于所有可能出现的单个字符都事先包含在词典中，每个编码步骤开始时都使用 1 个字符的前缀(One-Character Prefix)，因此在词典中搜索的第 1 个缀符串有两个字符。

LZW 算法是一种基于字典的编码——将变长的输入符号串映射成定长的码字——形成一本短语词典索引(串表)，利用字符出现的频率冗余度及串模式高使用率冗余度达到压缩的目的。该算法只需一遍扫描，且具有自适应的特点(从空表开始逐步生成串表，码字长从像素位数 $n+1$ 逐步增加到 $2^{12}$)，不需保存和传送串表。

串表具有前缀性——若串 wc(c 为字符)在表中，则串 w 也在串表中(所以，可初始化串表为含所有单个字符的串)。

匹配采用贪婪算法——每次只识别与匹配串表中最长的已有串 w(输出对应的码字)、并可与下一输入字符 c 拼成一个新的码字 wc。

对串表的改进：用 w 的码字来代替 wc 中的 w，则串表中的串等长；当串表已满时(一般表长为 $2^{12}$)，可清表重来(输出清表码字)。清表码字 $=2^n$，结束码字 $=1+2^n$。所以，第一个可用的多字符串的码字 $=2+2^n$。

(1) LZW 压缩算法

初始化：

- 将所有单个字符的串放入串表 ST 中(共 $2^n$ 项[码字为 $0\sim2^n-1$]，实际操作时不必放入，只需空出串表的前 $2^n$ 项，字符对应码字所对应的串表索引即可)；
- 读首字符入前缀串 w；
- 设置码长 codeBits $=n+1$；
- 设置串表中当前表项的索引值 next＝初始码字 $=2^n+2$；

循环：

- 读下一输入字符 c；
- 若 c＝EOF(文件结束符)，则输出 w 的码字，结束循环(输出结束码字)；
- 若 wc 已在串表中，则 w＝wc，转到循环开始处；
- 否则，输出 w 的码字，将 wc 放入 ST 中的 next 处，next＋＋；
- 令 w＝c，转到循环开始处；
- 若 next 的位数超过码长(＞codeBits)，则 codeBits＋＋；
- 若串表已满(next 的位数已超过最大码长 12)，则清空串表，输出清表码字，转到初始化开始处。

**3. LZW 还原算法**

初始化：

- 将所有单个字符的串放入串表 ST 中；(共 $2^n$ 项[码字为 $0\sim2^n-1$]，实际操作时不必放入，只需空出串表的前 $2^n$ 项，字符对应码字对应串表索引即可)
- 串表中当前表项的索引 next=$2^n+2$；
- 设置码长 codeBits=$n+1$；
- 读首个码字(所对应的单个字符)入老串 old，输出该字符；

循环：

- 读下一码字 new；
- 若 new=结束码字，结束循环；
- 若 new=清表码字，则清空串表，转到初始化开始处；
- 若 new>=next，则输出串 newStr=old+old[0](例外处理)；
- 若 new<next，则输出串 newStr；
- 将 old+newStr[0]放入串表 ST[next]中，next++；
- 若 next 的位数超过码长(>codeBits)，则 codeBits++；但若加一后的 codeBits >12，则重新让 codeBits=12；old=newStr，转到循环开始处。其中：newStr=ST[new](即串表中索引为 new 的串)

**4. 例子**

被编码字符串如表 3-13 所示，它只包含 3 个不同的单字符 A、B、C。

**表 3-13 编码字符串**

| 位置 | 1 | 2 | 3 | 4 | 5 | 6 | 7 | 8 | 9 |
|---|---|---|---|---|---|---|---|---|---|
| 字符 | A | B | B | A | B | A | B | A | C |

编码过程如表 3-14 所示。

**表 3-14 LZW 的编码过程**

| 步骤 | 位置 | 词典 | | 输出 |
|---|---|---|---|---|
| | | (1) | A | |
| | | (2) | B | |
| | | (3) | C | |
| 1 | 1 | (4) | AB | (1) |
| 2 | 2 | (5) | BB | (2) |
| 3 | 3 | (6) | BA | (2) |
| 4 | 4 | (7) | ABA | (4) |
| 5 | 6 | (8) | ABAC | (7) |
| 6 | — | — | — | (3) |

其中：

- “步骤”栏表示编码步骤；

- “位置”栏表示在输入数据中的当前位置；
- “词典”栏表示添加到词典中的缀符串，它的索引在括号中；
- “输出”栏表示码字输出。

译码过程如表 3-15 所示。

表 3-15 LZW 的译码过程

| 步骤 | 码字 | 词典 | | 输出 |
|---|---|---|---|---|
| | | (1) | A | |
| | | (2) | B | |
| | | (3) | C | |
| 1 | (1) | — | — | A |
| 2 | (2) | (4) | AB | B |
| 3 | (2) | (5) | BB | B |
| 4 | (4) | (6) | BA | AB |
| 5 | (7) | (7) | ABA | ABA |
| 6 | (3) | (8) | ABAC | C |

每个译码步骤译码器读一个码字，输出相应的缀符串，并把它添加到词典中。例如，在步骤 4 中，先前码字(2)(对应于单字符串“B”)存储在老码字(old)中，当前码字(new)是(4)，对应的当前缀符串 newStr 是输出(“AB”)，先前缀符串 old("B")加上当前缀符串 newStr("AB")的第一个字符“A”，其结果 old＋newStr[0]("BA")添加到词典中(ST[next])，它的索引号 next 是(6)。

### 3.6.3 GIF 文件格式

可交换图形格式(GIF＝Graphics Interchange Format)，由 CompuServe 公司于 1987 年起定义，现有 87a 与 89a 两个主要版本，采用变长 LZW 压缩算法，只支持索引色(最多 8 位)。

GIF 文件的格式如表 3-16～表 3-20 所示(其中，多字节整数的低位在前，无符号)。

表 3-16 GIF 文件格式

| 内容 | 大小 | 取值 |
|---|---|---|
| 标识 | 3B | 必须为“GIF” |
| 版本 | 3B | “87a”或“89a” |
| 图像宽度 | 2B | 像素数 |
| 图像高度 | 2B | 像素数 |
| 全局标志 | 1B | 定全局色表选项 |
| 背景色索引 | 1B | 用于图外色 |
| 像素纵横比 | 1B | 一般为 0 |
| [全局色表] | N＊3B | 可选，每项为 RGB |
| 数据块 | 变长 | 可多个 |
| GIF 结束符 | 1B | ‘;’(59,0x3B) |

**表 3-17 全局标志**

| 位 | 名称 | 大小 | 含义 |
|---|---|---|---|
| 0～2 | Pixel | 3bit | pixelBits-1 |
| 3 | reserved(87a) | 1bit | 保留，必须为 0 |
| | sort(89a) | | =0 色表未排序<br>=1 色表已按重要性排序 |
| 4～6 | cr | 3bit | colorBits-1 |
| 7 | M | 1bit | =0 无全局色表<br>=1 有全局色表 |

其中：像素位数 n=pixelBits==pixel+1=颜色位数 colorBits=cr+1=1～8，颜色数 $N=2^{\text{pixel Bits}}=2^{\text{color Bits}}=2^{(1\text{-}8)}$=2、4、8、16、32、64、128、256。

像素纵横比：若=0，则为 1∶1；若>0，则 Aspect Ratio=(Pixel Aspect Ratio+15)/ 64。

**表 3-18 数据块格式 1(图像块)**

| 内容 | | 大小 | 取值 |
|---|---|---|---|
| 图像分隔符 | | 1 B | ‘,’(44,0x2C) |
| 图像左边 | 左上角坐标 | 2 B | 像素数 |
| 图像顶端 | | 2 B | 像素数 |
| 图像宽度 | | 2 B | 像素数 |
| 图像高度 | | 2 B | 像素数 |
| 局部标志 | | 1 B | 定局部色表及交叉选项 |
| 编码长度 | | 1 B | 位数 |
| [局部色表] | | N * 3 B | 可选，RGB |
| [数据子块] | 子块大小 bc | 1 B | 可选，可多个 |
| | 图像编码 | bc B | |
| 子块序列结束符 | | 1 B | 0(大小为 0 的子块) |

**表 3-19 局部标志**

| 位 | 名称 | 大小 | 含义 |
|---|---|---|---|
| 0～2 | pixel | 3 bit | pixelBits-1 |
| 3～4 | reserved | 2 bit | 保留，必须为 0 |
| 5 | reserved(87a) | 1bit | 保留，必须为 0 |
| | sort(89a) | | =0 色表未排序<br>=1 色表已按重要性排序 |
| 6 | I | 1 bit | =0 顺序编码<br>=1 行交叉编码 |
| 7 | M | 1 bit | =0 用全局色表<br>=1 有局部色表 |

其中：像素位数 n=pixelBits==pixel+1=1～8，颜色数 $N=2^{\text{pixelBits}}=2^{(1\sim 8)}$。

I=1 时为行交叉编码(用于渐显)，行的交叉顺序为(4 遍扫描)：

第一遍:0 行、8 行、…、$8i$ 行、…(0 行起,隔 8 行)。

第二遍:4 行、12 行、…、$8i+4$ 行、…(4 行起,隔 8 行)。

第三遍:2 行、6 行、…、$4i+2$ 行、…(2 行起,隔 4 行)。

第四遍:1 行、3 行、…、$2i+1$ 行、…(1 行起,隔 2 行)。

编码长度(码长):初始码长,一般=像素位数 $n$。实际的初始码长$=n+1$。

**表 3-20　数据块格式 2(扩展块)**

<table>
<tr><th colspan="2">内容</th><th>大小</th><th>取值</th></tr>
<tr><td colspan="2">扩展块引导符</td><td>1 B</td><td>'!'(33,0x21)</td></tr>
<tr><td colspan="2">扩展功能代码</td><td>1 B</td><td>代码编号(0～255)</td></tr>
<tr><td rowspan="2">[功能子块]</td><td>子块大小 bc</td><td>1 B</td><td rowspan="2">可选,可多个</td></tr>
<tr><td>功能数据</td><td>bc B</td></tr>
<tr><td colspan="2">块结束符</td><td>1 B</td><td>0(大小为 0 的子块)</td></tr>
</table>

在 89a 版中,定义了若干扩展块,如表 3-21～表 3-26 所示。

**表 3-21　扩展块**

| 功能代码 | 名称 | 功用 |
|---|---|---|
| 0x01=1 | 普通文本块 | 含文本数据及其显示控制 |
| 0xF9=249 | 图像控制块 | 用于图像的显示与处理控制,可描述 GIF 动画。此数据块若有,必须位于图像块之前 |
| 0xFE=254 | 注释块 | 含图像的注释文本 |
| 0xFF=255 | 应用块 | 含应用的特殊信息 |

**表 3-22　普通文本块格式**

<table>
<tr><th colspan="3">内容</th><th>大小</th><th>取值</th></tr>
<tr><td colspan="3">引导符</td><td>1 B</td><td>'!'(33,0x21)</td></tr>
<tr><td colspan="3">功能代码</td><td>1 B</td><td>0x01=1</td></tr>
<tr><td rowspan="9">控制子块</td><td colspan="2">子块大小</td><td>1 B</td><td>12</td></tr>
<tr><td rowspan="8">控制参数</td><td>文本网格左边</td><td>2 B</td><td>像素数</td></tr>
<tr><td>文本网格顶端</td><td>2 B</td><td>像素数</td></tr>
<tr><td>文本网格宽度</td><td>2 B</td><td>像素数</td></tr>
<tr><td>文本网格高度</td><td>2 B</td><td>像素数</td></tr>
<tr><td>字符单元宽度</td><td>1 B</td><td>像素数</td></tr>
<tr><td>字符单元高度</td><td>1 B</td><td>像素数</td></tr>
<tr><td>文本前景色</td><td>1 B</td><td>色表索引值</td></tr>
<tr><td>文本背景色</td><td>1 B</td><td>色表索引值</td></tr>
<tr><td rowspan="2">文本子块</td><td colspan="2">子块大小 bc</td><td>1 B</td><td rowspan="2">可多个</td></tr>
<tr><td colspan="2">文本数据</td><td>bc B</td></tr>
<tr><td colspan="3">块结束符</td><td>1 B</td><td>0(大小为 0 的子块)</td></tr>
</table>

**表 3-23 图像控制块格式**

| 内容 | | | 大小 | 取值 |
|---|---|---|---|---|
| 引导符 | | | 1 B | '!'(33,0x21) |
| 功能代码 | | | 1 B | 0xF9=249 |
| 控制子块 | 子块大小 | | 1 B | 4 |
| | 功能数据 | 标志 | 1 B | 处理方法、用户输入及透明色选项 |
| | | 延时 | 2 B | 单位为 1/100 秒 |
| | | 透明色 | 1 B | 色表中的索引值 |
| 块结束符 | | | 1 B | 0(大小为 0 的子块) |

其中的标志字节的格式如表 2-24 所示。

**表 3-24 标志字节的格式**

| 位 | 名称 | 大小 | 含义 |
|---|---|---|---|
| 0 | Transparent Color Flag | 1 bit | 0(无透明色)、1(有透明色) |
| 1 | User Input Flag | 1 bit | 0(不处理)、1(处理用户输入) |
| 2～4 | Disposal Method | 3 bit | 0:未定义处理方法(正常显示) |
| | | | 1:不能处理(不显示) |
| | | | 2:恢复成背景色 |
| | | | 3:恢复成前一图像 |
| 5～7 | Reserved | 3 bit | 保留,必须为 0 |

**表 3-25 注释块格式**

| 内容 | | 大小 | 取值 |
|---|---|---|---|
| 引导符 | | 1 B | '!'(33,0x21) |
| 功能代码 | | 1 B | 0xFE=254 |
| 注释子块 | 子块大小 bc | 1 B | 可选,可多个 |
| | 注释数据 | bc B | |
| 块结束符 | | 1 B | 0(大小为 0 的子块) |

**表 3-26 应用块格式**

| 内容 | | | 大小 | 取值 |
|---|---|---|---|---|
| 引导符 | | | 1 B | '!'(33,0x21) |
| 功能代码 | | | 1 B | 0xFF=255 |
| 头子块 | 子块大小 | | 1 B | 11 |
| | 参数 | 应用标识 | 8 B | 字符串 |
| | | 应用鉴别码 | 3 B | 二进制编码 |
| 应用子块 | 子块大小 bc | | 1 B | 可选,可多个 |
| | 应用数据 | | bc B | |
| 块结束符 | | | 1 B | 0(大小为 0 的子块) |

# 复习思考题

1. 视频数据为什么需要压缩？为什么可以压缩？

答：由于视频信号的数据量巨大，所以需要压缩；同时，由于在视频数据中，存在着各种冗余，所以可以压缩。

2. 压缩算法有哪些特点与分类？

答：特点：

(1) 无损与有损

(2) 对称性

(3) 帧间与帧内

(4) 实时性

(5) 分级处理

分类：

(1) 熵编码

(2) 信源编码

(3) 混合编码

3. 信息熵是什么？熵编码是什么类型的编码？

答：(信息)熵 H 的概念则是美国数学家香农(Claude Elwood Shannon)于 1948 年在他所创建的信息论中引进的，用来度量信息中所含的信息量：(为自信息量 $I(s_i)=\log_2\frac{1}{p_i}$的均值/数学期望)

$$H(S)=\sum_i p_i\log_2\frac{1}{p_i}$$

其中，$H$ 为信息熵(单位为 bit)，$S$ 为信源，$p_i$ 为符号 $s_i$ 在 $S$ 中出现的概率。

熵编码(entropy encoding)是一类利用数据的统计信息进行压缩的无语义数据流之无损编码。

4. 给出 Shannon-Fano 编码的思路。

答：Shannon-Fano 算法采用从上到下的方法进行编码：首先按照符号出现的概率排序，然后从上到下使用递归方法将符号组分成两个部分，使每一部分具有近似相同的频率，在两边分别标记 0 和 1，最后每个符号从顶至底的 0/1 序列就是它的二进制编码。

5. 给出 Huffman 编码的思路与过程。

答：Fano 的学生哈夫曼(David Albert Huffman)在 1952 年提出了一种从下到上的编码方法，它是一种统计最优的变码长符号编码，让最频繁出现的符号具有最短的编码。

Huffman 编码的过程＝生成一棵二叉树(H 树)，树中的叶节点为被编码符号及其概率、中间节点为两个概率最小符号(串)的并所构成的符号串及其概率所组成的父节点、根节点为所有符号之串及其概率 1。

6. Shannon-Fano 编码和 Huffman 编码有哪些共同的优缺点？哪个编码效率更高一些？

答：香农-范诺编码和哈夫曼编码都属于不对称、无损、变码长的熵编码。

(1) 同步代码

它们的码长虽然都是可变的，但却都不需要另外附加同步代码(即在译码时分割符号的特殊代码)。

(2) 问题

采用香农-范诺编码和哈夫曼编码时有两个问题值得注意：

➢ 没有错误保护功能，在译码时，如果码串中有哪怕仅仅是 1 位出现错误，则不但这个码本身译错，而且后面的码都会跟着错。称这种现象为错误传播(error propagation)，计算机对这种错误也无能为力，不能知道错误出在哪里，更谈不上去纠正它。

➢ 是可变长度码，因此很难在压缩文件中直接对指定音频或图像位置的内容进行译码，这就需要在存储代码之前加以考虑。

(3) 比较

与香农-范诺编码相比，哈夫曼编码方法的编码效率一般会更高一些。

7. 与 Huffman 编码比较，算术编码有什么优势？给出算术编码的思路与过程。

答：算术编码主要优点是，克服了 Huffman 编码必须为整数位，这与实数的概率值相差大的缺点。

算术编码所采用的解决办法是，不用二进制代码来表示符号，而改用[0,1)中的一个宽度等于其出现概率的实数区间来表示一个符号，符号表中的所有符号刚好布满整个[0,1)区间(概率之和为 1，不重不漏)。把输入符号串(数据流)映射成[0,1)区间中的一个实数值。

8. RLE 的英文原文与中文译文各是什么？RLE 编码的思路什么？其压缩效率如何？

答：行程编码游程长度编码(Run Length Encoding，RLE)是一种使用广泛的简单熵编码。

RLE 视数字信息为无语义的字符序列(字节流)，对相邻重复的字符，用一个数字表示连续相同字符的数目(称为行程长度)，可达到压缩信息的目的。

RLE 所能获得的压缩比有多大，这主要是取决于数据本身的特点。如果图像数据(如人工图形)中具有相同颜色的图像块越大，图像块数目越少，获得的压缩比就越高。反之(如自然照片)，压缩比就越小。

9. 什么样的 BMP 文件支持 RLE 压缩？它们是如何编码的？

答：在 BMP 文件中，对 16 色和 256 色的普通格式的位图可进行 RLE 压缩(BI_RLE4 和 BI_RLE8)，编码由若干信息单位构成，每个信息单位有 2 个字节。

信息单位的第一个字节一般为同一色索引的像素数，这时第二个字节对 BI_RLE8 为一个颜色索引(8 bit)，对 BI_RLE4 为两个颜色索引(各 4 bit，高 4 位为第一个像素，低 4 位为第二个像素)。如表 3-27 所示。

**表 3-27 BMP 的 RLE 编码信息单位的组成 1**

| | |
|---|---|
| 第一字节 | >0：重复的像素数 |
| 第二字节 | BI_RLE8：一个颜色索引值(8b) |
| | BI_RLE4：两个颜色索引值(各 4 bit，高 4 位为第一个像素，低 4 位为第二个像素) |

若信息单位的第一个字节为0,这时,第二个字节表示特殊意义:0——线结束、1——位图结束、2——偏移(后跟的两个字节分别表示从当前位置向右和向下偏移的像素数)、3~255——后跟的未压缩的像素(色索引)数(填充到双字节边界,不足时补0)。如表3-28所示。

**表3-28 BMP的RLE编码信息单位的组成2**

| 第一字节 | 0:特殊含义 |
|---|---|
| 第二字节 | 0:线结束 |
| | 1:位图结束 |
| | 2:偏移(后跟的两个字节分别表示从当前位置向右和向下偏移的像素数) |
| | 3~255:后跟的未压缩的像素(色索引)数 |

10. LZW的含义是什么?LZW属于什么类型的压缩算法?

答:LZW(Lempel-Ziv Walch)算法。

LZW算法是一种基于字典的编码——将变长的输入符号串映射成定长的码字——形成一本短语词典索引(串表),利用字符出现的频率冗余度及串模式高使用率冗余度达到压缩的目的。

11. GIF中的LZW算法有什么特点?它具体是如何工作的?

答:对LZW算法进一步的改进是增加可变的码字长度,以及在词典中删除老的缀符串。在GIF图像格式和各种文件和磁盘压缩程序中已经采用了这些改进措施之后的LZW算法。

(1) LZW压缩算法:

初始化:将所有单个字符的串放入串表ST中;(共$2^n$项[码字为0~$2^n-1$],实际操作时不必放入,只需空出串表的前$2^n$项,字符对应码字所对应的串表索引即可)

读首字符入前缀串w;

设置码长codeBits=$n+1$;

设置串表中当前表项的索引值next=初始码字=$2^n+2$;

循环:读下一输入字符c;

若c=EOF(文件结束符),则输出w的码字,结束循环(输出结束码字);

若wc已在串表中,则w=wc,转到循环开始处;

否则,输出w的码字,将wc放入ST中的next处,next++;

令w=c,转到循环开始处;

若next的位数超过码长(>codeBits),则codeBits++;

若串表已满(next的位数已超过最大码长12),则清空串表,输出清表码字,转到初始化开始处。

(2) LZW还原算法:

初始化:将所有单个字符的串放入串表ST中;(共$2^n$项[码字为0~$2^n-1$],实际操作时不必放入,只需空出串表的前$2^n$项,字符对应码字对应串表索引即可)

串表中当前表项的索引 next＝$2^n$＋2；

设置码长 codeBits＝$n$＋1；

读首个码字(所对应的单个字符)入老串 old，输出该字符；

循环：读下一码字 new；

若 new＝结束码字，结束循环；

若 new＝清表码字，则清空串表，转到初始化开始处；

若 new＞＝next，则输出串 newStr＝old＋old[0](例外处理)；

若 new＜next，则输出串 newStr；

将 old＋newStr[0]放入串表 ST[next]中，next＋＋；

若 next 的位数超过码长(＞codeBits)，则 codeBits＋＋；

但若加一后的 codeBits＞12，则重新让 codeBits＝12；

old＝newStr，转到循环开始处。

其中：newStr＝ST[new](即串表中索引为 new 的串)

12. GIF 文件格式有什么局限？其数据块有几类？数据子块的大小最大是多少？

答：只支持索引色(最多 8 位)。

数据块有图像块与扩展块。扩展块如表 3-29 所示。

**表 3-29 扩展块**

| 功能代码 | 名称 | 功用 |
|---|---|---|
| 0x01＝1 | 普通文本块 | 含文本数据及其显示控制 |
| 0xF9＝249 | 图像控制块 | 用于图像的显示与处理控制，可描述 GIF 动画。此数据块若有，必须位于图像块之前 |
| 0xFE＝254 | 注释块 | 含图像的注释文本 |
| 0xFF＝255 | 应用块 | 含应用的特殊信息 |

13. GIF 的交叉编码需要几遍扫描？如何扫描？

答：行交叉编码(用于渐显)，行的交叉顺序为(4 遍扫描)：

第一遍：0 行、8 行、…、8i 行、…(0 行起，隔 8 行)。

第二遍：4 行、12 行、…、8i＋4 行、…(4 行起，隔 8 行)。

第三遍：2 行、6 行、…、4i＋2 行、…(2 行起，隔 4 行)。

第四遍：1 行、3 行、…、2i＋1 行、…(1 行起，隔 2 行)。

## 作　业

1. 平时作业 9(必做)：对下列符号进行 Huffman 编码，并计算压缩比。

符号及其在图像中出现的数目

| 符号 | A | B | C | D | E | F |
|---|---|---|---|---|---|---|
| 出现的次数 | 40 | 10 | 5 | 15 | 20 | 10 |

2. 平时作业10(必做):写出串“good night”(注意当中的空格符)之算术编码的编解码过程。

3. 平时作业11(必做):对字符串“ababcbababaaaaaaa”进行手工LZW编解码。

4. 平时作业12(必做):实现BMP文件中RLE压缩算法(读[写]/显示)。(可与第4章的平时作业5合做在一起)

5. 平时作业13(选做):实现LZW算法,读写并显示(只含单个图片的)GIF文件。

6. 大作业选题10:PNG图像格式的编解码(参见4.6.1节之5,采用的是与GIF一样的LZW压缩方法)。

# 第4章　变换编码

## 4.1　变换编码的概念

### 4.1.1　变换编码的基本概念

变换编码(Transformation Coding):采用各种数学变换方法,将原时间域或空间域的数据变换到频率域或其他域,利用数据在变换域中的冗余或人类感觉的特征来进行压缩。常见的变换编码有:FFT(快速傅里叶变换)、DCT(离散余弦变换)、DWT(离散小波变换)和IFS(迭代函数系统)。

变换编码的基本流程通常是:采用正交变换等方法,将原始时间域或空间域的数据变换到频率域,从而使得图像的某些特征更加明显,在此基础上,对空间域的数据进行量化和熵编码,将编码后的码流进行输出。变换编码流程如图4-1所示。

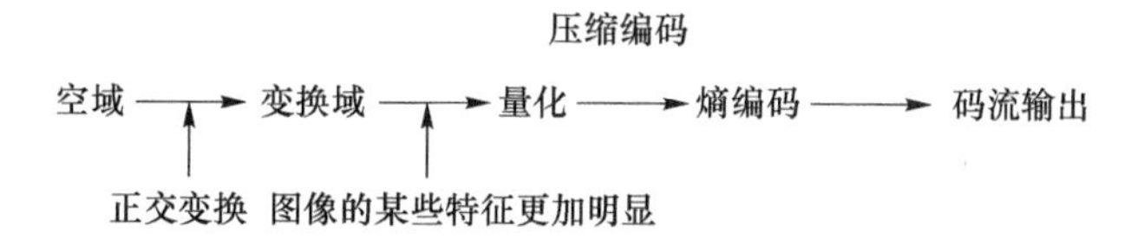


图4-1　变换编码基本流程

变换本身没有对数据压缩,只是为压缩创造了条件。

### 4.1.2　变换编码的基本组成

变换编码通常由方块形成、正交变换、量化、熵编码、信道编解码、熵解码、反量化、反变换和方块合成等几部分组成,如图4-2所示。

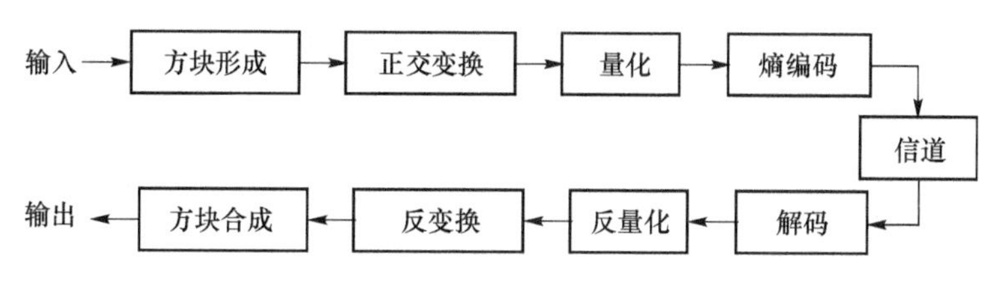


图4-2　变换编码的基本组成

交换编码的基本组成如图4-2所示。

(1) 方块形成:

产生子图像,为减小计算量,令图像相关性一般局限于20个相邻像素之内。一般为8×8或16×16。

(2) 正交变换

A. 正交变换

设图像像素构成的空域矩阵为 $\boldsymbol{f}$,$\boldsymbol{T}$ 为正交矩阵,图像的正交变换 $\boldsymbol{F}$ 表示为:

$$\boldsymbol{F}=\boldsymbol{T}\boldsymbol{f}\boldsymbol{T}^{\mathrm{T}}$$

其中,$\boldsymbol{F}$ 称为 $\boldsymbol{f}$ 的变换域矩阵;$\boldsymbol{T}$ 为变换矩阵,$\boldsymbol{T}^{\mathrm{T}}$ 为 $\boldsymbol{T}$ 的转置矩阵。

变换编码的基本数学模型如图 4-3 所示。

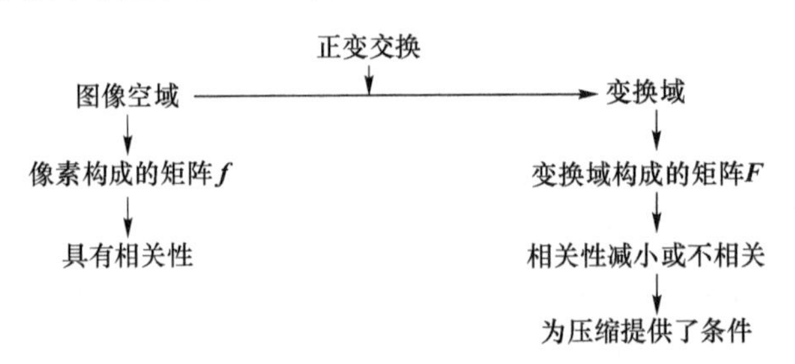


图 4-3　变换编码的基本数学模型

B. 反变换

$$\boldsymbol{f}=\boldsymbol{T}^{-1}\boldsymbol{F}\boldsymbol{T}^{\mathrm{T}-1}$$

当 $\boldsymbol{T}$ 为对称正交矩阵时,由于 $\boldsymbol{T}^{T}=\boldsymbol{T},\boldsymbol{T}^{T}=\boldsymbol{T}^{-1}$ 则:

$$\boldsymbol{F}=\boldsymbol{T}\boldsymbol{f}\boldsymbol{T}$$

$$\boldsymbol{f}=\boldsymbol{T}\boldsymbol{F}\boldsymbol{T}$$

(3) 压缩编码

量化,熵编码,利用变换矩阵元素的特点,进行量化,编码,达到压缩数据目的。

(4) 接收端

进行上述相反过程。

下面介绍几种主要的正交变换。

(1) K-L 变换

为均方误差准则下的最佳变换,变换域矩阵系数之间不相关,变换矩阵不是一种恒定形式,它由信号源的统计特性确定。先求出信号源的协方差矩阵,然后计算其特征根和对应的特征向量,作为变换矩阵。

其缺点是运算量大 ,没有相应的快速算法,且理论价值大于实际应用价值。

(2) DCT(离散余弦变换)

A. 特点

a. 确定的变换矩阵。

b. 准最佳变换。

c. 有快速算法。

B. 数学表达式

设图像的尺寸为 $M\times N$

正向 DCT(FDCT)

$$F(U,V)=\frac{2}{\sqrt{MN}}C(U)C(V)\sum_{X=0}^{M-1}\sum_{Y=0}^{N-1}f(x,y)\cos\frac{(2x+1)}{2M}u\pi\cos\frac{(2y+1)}{2N}v\pi$$

$$\begin{cases} U=0,1,\cdots,M-1 \\ V=0,1,\cdots,N-1 \end{cases}$$

逆向 DCT(IDCT)

$$f(X,Y)=\frac{2}{\sqrt{MN}}\sum_{u=0}^{M-1}\sum_{v=0}^{N-1}C(U)C(V)F(U,V)\cos\frac{(2x+1)}{2M}u\pi\cos\frac{(2y+1)}{2N}v\pi$$

其中：
$$\begin{cases} X=0,1,\cdots,M-1 \\ Y=0,1,\cdots,N-1 \end{cases}$$

上两式中：$C(U)$

$$C(V)=\begin{cases} \frac{1}{\sqrt{2}} & U,V=0 \\ 1 & \text{其他} \end{cases}$$

(3) DFT(离散傅氏变换)

(4) DWHT(离散 Walsh-Hardmard 变换)

## 4.2 正交变换的基本图像

我们从一维频谱分析中知道，当一个随时间变化的信号，进行傅氏变换，或者说在频域中展开，相当于把随时间变化的信号，分解为各个频率分量之和。每个频率的展开系数，就是该频率分量的大小。

图像正交变换也是类似的，所不同的，信号随时间变化的傅氏变换，其变换域为频率；图像的正交变换其变换域为基本图像。

### 4.2.1 变换域

图像正交变换后，可以看作各基本图像之和，变换域矩阵中各元素值，表示对应基本图像的大小。

以 8×8 二维 DCT 为例说明其意义，

$$f(x,y)=\frac{1}{4}\sum_{u=0}^{7}\sum_{v=0}^{7}F(u,v)E(u)E(v)\cos\frac{(2x+1)}{16}u\pi\cos\frac{2y+1}{16}v\pi$$

此式表明空域图像块 $f(x,y)$ 可以看成由 64 个基本图像线性组合而成，对于不同的空间频率 $U$ 和 $V$，$\cos\left[\frac{\pi}{16}(2x+1)u\right]\times\cos\left[\frac{\pi}{16}(2y+1)v\right]$，代表不同空间频率的基本图像。

$U=0,V=0$ 时，基本图像为在行方向有一个周期变化在列方向上没有变化的低频竖条图像，即为一直流，它代表了该块图像的平均分量。

$U=1,V=0$ 时，基本图像为在行方向有一个周期变化的低频竖条图像，在列方向上没有变化，在行方向 $X$ 当从 0 变到 7 时，它经历了从亮到暗的亮度变化。

若 $u=2$，则这种空间频率加快 1 倍，以此类推，从两个 cos 函数相乘不难想象不同空间频时基本图像的形状。

$F(u,v)$(即 DCT 系数)表示 64 个基本图像线性组合产生图像 $f(x,y)$ 时基本图像的加权系数。

### 4.2.2 基本图像

(1) 定义:设变换域矩阵中第 $i$ 行,第 $j$ 列元素 $F(i,j)=1$ 其余各元素为 0,这样的变换域矩阵所对应的原图像矩阵 $\boldsymbol{f}$,就是 $F(i,j)$元素所对应的基本图像。记住 $\boldsymbol{f}_{ij}$。

(2) 求法

$$\boldsymbol{f}_{i,j}=\boldsymbol{TF}(i,j)\boldsymbol{T}=\begin{pmatrix}T(0,0)\cdots T(0,N-1)\\T(1,0)\cdots T(1,N-1)\\\vdots\\T(N-1,0)\cdots T(N-1,N-1)\end{pmatrix}\begin{pmatrix}0,0\cdots 0\\0,0\cdots 0\\0,F(i,j),0\\0,0\cdots 0\end{pmatrix}$$

$$\begin{pmatrix}T(0,0)\cdots T(0,N-1)\\T(1,0)\cdots T(1,N-1)\\\vdots\\T(N-1,0)\cdots T(N-1,N-1)\end{pmatrix}$$

$$=F(i,j)\begin{pmatrix}0,0\cdots T(0,i),\cdots 0\\0,0\cdots T(1,i),\cdots 0\\\vdots\\0,0\cdots T(N-1,i),0\end{pmatrix}\begin{pmatrix}T(0,0),T(0,1)\cdots T(0,N-1)\\T(1,0),T(1,1)\cdots T(1,N-1)\\\vdots\\T(N-1),T(N-1,1)\cdots T(N-1,N-1)\end{pmatrix}$$

$$=F(i,j)\begin{pmatrix}T(0,i)T(j,0),T(0,i)T(j,1)\cdots T(0,j)T(j,N-1)\\T(1,j)T(j,0),T(1,i)T(j,1)\cdots T(1,j)T(j,N-1)\\\vdots\\T(N-1,i)T(j,0),T(N-1,i)T(j,1)\cdots T(N-1,j)T(j,N-1)\end{pmatrix}$$

$$=\begin{pmatrix}T(0,i)\\T(1,i)\\\vdots\\T(N-1,i)\end{pmatrix}(T(j,0),T(j,1)\cdots T(j,N-1))$$

由上式可以看出,即基本图像 $\boldsymbol{f}_{ij}$ 是正交变换矩阵中第 $i$ 列向量构成的矩阵和第 $j$ 行向量构成的矩阵的矩阵之积。

变换域矩阵有 $N$ 行,$N$ 列,共 $N^2$ 个元素,所以共有 $N^2$ 个基本图像。

(3) 例子

我们以 Walsh-hadamard 变换为列。看它的基本图像及其基本特性,取 4 阶 Walsh-hadamard 正交变换矩阵:

A. 变换矩阵(取 4 阶)

$$Wal_4(n,t)=\begin{pmatrix}1 & 1 & 1 & 1\\1 & 1 & -1 & -1\\1 & -1 & -1 & 1\\1 & -1 & 1 & -1\end{pmatrix}$$

B. 基本图像

共有 4×4 个基本图像,如图 4-4 所示。

C. 变换域矩阵元素对应基本图像分布特性:

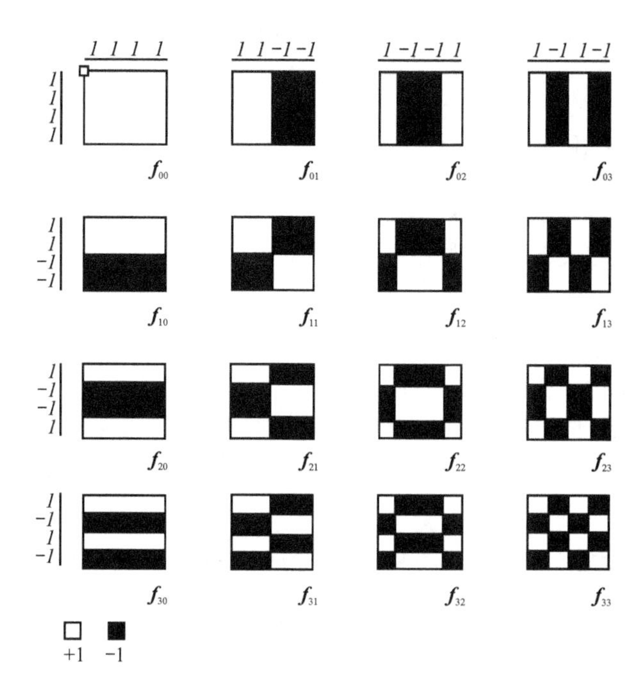


图 4-4　基本图像频率分布示意图

(a) 在水平方向上，从左到右，水平空间频率增加，最左边水平频率为 0

(b) 在垂直方向上，从上到下，垂直频率增加，最上边垂直空间频率为 0

(c) 综合：左上角为直流系数，反映图像的平均亮度，如直流及低频成分。

从左上角到右下角，水平方向和垂直方向的频率逐渐增加，其中，左上端区域，反映图像变化较慢的部分，即图像的低频分量；右下端区域，反映图像变化较快的部分，即图像的高频分量；最右端和最下端反映图像变化最快的部分。

图像的变换实际上就是这些基本图像乘以一定系数加权后的相互叠加。由上面的推导可知，不同的变换矩阵，其基本图像不同，但其规律相同。从图像信号频率域统计特性看，能量主要在低频分量，体现在变换域矩阵左上角区域系数大，使得能量重新分布，从而为压缩创造了条件。

(4) 不同变换矩阵，有不同的基本图像，但其变化规律相同(基本特征相同)

图像正交变换后，可以看作各个基本图像之和，变换域矩阵中各元素值，表示了对应基本图像的大小。

# 4.3　正交变换的物理意义

## 4.3.1　能量保持定理

经正交变换后，空域中的总能量与变换域中的总能量相等。

$$\sum_{m=0}^{n-1}\sum_{n=0}^{n-1} f^2(m,n) = \sum_{i=0}^{n-1}\sum_{j=0}^{n-1} F^2(i,j)$$

$f(m,n)$为空间域矩阵中元素，$F(i,j)$为变换域矩阵中元素。其意义在于：空间域中能量全部转换到变换域中，而在反变换中，变换域的能量又能全部转移到空间域中。

### 4.3.2 能量重新分配

经变换后，变换域中，总能量不变，但能量重新分布。在空间域中，能量分布具有一定的随机性。由于图像的相关性，变换域中能量在大部分情况下，集中于零空间频率或低空间频率对应的变换系数。

(1) 例子说明

这里用一个简单例子说明能量分布。

设有 1×2 个像素即相邻两个像素构成一个子图像，每个像素分为 8 个亮度级，于是各个子图像由二维空间中的一个点表示，如图 4-5(a)所示。分别以 $x_1$ 轴和 $x_2$ 轴来表示相邻两个像素的亮度等级。

由于相邻像素的相关性，代表各子图像的二维坐标点将集中在 45°斜线附近(图中阴影部分)。

这时 $x_1$，$x_2$ 方向上的能量近似相等。为了对这些点的位置编码，就要对两个差不多大小的坐标值分别进行编码，每个分量用相同的 3 bit 编码。

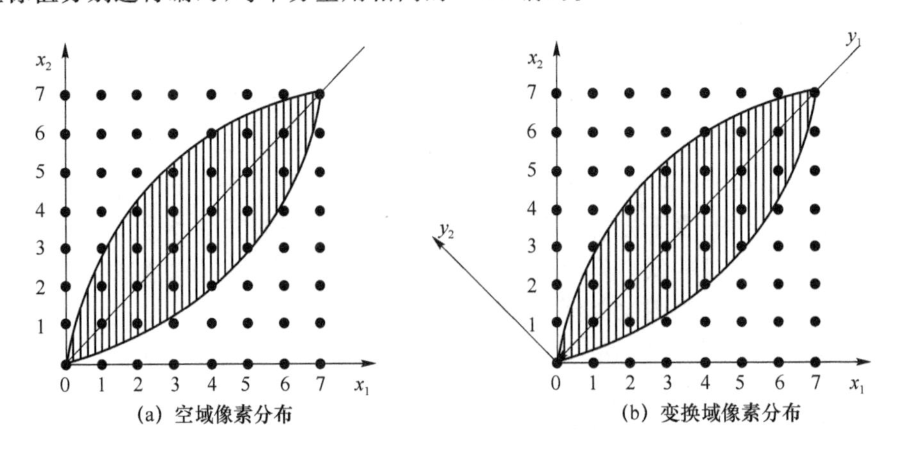

(a) 空域像素分布　(b) 变换域像素分布

图 4-5　空域和变换域像素分布

现若对图像进行正交变换，如从几何上作一个 45°角旋转，变成 $y_1$，$y_2$ 坐标系，如图 4-5(b)所示。

这时阴影区将集中于 $y_1$ 轴，$y_1$ 上方向上的能量大，$y_2$ 方向上的能量小，$y_1$ 和 $y_2$ 之间的相关性小(而 $x_1$，$x_2$ 相关性大)。

$y_1$ 分配较多的比特多(3 bit)，$y_2$ 分配较少的比特数。变换域中分配的总比特数可以比原图像的比特数少，达到了压缩的目的。

| | 像素点分布 | 能量分布 | 相关性 | 编码 |
|---|---|---|---|---|
| 空域 | 45°斜线附近 | $x_1$，$x_2$ 相等 | $x_1$，$x_2$ 相关 | $x_1$，$x_2$ 用相同比特(3 bit)变 |
| 换域 | $y$ 轴附近 | $y_1$ 大，$y_2$ 小， | $y_1$，$y_2$ 较独立 | $y_1$ 较多，$y_2$ 较少 |

(2) 结论

A. 能量集中

根据图像信号的统计特性,可知图像信号的能量大部分情况下集中于零或低空间频率,且在空域中分布则是随机的,在变换域矩阵左上角代表图像低空间频率分量,该矩阵元素系数大,表明该区域的能量相对集中。

B. 相关性减小

图像变换能够实现图像数据压缩的物理本质在于:经变换,能够把在空域中散布在各个坐标轴上的原始图像数据,集中到变换域中少数坐标标轴上,也就是说,在变换域中,能量集中到少数变换系数,对能量大的分配较多的比特数,对能量小的系数分配较少的比特数或不分配。因而可以用较少的比特数表示一幅子图像,实现高效的图像压缩编码。

## 4.4 变换域的压缩编码

### 4.4.1 8×8的子图像变换

(1) 变换域矩阵 $\boldsymbol{F}$:也为 8×8 的矩阵,共计 64 个变换域矩阵元素,称为变换域系数。

(2) 直流系数(DC 系数):其中,$F(0,0)$系数(左上角),代表该子图像的平均亮度,称为,直流系数。

(3) 交流系数(AC 系数):除左上角一个 DC 系数外,其余 63 个系数,称为交流系数。

(4) 变换域系数分布规律。

- 图像统计特性,图像信号的能量主要分布在低频区域。
- 变换域基本图像特性,左上角低频成分,右下角高频成分。

较大值变换域系数主要分布在变换域矩阵左上角区域。较小值变换域系数主要分布在变换域矩阵右下角区域。能量相对集中(特性明显),从而为后续数据压缩创造了有利条件。

### 4.4.2 变换域的压缩编码

**1. 区域编码**

只对能量集中的区域变换系数进行量化编码,丢弃该区域外的系数(置为 0),图 4-6 为两种典型的区域形状,如图 4-6 所示。

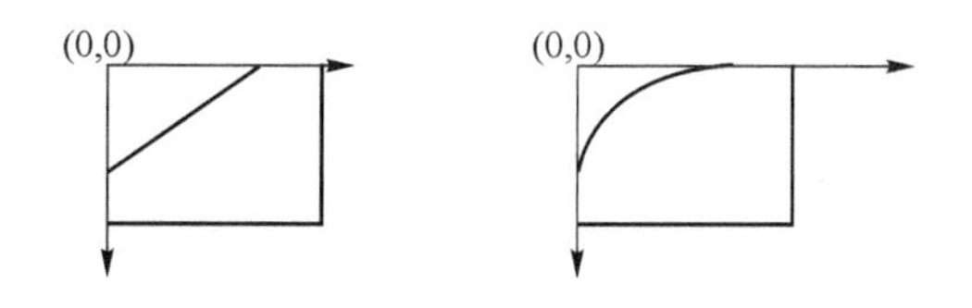


图 4-6 区域编码两种典型区域形状

**2. 门限编码**

区域编码是按统计规律固定保留低频系数,因此,容易丢失有用的高频分量。

门限编码是只对幅度大于某个门限 $T$ 的系数进行量化编码,并对低于该门限的系数忽略(置于 0)。

这种编码的好处是不会丢失有用的高频分量,有“自适应”能力,其缺点是必须同时对保留系数位置进行编码，因为这些系数的位置是无法确定的。现在常用的行程编码方法中，不直接对系数位置编码，而是先将二维系数按 Z 形展开成一维序列，然后通过对连续 0（不编码系数）进行行程编码来间接确定保留系数位置。

**3. 合理比特数分配**

A. 根据变换域能量特性

按变换域能量特性来分配。能量大，分配较多的比特数，能量小，分配较少的比特数。

B. 以视觉特性

按视觉对系数的灵敏度曲线来分配。视觉敏感的，分配较多的比特数，视觉不敏感的，分配较少的比特数。

例如，在有些比特分配表中，直流、低频多分配些比特数，这实际上也与视觉有关，由于变换编码是分块进行的，而人眼对块间差特别敏感，而直流分量代表着块的平均值，故直流分量必须有较多的比特数

例如，人眼对高频系数不太敏感，对这些系数可以少给一些比特。

**4. 其他考虑**

为达到最佳的编码效果，往往需要采用综合措施。

（1）自适应技术

可以先设计几种典型的区域，然后自适应地选择其中的一种。使其更符合实际图像的统计特性，使压缩效果更好。下面就介绍一种自适应编码算法：先根据变换系数总交流能量的大小（可与某门限比较），将本子块划分为高活动性组和低活动性组。对高活动性组，根据块内边缘走向再分为四类。

具体做法是：

① 事先设定四个区域形状模板，分别对应四种不同的边缘走向，记作 $Gp(u,v,)$，$p=1$，2，3，4，如图 4-7 所示。

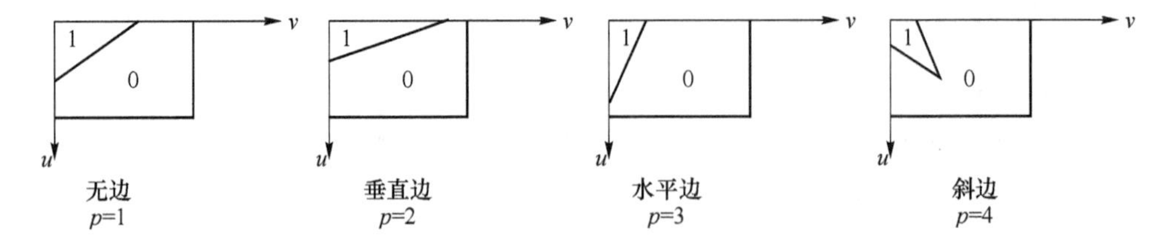


图 4-7　4 种不同边缘走向

② 用这四个模板来计算第 $(m,l)$ 块图像子块的四个部分的活动性 $Ep(m,l)$：

$$E_p(m,l)=\sum_{u=0}^{N-1}\sum_{v=0}^{N-1}F_{ml}^2(u,v)G_p(u,v)-F_{m,l}^2(0,0)$$

即计算在各模块中元素值为 1 处的变换系数能量之和（各模板中的交流能量）。

③ 将 $(m,l)$ 块归入 $Ep(m,l)$ 最大的那一类中。

对低能量组，找出含子块交流能量 90％的区域，丢掉其他系数。

（2）混合编码

变换编码法引入的失真大致有三种类型。

① 分辨率下降,这是因为忽略了部分高频分量及粗糙量化高频分量的结果。

② 在图像灰度平坦区有颗粒噪声出现,这种失真常常是由那些只分到 1 bit 的高频分量系数带来的。由于只有 1 bit,故无法精确描述这些系数,引入了较大的量化噪声。同时,在平坦区,视觉阈值较低,根据经验,此时如果干脆不编码这些 1 bit 系数,而将省下来的比特数分给低频系数,则图像反而光滑许多,主观质量将大大提高。

③ 方块效应。这是变换编码中最令人头痛的失真,因为人眼对此非常敏感,克服方块应有三种方法。

a. 反滤波法。解码后作低通处理,将块边界处“突跳”滤平。代价是图像细节也减少了。

b. 交叠分块法。在将图像分块时,块的划分使块与块之间有交叠部分,如一个像素重叠。解码复原图像后,再对块边缘进行平均。这样做的代价是由于块增多而使码率略有增加。

c. 改用其他的变换方式。如 LOT 变换(Lapped Orthogonal Transform)。

# 4.5 编解码过程

## 4.5.1 编码准备

在各种编码的准备工作中,主要是模数转换(A/D)和预处理。

- A/D 转换(Analog-to-Digital Conversion):将在时空和取值上都连续的模拟数据,经过采样(Sampling)和量化(Quantization)变成离散的数字信号:

$$\text{连续模拟信号}\xrightarrow[\text{采样/量化}]{\text{A/D}}\text{离散数字信号}$$

- 预处理(Pretreatment):指对得到的初始数字信号进行必要的处理,包括过滤、去噪、增强、修复等;目的是除去数据中的不必要成分、提高信号的信噪比、修复数据的错误等。

## 4.5.2 编解码过程

多媒体数据编解码的一般过程如图 4-8 所示。

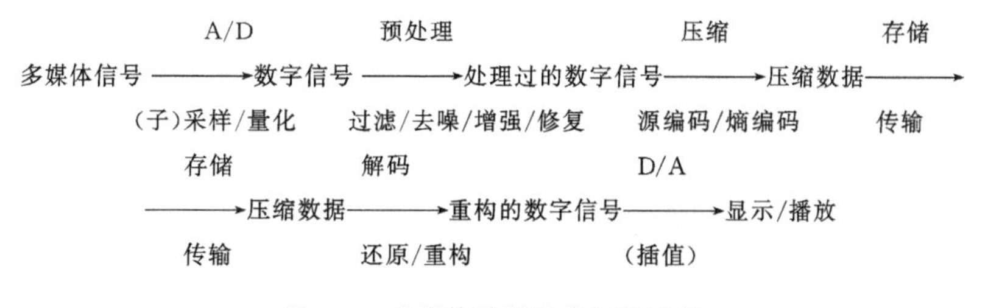


图 4-8 多媒体数据的编解码过程

# 4.6 离散余弦变换

## 4.6.1 余弦变换

离散余弦变换(Discrete Cosine Transform,DCT)是一种变换型的源编码,使用十分广泛,也是 JPEG 编码的一种基础算法。

DCT 将时间或空间数据变成频率数据,利用人的听觉和视觉对高频信号(的变化)不敏感和对不同频带数据的感知特征不一样等特点,可以对多媒体数据进行压缩。

DCT 是计算(Fourier 级数的特例)余弦级数之系数的变换。

若函数 $f(x)$以 $2l$ 为周期,在$[-l,l]$上绝对可积,则 $f(x)$可展开成 Fourier 级数:

$$f(x)=\frac{a_0}{2}+\sum_{n=1}^{\infty}\left(a_n\cos\frac{n\pi x}{l}+b_n\sin\frac{n\pi x}{l}\right)$$

其中

$$a_n=\frac{1}{l}\int_{-l}^{l}f(x)\cos\frac{n\pi x}{l}\mathrm{d}x \quad \text{余弦变换}$$

$$b_n=\frac{1}{l}\int_{-l}^{l}f(x)\sin\frac{n\pi x}{l}\mathrm{d}x \quad \text{正弦变换}$$

若 $f(x)$为奇或偶函数,有 $a_n\equiv 0$ 或 $b_n\equiv 0$,则 $f(x)$可展开为正弦或余弦级数:

$$f(x)=\sum_{n=1}^{\infty}b_n\sin\frac{n\pi x}{l} \quad \text{或} \quad f(x)=\frac{a_0}{2}+\sum_{n=1}^{\infty}a_n\cos\frac{n\pi x}{l}$$

任给 $f(x),x\in[0,l]$,总可以将其偶延拓到$[-l,l]$:

$$f(x)=\begin{cases}f(x), & x\in[0,l]\\ f(-x), & x\in[-l,0]\end{cases}$$

然后再以 $2l$ 为周期进行周期延拓,使其成为以 $2l$ 为周期的偶函数。则 $f(x)$可展开为余弦级数:

$$f(x)=\frac{a_0}{2}+\sum_{n=1}^{\infty}a_n\cos\frac{n\pi x}{l}$$

其中的展开式系数的计算式:

$$a_n=\frac{1}{l}\int_{-l}^{l}f(x)\cos\frac{n\pi x}{l}dx$$

称为 $f(x)$的正(连续)余弦变换。而展开式本身称为 $a_n$ 的反(连续)余弦变换。

## 4.6.2 一维离散余弦变换

将只在 $N$ 个整数采样点上取值得离散函数 $f(x),x=0,1,2,\cdots,N-1$ 偶延拓到 $2N$ 个点:

$$f(x)=\begin{cases}f(x), x=0,1,2,\cdots,N-1\\ f(-x-1), x=-N,-N+1,\cdots,-2,-1\end{cases}$$

则 $f(-1)=f(0)$,函数对称于点 $x=-1/2$,所以将 $f(x)$平移$-1/2$,区间的半径 $l=N$(如图 4-9 所示):

$$\frac{x-(-\frac{1}{2})}{l}=\frac{x+\frac{1}{2}}{N}=\frac{2x+1}{2N}$$

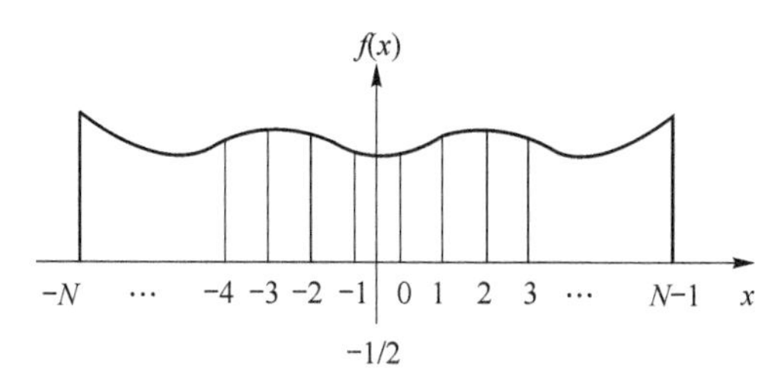

图 4-9 $f(x)$的偶延拓

再以 $2N$ 为周期进行周期延拓,可得:

$$f(x)=\frac{a_0}{2}+\sum_{n=1}^{N-1}a_n\cos\frac{(2x+1)n\pi}{2N},\text{IDCT}$$

$$a_n=\frac{2}{N}\sum_{x=0}^{N-1}f(x)\cos\frac{(2x+1)n\pi}{2N},\text{FDCT}$$

称 $a_n$ 为 $f(x)$的正离散余弦变换(FDCT,Forward DCT)。而 $f(x)$的展开式本身,则被称为 $a_n$ 的反离散余弦变换(IDCT,Inverse DCT)。

为了使 IDCT 能写成同一的和式,引入函数

$$C(n)=\begin{cases}\frac{1}{\sqrt{2}},n=0\\1,\quad n>0\end{cases}$$

为了使正反变换对称,将 $a_n$ 中的 $\frac{2}{N}=\sqrt{\frac{2}{N}}\cdot\sqrt{\frac{2}{N}}$ 拆开后分别乘在正反变换中,并改记 $a_n$ 为 $F(n)$、$n$ 为 $u$、$x$ 为 $i$,则上式变为:

$$\text{FDCT}:F(u)=\sqrt{\frac{2}{N}}\cdot C(u)\sum_{i=0}^{N-1}f(i)\cos\frac{(2i+1)u\pi}{2N}$$

$$\text{IDCT}:f(i)=\sqrt{\frac{2}{N}}\sum_{u=0}^{N-1}C(u)F(u)\cos\frac{(2i+1)u\pi}{2N}$$

### 4.6.3 二维离散余弦变换

一维 DCT 是基础,可以直接用于声音信号等一维时间数据的压缩。而图像是一种二维的空间数据,需要二维的 DCT。

设二维离散函数 $f(i,j)$,$i,j=0,1,2,\cdots,N-1$,与一维类似地延拓,可得二维 DCT:

$$\text{FDCT}:F(u,v)=\frac{2}{N}\cdot C(u)C(v)\sum_{i=0}^{N-1}\sum_{j=0}^{N-1}f(i,j)\cos\frac{(2i+1)u\pi}{2N}\cos\frac{(2j+1)v\pi}{2N}$$

$$\text{IDCT}:f(i,j)=\frac{2}{N}\sum_{u=0}^{N-1}\sum_{v=0}^{N-1}C(u)C(v)F(u,v)\cos\frac{(2i+1)u\pi}{2N}\cos\frac{(2j+1)v\pi}{2N}$$

若取 $N=8$,则上式变为:

$$\text{FDCT}:F(u,v)=\frac{1}{4}\cdot C(u)C(v)\sum_{i=0}^{7}\sum_{j=0}^{7}f(i,j)\cos\frac{(2i+1)u\pi}{16}\cos\frac{(2j+1)v\pi}{16}$$

$$\text{IDCT}:f(i,j)=\frac{1}{4}\sum_{u=0}^{7}\sum_{v=0}^{7}C(u)C(v)F(u,v)\cos\frac{(2i+1)u\pi}{16}\cos\frac{(2j+1)v\pi}{16}$$

这正是在 JPEG 图像压缩中会用到的变换公式。

# 第5章 预测编码

## 5.1 预测编码的基本原理

### 5.1.1 预测编码的基本概念及其分类

所谓预测编码，就是不直接对当前符号进行编码，而是利用相邻符号来预测当前符号，然后对预测误差进行编码。

总体而言，预测编码可以分为线性预测编码和非线性预测编码。所谓线性预测，即预测值是过去样值的线性函数，否则为非线性预测。

从所处位置来分，预测编码可以分为帧内预测编码和帧间预测编码。所谓帧内预测编码，就是预测函数 $\hat{x}_k = \sum_{i=1}^{N} a_i x'_{k-i}$ 中的 $x'_{k-i}$ 均取自同一帧内，此时预测编码利用的是同一帧内相邻样值之间的相关性。所谓帧内预测编码，就是预测函数 $\hat{x}_k = \sum_{i=1}^{N} a_i x'_{k-i}$ 中的 $x'_{k-i}$ 均取自相邻帧间，此时预测编码利用的是帧间相邻样值之间的相关性。

1. 预测编码是利用图像像素的相关性，用已传送的像素对被编码像素（传送像素，当前像素）进行预测，然后对预测误差（即它们的差值）进行编码。通常称作差分脉冲编码调制(Differential Pulse Code Modulation，DPCM)。

2. 预测分为线性预测和非线性预测两种，这里，我们仅讨论线性预测。

### 5.1.2 图像中抽样点的位置

图像中抽样点位置关系如图 5-1 所示。

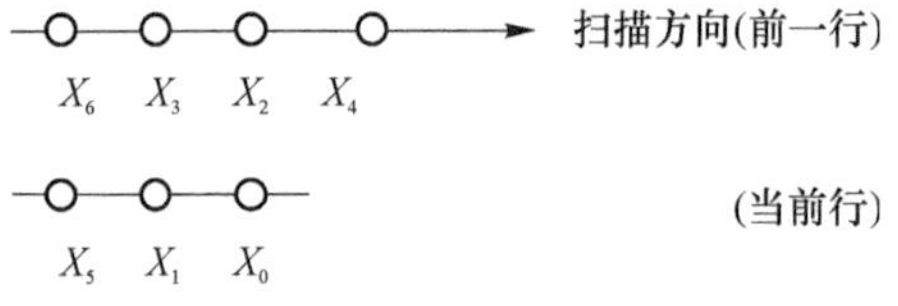

图 5-1 图像中抽样点位置示意图

图 5-1 中：$X_0$ 表示当前像素（编码像素，待传送像素）；$\{X_i\}$为 $X_0$ 前已传送像素的 $N$ 个像素，$i=1,2,3,\cdots,N$

### 5.1.3 预测值、预测系数、预测误差

1. 用已传送的像素对当前像素值 $X_0$ 进行预测

$$\hat{X}_0 = a_1 X_1 + a_2 X_2 + a_3 X_3 + \cdots + a_n X_N = \sum_{i=1}^{N} a_i X_i$$

$$i = 1,2,\cdots,N$$

$N$ 为预测器所取的样值数，也称为预测器的阶数。

2. $\hat{X}_0$为 $X_0$ 的预测值。

3. $a_i$ 为预测系数。

4. 预测误差为：$e_0 = X_0 - \hat{X}_0$。是当前像素真实值与预测值之差。

### 5.1.4 数据压缩基本原理

由于图像相邻像素的相关性，预测误差信号远小于原图像信号，在同样量化（噪声）信噪比下，可用较少的量化层次，即可用较少的比特数表示。

### 5.1.5 压缩原理方框图

图 5-2(a)、图 5-2(b)分别给出了预测编码、解码原理框图。

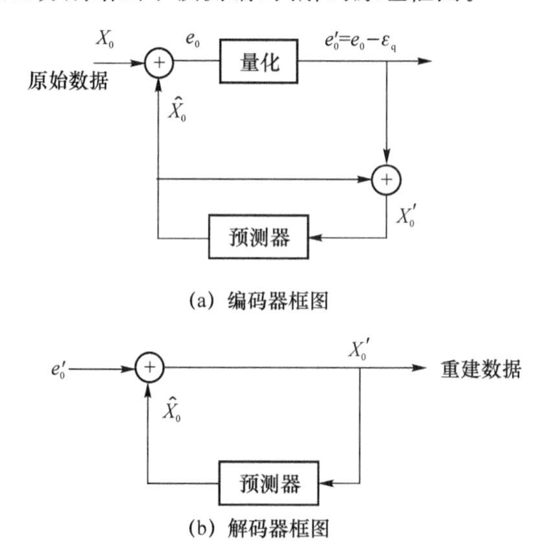


(a) 编码器框图

(b) 解码器框图

图 5-2 压缩原理方框图

解码器中有与编码器中完全相同的预测器，重建数据与原始数据之间的误差，该误差只与编码器的量化误差有关。

$$X_0 - X'_0 = X_0 - (\hat{X}_0 + e'_0) = (X_0 - \hat{X}_0) - e'_0 = e_0 - e'_0 = \varepsilon_q$$

从（四）、（五）预测编码系统中，要解决的主要问题是：

① 预测器的设计，目的是尽量减小预测误差，提高压缩比。

② 量化器设计，目的是尽量减小量化误差，提高重建图像质量或压缩数据。

### 5.1.6 帧内预测

1. 利用帧内像素对当前像素（$X_0$）进行预测，即 $X_1, X_2, \cdots, X_N$ 取同一帧。利用图像的空域相关性。

2. 一维预测：$X_i$ 取自一行或同一列。

3. 二维预测：$X_i$ 取自不同行，不同列。

4. 内预测编码优缺点。优点：方法简单、易于硬件实现。缺点：对信道噪声和误码敏感，会产生误码扩散。对一维，误码会扩散到错误像素后面同一行所有像素。对于二维，误码会扩散到错误像素以下各行。

### 5.1.7 帧间预测

1. 利用相邻帧（不同帧）已传像素对当前像素值（$X_0$）进行预测。

2. 利用图像的时间相关性。

3. 三维预测，与帧内预测相结合。

### 5.1.8 帧内二维预测编码器例子

如果取四个像素进行预测，即四阶预测器：

$$\hat{X}_0 = a_1 X_1 + a_2 X_2 + a_3 X_3 + a_4 X_4$$

设计出预测编码器的方框图。

预测编码方框图如图 5-3 所示。

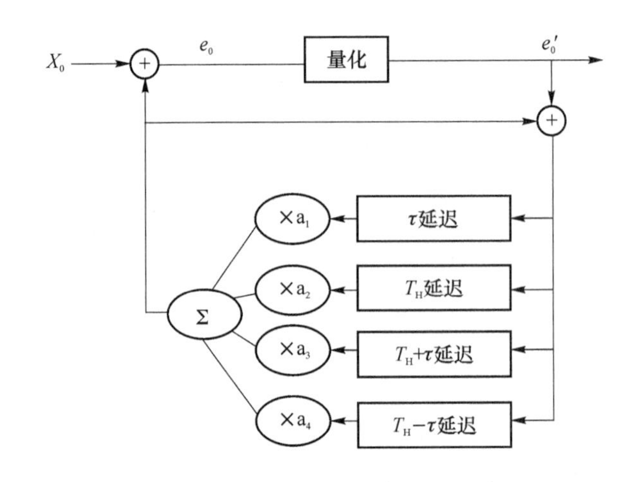


图 5-3 预测编码方框图

设：$T_H$ 为一行扫描时间，$\tau$ 为一个抽样时间。

预测器主要组成：信号延时（存储器或延时线），乘法器、加法器。

预测器的设计：设计预测系数 $a_i$；各主要组成部件设计。

## 5.2 预测器设计

### 5.2.1 最佳线性预测器

**1. 准则**

均方误差（MSE）为极小的准则。

均方误差为：

$$\sigma_e^2=E\{[X_0-\hat{X}_0]^2\}=E\{[X_0-a_1X_1-a_2X_2-\cdots a_nX_n]^2\}$$

均方误差为极小，则：

$$\frac{\partial\sigma_e^2}{\partial a_i}=0 \quad i=1,2,\cdots,N$$

**2. 系数求法**

$$\frac{\partial\sigma_e^2}{\partial a_i}=\frac{\partial E\{[X_0-a_1X_1-a_2X_2-\cdots-a_nX_n]^2\}}{\partial a_i}$$

$$=-2E\{[X_0-a_1X_1-a_2X_2-\cdots-a_nX_n]X_i\}\frac{2\sigma_e^2}{2a_i}=0$$

得

$$E\{[X_0-a_1X_1-a_2X_2-\cdots-a_nX_n]X_i\}=0$$

$$E[X_0X_i]=E[(a_1X_1+a_2X_2+\cdots+a_nX_n)X_i]$$

设 $R_{ij}=E[X_iX_j]$ 为 $X_i$ 和 $X_j$ 的协方差，则：

$$R_{0j}=a_1R_{1j}+a_2R_{2j}+\cdots a_NR_{Nj} \quad j=1,2,\cdots,N$$

这是一个 $N$ 阶级性方程组，写成矩阵的形式：

$$\begin{pmatrix} R_{11} & R_{12} & \cdots & R_{1N} \\ R_{21} & R_{22} & \cdots & R_{2N} \\ \vdots & & & \vdots \\ R_{N1} & R_{N2} & \cdots & R_{NN} \end{pmatrix}\begin{pmatrix} a_1 \\ a_2 \\ \vdots \\ a_N \end{pmatrix}=\begin{pmatrix} R_{01} \\ R_{02} \\ \vdots \\ R_{03} \end{pmatrix}$$

由该方程可求解出 $N$ 个预测系数。

**3. 几点说明**

A. 设计最佳线性预测器，归结为实测协方差系数 $R_{01},R_{02},\cdots,R_{0N}$，按上式解线性方程，求得预测系数$\{a_i\}$。

B. 在图像信号为零均值平稳条件下，可用相关系数 $\rho_{ij}$ 代替协方差 $R_{ij}$。

C. 通常 $N$ 不大于 4，因为相关随距离是按指数衰减，且 $N$ 值太大，导致计算复杂性增加。

D. 实际中常采用固定系数。从上可以看出最佳线性预测器的预测系数依赖于原始图像的统计特性。实际使用中不方便。为简化预测器，实际使用中常采用一组（或多组）自适应预测器固定预测系数。

**4. 压缩机理分析**

在最佳线性预测情况下：

$$\sigma_e^2=E[(X_0-\hat{X}_0)^2]=E[X_0^2-2X_0X_0+\hat{X}_0^2]$$

$$=E[X_0^2]-E[X_0\hat{X}_0]-E[(X_0-\hat{X}_0)\hat{X}_0]$$

式中第一项，在图像信号为零均值条件下，它代表信号方差 $\sigma^2$，第二项为：

$$E[X_0\hat{X}_0]=a_1R_{01}+a_2R_{02}+\cdots+a_NR_{0N}$$

在最佳线性预测前提下，第三项为零，所以，误差信号方差为：

$$\sigma_e^2=\sigma^2-(a_1R_{01}+a_2R_{02}+\cdots+a_NR_{0N})$$

上式就是在最佳线性预测下，图像信号序列的方差 $\sigma^2$ 与误差信号序列方差 $\sigma_e^2$ 之间的关系。

一般来说 $\sigma_e^2$ 小于 $\sigma^2$，甚至小得很多，因此对误差信号进行量化编码所需的量化层次少于对原信号量化编码层次，这就是预测编码可以压缩数据的原因。

## 5.2.2 自适应预测

**1. 问题提出**

A. 预测系数的最佳化依赖于信源的统计特性，要得到最佳预测系数显然是一件烦琐的工作。

B. 采用固定预测系数往往很难得到较好的性能。

**2. 通常方法**

A. 用多组固定预测系数供选择。这些预测系数根据常见信源统计特性求得。

B. 根据图像局部特性，自动选择一组预测系数，使均方误差最小。

**3. 例子**

A. $z_0$ 与相邻像素位置关系（如图 5-4 所示）。

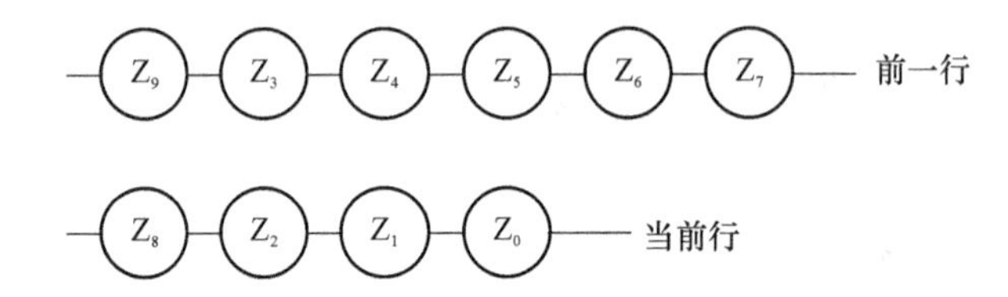


图 5-4　$z_0$ 与相邻像素位置关系

B. 将图像分为四种区域，并分别应用以下预测函数：

(a) 平坦区：$h_1=\frac{5}{8}z_1+\frac{1}{8}(z_4+z_5+z_6)$

(b) 水平轮廓：$h_2=\frac{3}{4}z_1+\frac{1}{4}z_5$

(c) 非水平轮廓：$h_3=\frac{1}{4}z_{k-1}+\frac{1}{2}z_k+\frac{1}{4}z_{k+1}\quad k\in\{4,5,6,7\}$

(d) 网格区：$h_4=\frac{1}{5}(z_3+z_4+z_5+z_6+z_7)$

C. 图像属于哪一区域的判断准则：

(a) $d_{ij}=z_i-z_j$：表示二像素的差值。

(b) 若 $\max\{|d_{1,2}|,|d_{1,3}|,|d_{1,4}|,|d_{1,5}|\}<20$，$h_1$ 作为预测函数，$z_1$ 与相邻像素差值小，该区为平坦区。

(c) $\max\{|d_{12}|,|d_{28}|\}<\min\{|d_{14}|,|d_{15}|,|d_{16}|\}$，$h_2$ 作为预测函数。表示预测行相邻像素差值小于与前一行各像的差值，所以为水平轮廓。

(d) 若 $\max\{|d_{1,k-1}|\}<50\quad k\in\{4,5,6,7\}$，$h_3$ 作为预测函数，两行像素差值较小，不是水平轮廓。

(e) 若 $\mathrm{SIGN}(d_{1,2})\cdot\mathrm{SIGN}(d_{k,k-1})=-1\quad k=4,5$

$$\mathrm{SIGN}(d_{k-1,k-2})\begin{cases}\neq\mathrm{SIGN}(d_{k,k-1})\\=\mathrm{SIGN}(d_{k+1,k})\end{cases}$$

SIGN 为符号函数，$h_4$ 作为预测函数。说明像素差值交替改变符号，成网格状。

实验表明，自适应预测比固定预测的估计值更接近原输入信号，轮廓处的斜率过载现象减小。就平均信噪比来说，自适应预测的性能要比最好的固定系数预测提高 4 dB。

# 5.3 量化器设计

量化器的设计要解决的问题是，在给定条件下（如样本取值范围，量化层数）求出判决电平和量化电平。

## 5.3.1 均匀量化

均匀间隔量化，即将样本值的整个取值范围均匀地分成 $k$ 个区间进行量化。又称线性量化，是最简单的量化方案，几个图像编码标准中都采用了均匀量化。量化器设计如图 5-5 所示。

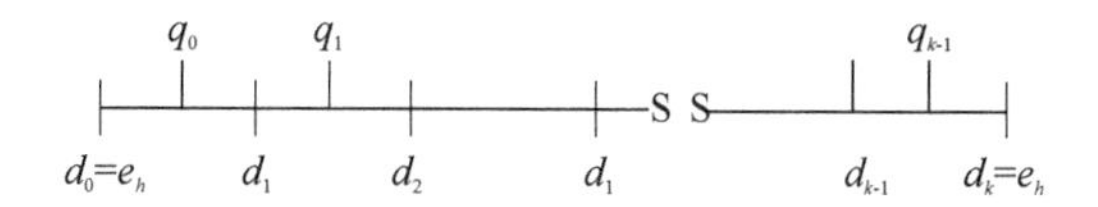


图 5-5　量化器设计 1

设样值取值范围为$[e_l, e_h]$，量化层次为 $k$，则量化器参数为：

每个间隔长度：$L=\frac{e_h-e_l}{k}$

$$d_0=e_l,\quad d_k=e_h,\quad d_i=d_0+iL,\quad i=1,2,3,\cdots,k-1$$

$$q_i=\frac{d_i+d_{i+1}}{2}\quad i=1,2,3,\cdots,k-1$$

$$Q[e]=q_i\quad d_i\leqslant e<d_{i+1}\quad i=0,1,2,\cdots,k-1$$

## 5.3.2 最佳量化

最佳量化有两种基本方法：

(1) 客观准则设计：当量化器的层数 $k$ 给定，根据量化误差均方值为极小值的方法设计。

(2) 主观准则设计：使量化器的量化层次尽量少，而保证量化误差不超出视觉可见度阈值函数。

**1. 最小均方误差量化器设计**

(1) 准则

量化误差均方值最小。在相同量化分层条件下，均方误差最小，或者在同样均方误差条件下，量化比均匀量化分层少。

(2) 方法

设预测误差的值域为$[e_l, e_h]$，$p(e)$为预测误差 $e$ 的概率密度函数，判决电平为$\{d_i \mid i=0,\cdots,k\}$，量化电平为$\{e_i \mid i=0,1,\cdots,k-1\}$。如图 5-6 所示。

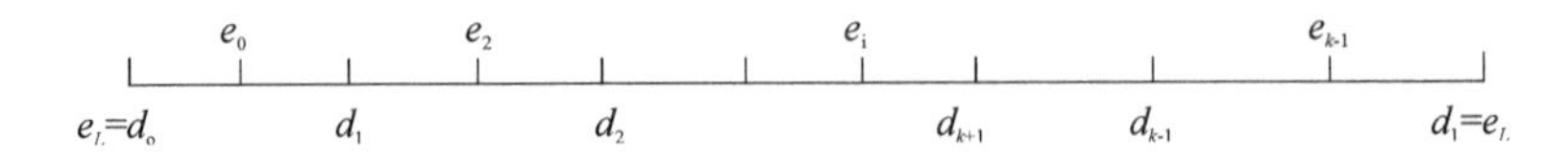


图 5-6 量化器设计 2

量化过程：$Q[e]=e_i \quad d_i \leqslant e < d_{i+1}, \quad i=1,2,3,\cdots,k-1$。

量化误差的均方值：$\varepsilon = E[(e-e_i)^2] = \sum_{i=0}^{k-1}\int_{d_i}^{d_{i+1}}(e-e_i)^2 p(e)\mathrm{d}e$ 。

在一般应用场合，量化分层数 $k$ 较大，因此可以把 $p(e)$ 在各量化分层中，视为常数，通过直接对 $d_i$ 和 $e_i$ 求偏导得到极值。

$\frac{\partial \varepsilon}{\partial d_i}=0, \frac{\partial \varepsilon}{\partial e_i}=0$， 求出 $d_i$ 和 $e_i$。

(3) 结论

经推导求出：

$d_i=\frac{(e_{i-1}+e_i)}{2} \quad i=1,\cdots,k-1$，判决电平在相邻两个量化电平的中心。

$e_i = \frac{\int_{d_i}^{d_{i+1}} e * p(e)\mathrm{d}e}{\int_{d_i}^{d_{i+1}} p(e)\mathrm{d}e} \quad i=0,1,2,\cdots,k-1$，量化电平则为判决区的重心上。

(4) 实际求法

在给定 $[e_l, e_h]$，$p(e)$ 和分层数 $k$ 情况下，按上式迭代求解 $\{d_i\}$ 和 $\{e_i\}$，但非常困难，通常通过对初始值的试凑来进行。

先取 $e_0$ 作为猜想值，然后令 $d_0=e_L$，用 $d_1$ 迭代求解 $e_1$，$d_2$ 迭代求解 $e_2$，$d_3$……直到 $e_{k-1}$ 是落在 $[d_{k-1}, d_k]$ 的重心附近，则所有计算结果正确；否则，重新选 $e_0$，并重复上述过程。

这种方法是由 MAX 提出，因此又称 MAX 量化法。这种方法，实质上对应于概率密度大的样值范围，分层越密。因此，MAX 量化法可以看作是利用概率密度函数的形状特性而实现的最佳量化。

**2. 主观准则量化器设计**

(1) 概念

最小均方误差量化器设计，算法复杂，计算量大；有时并不与人眼的视觉特性相匹配，为了克服这一缺点，导致了主观准则量化器设计。

A. 主观准则量化器是以人眼的视觉特性中的视觉掩盖特性来设计量化器的。

B. 可见度阈值：大于该值的干扰可以觉察到，等于、低于该值的干扰觉察不出来。

C. 视觉掩盖效应：亮度变化较大的边缘，可见度阈值高。

D. 预测误差的大小，反映了亮度的变化大小，即：亮度的变化大，$e$ 增加，可见度阈值增加。

(2) 基本原则

- $e$ 值越大，表明亮度变化越大，要进行粗量化，即量化间隔大，量化步长大，量化误差大；
- $e$ 值越小，表明亮度变化越大，要进行细量化，即量化间隔小，量化步长小，量化误差小。

量化器的设计，尽量采用最大量化步长使量化误差在任何预测误差情况下(亮度变化)都限制在不大于可见度阈值。

(3) 设计方法

A) 实际测量典型可见度阈值曲线。

B) 用图解法求出$\{d_i\}$和$\{e_i\}$。如图5-7所示(只画出正值部分)。

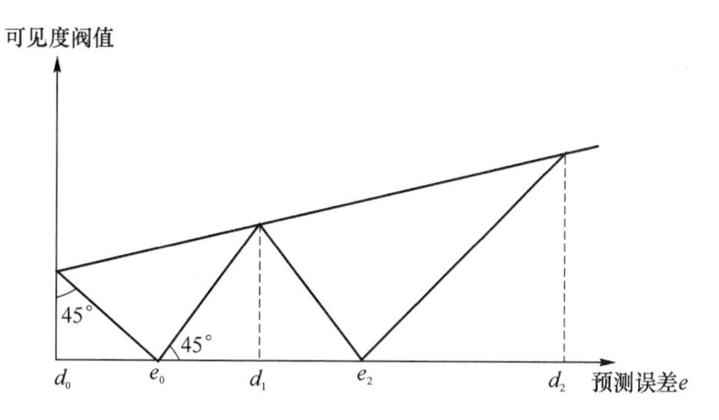


图5-7 量化器设计(图解法)

a) 取差值0为一判电平$d_0$。

b) 从$e=0$对应的可见度阈值曲线上的点出发,作$-45°$斜线,与横坐标相交点为第一量化电平$e_0$。

c) 从该交点出发,作$+45°$斜线,与可见度阀曲线交点对应的横坐标为另一判决电平。

d) 以此类推。至最后一条$+45°$斜线对应的判决电平刚超过预测误差$e$的范围为止。

e) 得到$\{d_i\}$和$\{e_i\}$。

从上面可以看出:$e$增大,量化步长大,量化误差增大,但总可保证量化误差,不大于可见度阈值。结果使量化层次减少。

(4) 不同的预测方案,不同的图像内容,有不同的可见度阈值曲线。

## 5.3.3 最佳矢量量化器

1. 标量量化:对样值逐个量化。

2. 矢量量化:在样值序列中每$k$个样值分为一组,形成$k$维空间的一个矢量,从而构成一个新的矢量序列,根据一定的准则对该矢量序列进行量化。

矢量量化是一种有效的数据压缩技术;是当前图像压缩领域研究的热点之一。

## 5.3.4 自适应量化器

除预测系数自适应外,量化器的自适应也是提高预测编码效果的一种有效措施。自适应量化器的种类很多,下面介绍一种利用视觉掩盖效应的自适应量化器。

设按主观准则设计的最佳量化电平如图5-8所示(只画出了正向量化值)。

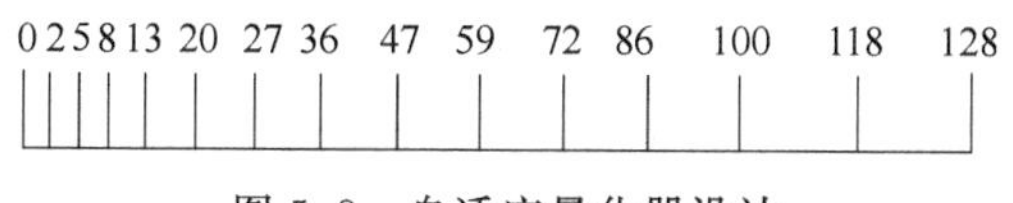


图5-8 自适应量化器设计

**1. 基本思想**

根据不同大小的预测误差,采用整个量化器中一部量化层作为输出,这样既保证了视觉要求,又压缩了量化比特数。

**2. 实现方法**

(1) 视觉掩盖函数

以$M$值作为判决值:

$$M=\max\{|e_1|,|e_2|,|e_3|,|e_4|\}$$

其中：$e_1=z_1-z_0$，$e_2=z_2-z_0$，$e_3=z_3-z_0$，$e_4=z_4-z_0$。

其像素位置图如图 5-9 所示。

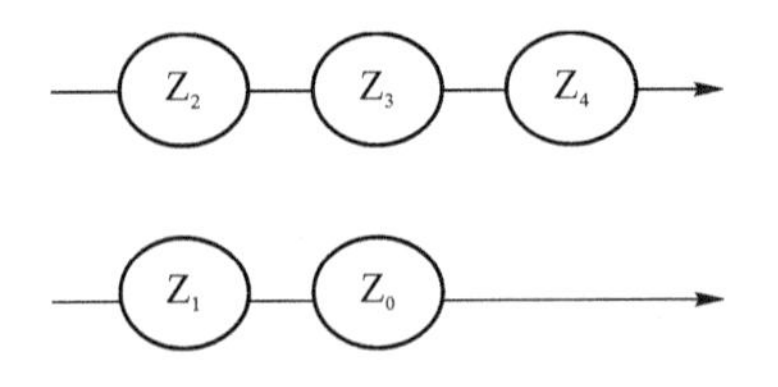


图 5-9 像素点的位置

这四个差值中，任何一个均可对预测时产生的量化噪声起“掩盖效应”，所以取四个差值中的最大值作为“掩盖值”，将 $M$ 分为 $n$ 个区域，不同的区域有不同的掩盖效应，采用不同的量化器。

(2) $M$ 分成 $n$ 个区域，不同区域采用不同量化量(设采用 4 bit 量化)。

A) $M<20$

采用最小的 15 个量化层(包含正负)，正值为，0，2，5，8，13，20，27，36。如图 5-10 中Ⅰ。

B) $20\leqslant M<36$

从可见度阈值曲线可看出，3.5 以下的量化噪声被掩盖，$|e|=0$，$|e|=2$ 二个可忽略，而增加大电平量化层，其正值为：5，8，13，20，27，36，47，59。如图 5-10 中Ⅱ。

C) $36\leqslant M<72$

如图 5-10 中Ⅲ(正值：8，13，20，27，36，47，59，72)。

D) $M\geqslant 72$

如图 5-10 中Ⅳ(正值：13，20，27，36，47，59，72，86)。

使用的限制：

① 实现的复杂性：增加了判据，多数参数及开关。

② 实现效率：所考虑的编码工作状态应具有一定的统计意义。否则增加了实现的复杂性而难以达到编码效率质的改善。

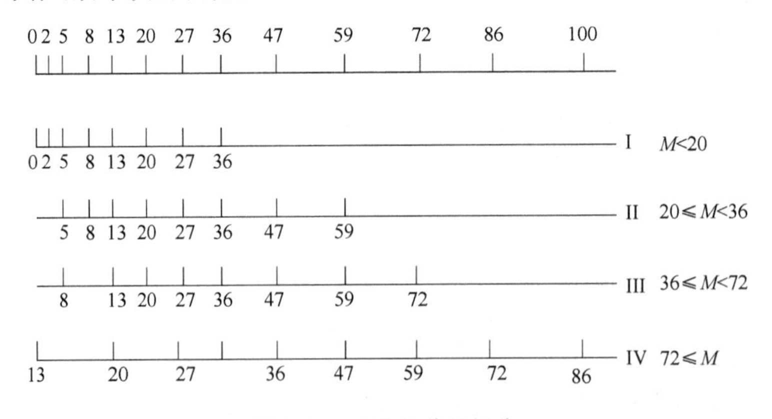


图 5-10 量化阈值的划分

# 第 6 章　运动补偿与预测编码

## 6.1　帧间预测编码

### 6.1.1　预测编码的基本概念

用于动态图像的压缩;运动图像是由一系列视频帧组成。帧与帧之间可能存在时间相关性。采用帧间预测编码可以减小时间域上的冗余度,提高压缩比。

$$\hat{X}_0 = \sum_{i=1}^{N} a_i X_i$$

$X_i$:取自不同的帧(相邻帧),利用电视信号相邻帧间,即时间相关性。

预测器中需要帧存储器(用于延迟),预测系数的确定,同帧内预测方法,可能得到更大的压缩比。

### 6.1.2　预测编码的主要方法

1. 帧(场)重复。对于景物静止或活动缓慢的视频信号,可以少传一些帧,在接收端用前一帧数据代替当前未传送的帧的数据。

2. 阈值法。只传送帧间差值超过某一阈值的像素,阈值大小由试验确定。

3. 帧内插。对活动缓慢的图像,使用前后两帧图像进行内插,得到实际图像的预测图像,然后对实际帧与预测帧的差值信号进行编码。

4. 运动补偿预测。

5. 自适应帧内/帧间编码。根据景物的活动情况进行自适应帧内/帧间编码,使帧间预测误差减小,提高编码效率。

## 6.2　运动补偿编码

### 6.2.1　运动补偿编码的概念

(1) 问题提出

对于帧间预测编码,如果将上一帧相同空间位置的像素作为待编码的当前帧的预测像素值,这种预测对图像中的静止背景部分将是很有效的,但对运动部分,这种不考虑物体运动的简单的帧间预测效果不好。

静止,活动慢区域,预测误差小(相关性强)。

运动,活动快区域,预测误差大(相关性弱)。

(2) 运动补偿预测编码

如果有办法在对当前像素(或像素块)进行预测时知道这个像素(或像素块)是上一帧哪个位置移动过来的,在作预测时以那个位置上的像素值作为预测值,则预测的准确性将大大提高。

对运动部分测定其位移量,根据位移量对运动部分(区域)进行预测,改善运动区域的帧间预测(误差)效果。这种方法称作运动补偿预测编码。

### 6.2.2 运动补偿编码方框图

**1. 方框图**

如图 6-1 所示,输入信号除送至预测编码回路外,同时加到分割器和位移估计器,后两者都来控制预测器,从而实现运动补偿预测。

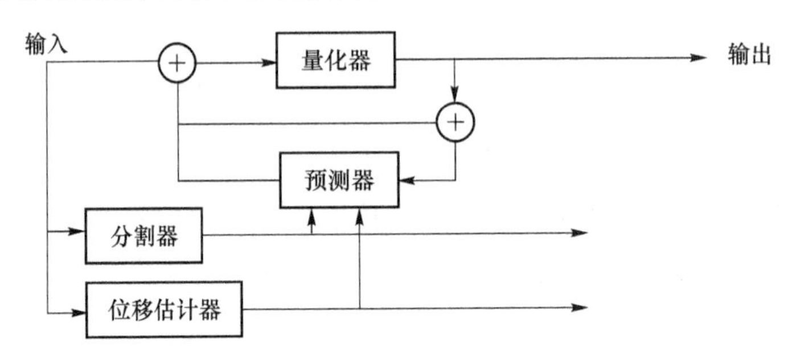


图 6-1 运动补偿编码方框图

**2. 主要完成功能**

A. 物体划分:将图像划分成静止物体或运动物体。

B. 位移估计:对每一运动物体进行运动估计,找出其运动矢量(表示物体在 $X$、$Y$ 方向上的平移量)。

C. 运动补偿:利用运动矢量建立处于不同帧的同一物体的空间位置对应关系。

D. 预测编码:对运动补偿后的物体的帧间预测误差信号以及运动矢量等进行编码。

### 6.2.3 块匹配方法

实际上对图像中不同性质的物体进行准确划分比较困难,因此有必要采用一些简化的(方法)模型。通常采用两种简化方法:块匹配法和像素递归法。

现对目前最常用的块匹配法作简要说明。

(1) 图像被分成若干 $N\times N$ 子块,以子块作为运动估计单元和补偿基本单元。

(2) 在前一帧(参考帧)或后一帧中 $S_R=(N+2d_m)\times(N+2d_m)$ 的范围内寻找与当前子块相匹配(最相似)的子块。

如图 6-2 所示。

$S_R=(N+2d_m)\times(N+2d_m)$,称作匹配区或搜索窗口。

$d_m$,是物体在前后两帧时间间隔内在水平方向和垂直方向上可能最大的位移。

(3) 匹配准则。目前有三种常用的三种匹配的准则,分别是:

A. 最小绝对误差(MAD)

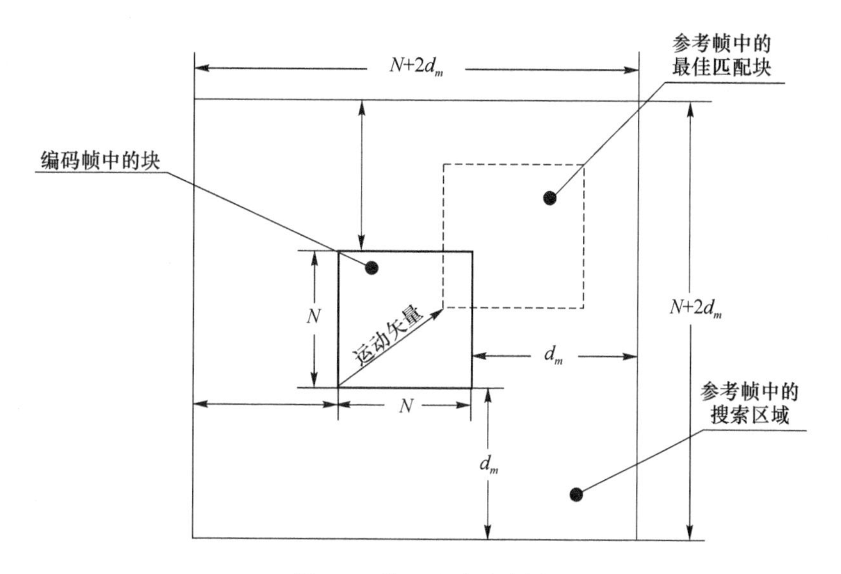


图 6-2 块匹配法示意图

$$\mathrm{MAD}(i,j)=\frac{1}{N^2}\sum_{m=1}^{N}\sum_{n=1}^{N}\left|S_K(m,n)-S_{K-1}(m+i,n+j)\right|$$

以 MAD 最小为最优匹配点，其中$-d_m\leqslant i,j\leqslant d_m$。

B. 最小均方误差(MSE)

$$\mathrm{MSE}(i,j)=\frac{1}{N^2}\sum_{m=1}^{N}\sum_{n=1}^{N}\left[S_K(m,n)-S_{K-1}(m+i,n+j)\right]^2$$

以 MSE$(i,j)$最小为最优匹配点，其中$-d_m\leqslant i,j\leqslant d_m$。

C. 归一化互相关函数(NCCF)

$$\mathrm{NCCF}(i,j)=\frac{\sum_{m=1}^{N}\sum_{n=1}^{N}S_K(m,n)*S_{K-1}(m+i,n+j)}{\left[\sum_{m=1}^{N}\sum_{n=1}^{N}S_K^2(m,n)\right]^{1/2}\left[\sum_{m=1}^{N}\sum_{n=1}^{N}S_{K-1}^2(m+i,n+j)\right]^{1/2}}$$

以 NCCF 值最大为最优匹配点，其中$-d_m\leqslant i,j\leqslant d_m$。

上述三式中：$S_K(m,n)$表示第 $K$ 帧中待估计的子块像素的样值；$S_{K-1}(m+i,n+j)$，表示在$(K-1)$帧中以位移量$(i,j)$的子块像素的样值；$(i,j)$为位移矢量，即为前一帧中匹配子块与当前帧中待匹配子块坐标的偏移量；$i,j$ 分别为位移矢量的水平和垂直分量，$i,j\in(-d_m,d_m)$。

上述三种准则，由于 MAD 准则不需要作乘法，实现简单方便，所以使用较多。

(4) 判决

设在某一偏移位置$(i,j)$下，得到 Min{MSE$(i,j)$}，用 Min{MSE$(i,j)$} 和设定门限 $T$ 进行比较，进行判决。

A. Min{MSE$(i,j)$}$\leqslant T$，说明运动量适中，在一定误差范围内达到匹配。则$(i,j)$为运动矢量。

B. Min{MSE$(i,j)$}$>T$，说明运动剧烈(或其他原因)，在匹配区域内不能匹配。此时，不宜进行运动补偿，而该子块应采用帧内编码。

(5) 运动补偿预测

根据出运动矢量$(i,j)$,用前一帧中坐标偏移量为$(i,j)$的子块,对当前子块进行预测。

(6) 搜索方法

A. 全搜索法(遍历法,穷尽搜索法)

以搜索区域中的每一点为中心,进行匹配计算。在$(N+2d_m)\times(N+2d_m)$匹配区内进行全搜索法匹配时,总共有$(2d_m+1)^2$次误差计算。

匹配准确,运算量大。

目前已有多种 AISC 芯片能实时实现全搜索法,如 L64720,STI3220 等,当 $d_m$ 较大时,即超过 ASIC 芯片所允许的搜索范围时,可采用多个芯片来并行实现。

为减小运算量,提高运算速度,人们提出了各种快速搜索法,下面给出三步搜索法的具体搜索步逐。

B. 三步搜索法(以粗到细的逐步搜索最优法)

① 以当前子块为中心,以最大搜索长度一半为步幅(例如 3),检测中心点及其周围 8 个邻点的 MDA(标注为 1 的点),找到求 MDA 最小的点(例如,$(i+3,j+3)$)。

② 以①MDA 最小的点为中心(例如:$i=3,j=3$),步长减小一半(这里为 2),在相应 9 个点中(标注为 2 的点)找出 MDA 最小点(例如:$i=3,j=5$)。

③ 依此类推,直至搜索精度满足要求(遇到已测过的点,不必重复检测)。

例如,设 $d_m=6$,搜索精度为一个像素。三步搜索法搜索过程如图 6-3 所示。

第一步,搜索步长为 3,检测标注为 1 的 9 个点的 MDA,MDA 最小的点为 $i=3,j=3$。

第二步,搜索步长为 2,检测标注为 2 的 9 个点的 MDA,MDA 最小的点为 $i=3,j=5$。

第三步,搜索步长为 1,检测标注为 3 的 9 个点的 MDA,MDA 最小的点为 $i=2,j=6$。即为位移矢量。

当搜索范围 $d_m$ 大于 8 时,仅用三步是不够的。

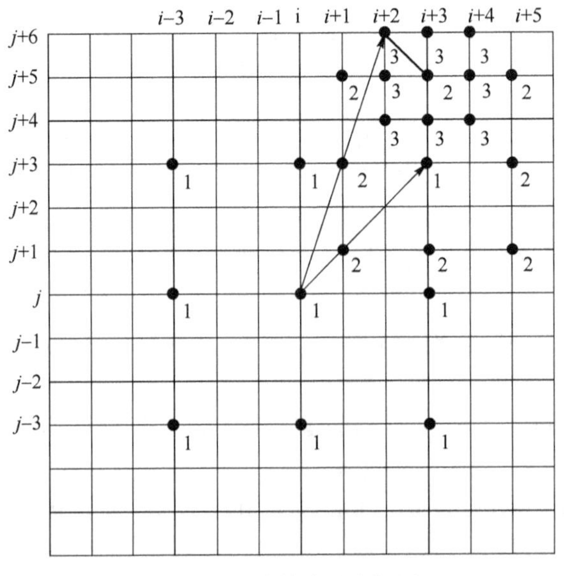


图 6-3 三步搜索法方框图

### 6.2.4　运动补偿预测编码的几种形式

1. 单向运动补偿预测：只使用前参考帧或后参考帧之一进行预测。

2. 双向运动补偿预测：使用前、后两个帧作为参考帧来计算运动矢量，最后只选择具有最小匹配误差的运动矢量。

3. 插值运动补偿预测：使用前参考帧和后参考帧两者预测值，采用适当的内插算法，从传送中恢复出被丢弃的帧。

## 复习思考题

1. 举例说明对数字图像信息进行压缩的必要性。
2. 举例说明图像统计特性在图像压缩编码中的应用。
3. 说明预测编码实现图像数据压缩的基本原理是什么。
4. 说明变换编码实现图像数据压缩的基本原理是什么。
5. 举例说明量化器在图像数据压缩编码中的主要作用是什么。
6. 量化器设计的主要方法有哪些？

## 作　业

大作业选做题1：现有一幅已离散量化后的图像，图像的灰度量化分为8级，如下表所示。表中数字为像素的灰度级。另有一速率为100 bit/s的无噪无损信道。

| | | | | | | | | | |
|---|---|---|---|---|---|---|---|---|---|
| 1 | 1 | 1 | 1 | 1 | 1 | 1 | 1 | 1 | 1 |
| 1 | 1 | 1 | 1 | 1 | 1 | 1 | 1 | 1 | 1 |
| 1 | 1 | 1 | 1 | 1 | 1 | 1 | 1 | 1 | 1 |
| 1 | 1 | 1 | 1 | 1 | 1 | 1 | 1 | 1 | 1 |
| 2 | 2 | 2 | 2 | 2 | 2 | 2 | 2 | 2 | 2 |
| 2 | 2 | 2 | 2 | 2 | 2 | 2 | 3 | 3 | 3 |
| 3 | 3 | 3 | 3 | 3 | 3 | 3 | 4 | 4 | 4 |
| 4 | 4 | 4 | 4 | 4 | 4 | 4 | 5 | 5 | 5 |
| 5 | 5 | 5 | 5 | 6 | 6 | 6 | 6 | 6 | 6 |
| 7 | 7 | 7 | 7 | 7 | 8 | 8 | 8 | 8 | 8 |

(1) 现将图像通过该信道传输，用等长码，问需要多长时间才能传送完这幅图像？

(2) 对这幅图像进行霍夫曼编码，求每种灰度的码字，问平均码长为多少？这时传送完这幅图像需要多少时间?

(3) 设计对应并行解码表。

大作业选做题2:AVS视频编码与H.264/AVC的对比研究。下图给出了某图像$X_0$的相邻像素位置和协方差,利用$X_1$,$X_2$,$X_3$对$X_0$进行预测$X_0=a_1X_1+a_2X_2+a_3X_3$,画出预测器方框图,并求其最佳预测系数。

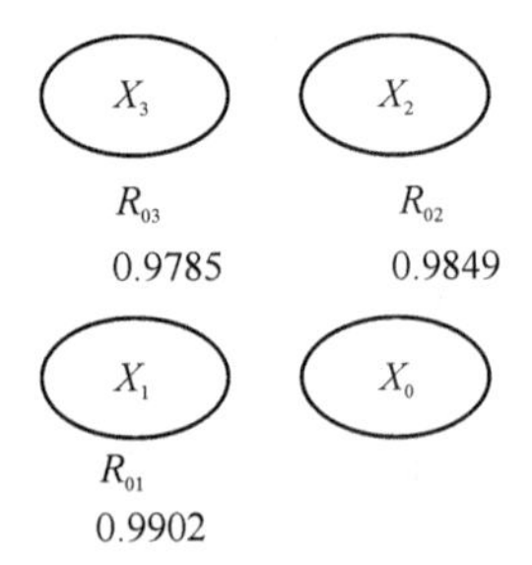


大作业选做题3:若可见度阀值曲线为$y=2+0.15x$,$x$表示预测误差。试设计一个预测误差为0~31的最佳量化器。该量化器的最大量化误差是多少?

# 第三篇

# 数字视频国际标准

视频主要包括电视与电影。本章先介绍视频编码的国际与国家标准，包括计算机与网络领域的 MPEG 系列、电子与通信领域的 H 系列与中国的 AVS，重点介绍 MPEG-1/2/4/7/21 和 AVS 编码标准。

MPEG-1/2/4 标准的具体音视频编码方法，将在第 9 章"MPEG 编码"中介绍。H. 264/AVC 和 AVS 的视频编码方法，则在第 10 章"H. 264/AVC 编码"和第 11 章"AVS 视频编码"中介绍。

本篇分为如下 5 章：

第 7 章　H. 261

第 8 章　JPEG 编码

第 9 章　MPEG 编码

第 10 章　H. 264/AVC 编码

第 11 章　AVS 视频编码

# 第7章　H.261标准

## 7.1　H.261标准概述

1990年12月CCITT(国际电报电话咨询委员会,后改为ITU-国际电信联盟)通过。为$P\times64$ kbit/s视听业务的视频编码器,其中$P=1,2,\cdots,30$,又称$P\times64$标准。

H. 261为N-ISDN上开展可视通信业务而提出。

ITU-T(International Telecommunications Union-Telecommunication Standardization Sector,国际电信同盟-电信标准化部门)及其前身CCIR(International Radio Consultative Committee,国际无线电咨询委员会)制定了一系列音视频压缩编码和通信技术标准。其中的ITU-T H.26x是与MPEG类似的视频编码系列标准,如表7-1所示。

表7-1　ITU-T H.26x视频编码系列标准

| H标准 | H.261 | H.262 | H.263 | H.264 |
|---|---|---|---|---|
| 对应MPEG标准 | ～MPEG-1 | =MPEG-2 | ～MPEG-4 | =MPEG-4/AVC |
| 发布时间 | 1993.3 | 1995.7 | 1998.2 | 2003.5 |
| 主要应用 | 可视电话与视频会议 | HDTV与DVD | 网络与移动视频 | DTV、网络与移动视频、 |

(1) H.261——$P\times64$ kbit/s码率音像服务的视频编码(Video codec for audiovisual services at $P\times64$ kbit/s),1993年3月制定,为可视电话与视频会议的编码标准。

① CIF格式:288×360、QCIF格式:144×180、29.97帧/秒。

② 编码:DCT+运动补偿+视觉加权量化+熵编码。

(2) H.262——运动图像和伴音信息的通用编码(Information technology-Generic coding of moving pictures and associated audio information: Video),1995年7月通过,与MPEG-2共同作为ISO/IEC 13818标准(HDTV、DVD)。

① 格式:

- 低——352×288;
- 主——720×480或576;
- 高——1 440—1 440×1 080或1 152;
- 高——1 920×1 080或1 152;
- 25帧/秒或29.97帧/秒。

② 编码:同H.261。

(3) H.263——低比特率通信的视频编码(Video coding for low bit rate communica-

tion),1998 年 2 月制定,为低比特率/可变比特率视频编码标准(PSTN 网、无线网、因特网)

① 格式:

- CIF 与 QCIF 格式同 H.261;
- Sub-QCIF 格式:128×96;
- 4CIF 格式:704×576;
- 16CIF 格式:1 408×1 152。

② 编码:H.261+非限制运动矢量模式+基于语法的算术编码+高级预测+PB 帧。

(4) H.264——针对通用音视频服务的先进[高级]视频编码(Advanced video coding for generic audiovisual services),2003 年 5 月批准,H.264 是由 ISO/IEC 的 MPEG 与 ITU-T 的 VCEG(Video Coding Experts Group,视频编码专家组)联合组成的 JVT(Joint Video Team,联合视频组[队])共同制定的,MPEG 的对应标准为 MPEG-4 的第 10 部分 MPEG-4/AVC。

① 格式:同 H.263。

② 编码:采用先进视频编码(AVC)=H.263+多参考帧和变块尺寸运动补偿+1/4 像素精度的运动估值+基于上下文的二元算数和变长编码+冗余条带+补充增强信息和视频可用信息+辅助图层+图像顺序计数+柔性宏块+排序+整数 DCT 变换+分层编码+错误约束机制+错误掩盖技术+高效比特流切换技术。

通过引入多种先进的编码技术,使得 H.264(MPEG-4/AVC)编码的码率只有 H.263(MPEG-4)的一半。当然,提高压缩比的同时也增加了编解码的复杂性。一般情况下,编码难度增加了 2 倍,解码难度增加了 1 倍。

ITU H.264 即 MPEG-4/AVC 标准的详细内容,将在第 10 章“H.264/AVC 编码”中介绍。

与 MPEG 标准主要用于光存储、广播和流媒体不同,H.26x 标准主要用于网络和通信。除了视频编码标准本身之外,H.26x 还有配套的系统、音频、控制等相关标准。如表 7-2 和图 7-1 所示。

**表 7-2 与 H.26x 标准配套的其他 ITU 标准**

| 类别 | 系统 | 视频 | 音频 | 混合 | 控制 | 数据 |
|---|---|---|---|---|---|---|
| 旧标准 | H.320 | H.261 | G.723 | H.221 | H.241 | 无 |
| 新标准 | H.324 | H.263 | G.723.1 | H.223 | H.246 | T.120 |

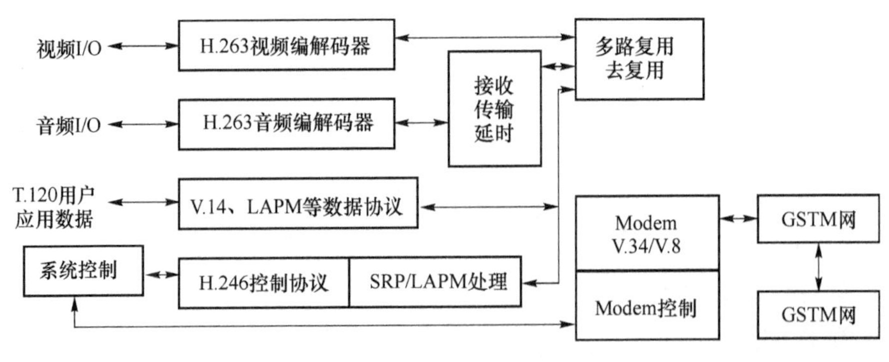


图 7-1 H.324 系统框图

# 7.2 图 像 格 式

## 7.2.1 CIF和QCIF格式

CIF(Common Intermediate Format),CIF即通用中间格式。QCIF(Quarter CIF),QCIF即四分之一通用中间格式,是常用的标准化图像格式。

编码时,将PAL、NTSC制式转换为CIF或QCIF格式。解码时,再将CIF或QCIF格式转换PAL、NTSC制式。

使之不依赖于视频信号源格式,以便许多地区之间不同电视格式设备通过标准的codec进行通信。

## 7.2.2 主要技术参数

表7-3 CIF、QCIF主要技术参数

| | CIF | QCIF |
|---|---|---|
| Y抽样频率 | 6.75 MHz | 3.375 MHz |
| $C_r$,$C_b$抽样频率 | 3.375 MHz | 1.687 5 MHz |
| Y有效样点/行 | 352 | 176 |
| $C_r$,$C_b$有效样点/行 | 176 | 88 |
| Y有效行/帧 | 288 | 144 |
| $C_r$,$C_b$有效行/帧 | 144 | 72 |

Y:亮度信号;$C_r$:红色差信号;$C_b$:蓝色差信号。

由表7-3可见,QCIF是取CIF纵横像素的各一半。

## 7.2.3 Y、C采样点的位置

Y、C采样点的位置如图7-2所示。

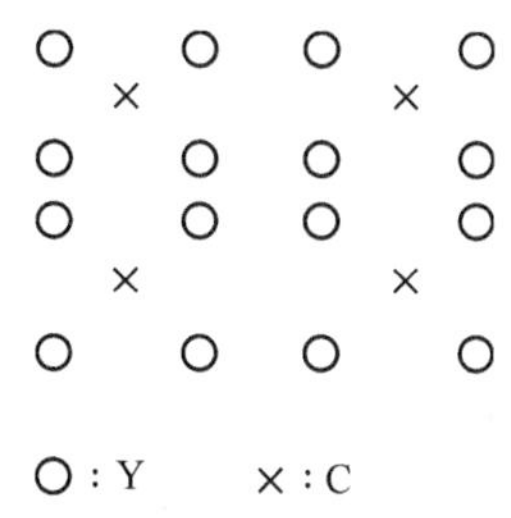


图7-2 Y、C采样点位置

## 7.2.4 帧结构

(1) 一帧CIF由12个组块(GOB-GROU POF BLOCK)组成(QCIF由3个组块组成)。CIF和QCIF的组块结构分别如表7-4和表7-5所示。

表 7-4　CIF 的组成

| GOB1 | GOB2 |
|---|---|
| 3 | 4 |
| 5 | 6 |
| 7 | 8 |
| 9 | 10 |
| 11 | 12 |

表 7-5　QCIF 的组成

| GOB1 |
|---|
| GOB2 |
| GOB3 |

(2) 每个块组(GOB)由 33 个宏块(MB-MACROBLOCK)组成。

MB 编号:从左到右,到上到下。

MB 是运动补偿的基本单元。

(3) 每个宏块(MB)由 6 块(B-BLOCK)组成。

其中:4 个 Y 块和 2 个色差块——一个 $C_b$,一个 $C_r$ 组成。

GOB 编码如图 7-3 所示。

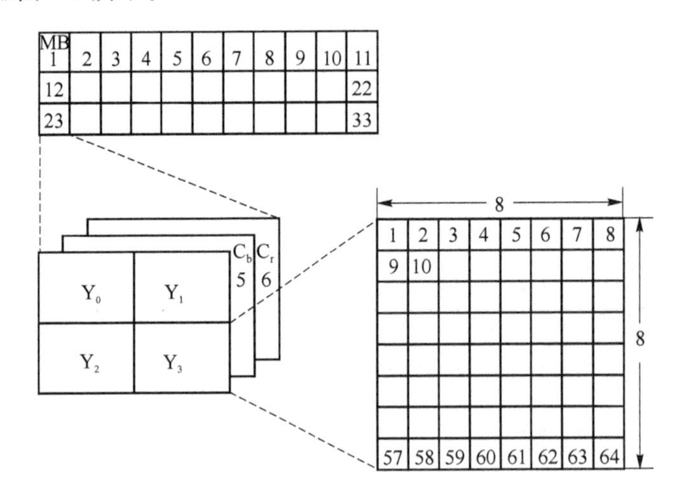


图 7-3　GOB 编码

B 是 DCT 的基本单元,即基本编码单元。

每块(B)由 8×8 像素组成,像素编号:从左到右,从上到下。

4 个 Y 块和 $C_b$、$C_r$ 对应图面上的同一区域。

## 7.3　数据结构

图像编码总共分为四层:图像层:P Layer (Picture layer);块组层:GOB Layer;宏块层:MB Layer;块 层: B Layer。

图像编码分层结构示意图如图 7-4 所示。

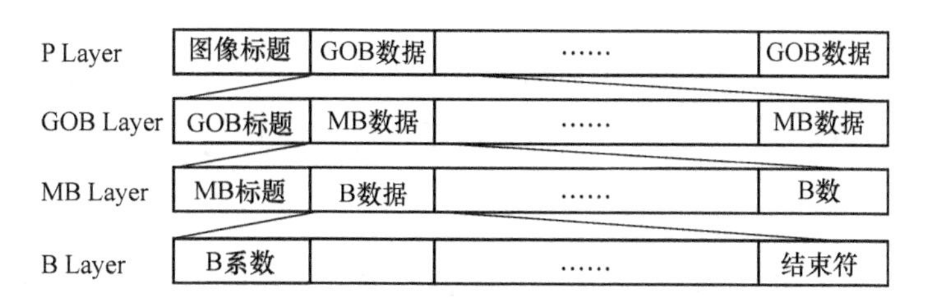


图 7-4 图像编码分层结构示意图

P 图像标题(帧头)主要内容:(1)帧开始码;(2)帧计数码;(3)帧类型码,如 CIF 或 QCIF 等;(4)备用插入信息码。

GOB 标题主要内容:(1)块组开始;(2)块组编号;(3)块组量化步长;(4)备份信息码。

MB 标题主要内容:(1)地址码;(2)类型码(帧内,帧间,运动补偿,滤波器用否,等);(3)量化步长;(4)运动矢量。

# 7.4 源编码器

## 7.4.1 源编码器方框图

源编码器方框图如图 7-5 所示。

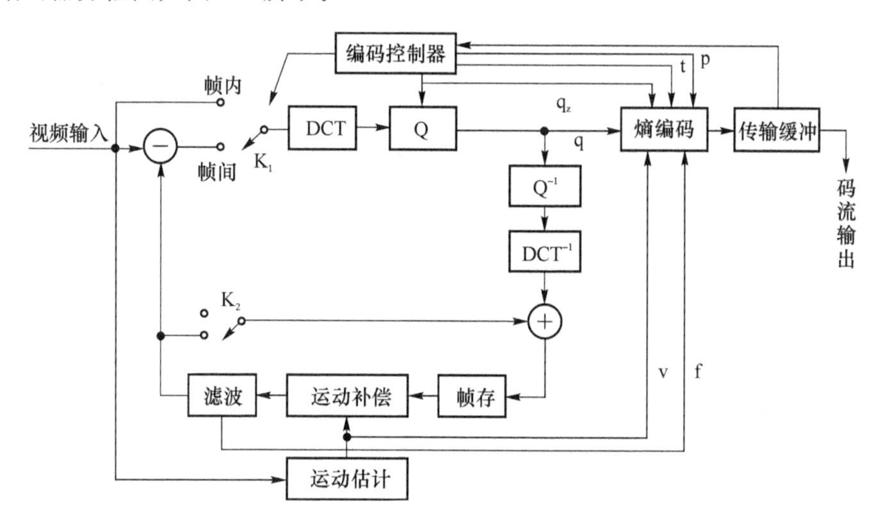


图 7-5 源编码器方框图

q:量化变换系数　　$q_z$:量化步长指示

p:帧内/帧间指示　　v:运动矢量

f:环路滤波开关指示　　t:宏块图像发送与否指示

(1) 混合编码方式

以运动补偿帧间预测和分块 DCT 为基础的混合编码算法。

A. 帧内,帧间模式。

a. 帧内模式:在 $k_1$,$k_2$ 上位置,对原始图像分别进行 DCT 变换,Q 量化和熵编码。

b. 帧间模式:$k_1$,$k_2$ 下位置,对帧间预测误差分别进行 DCT 变换,Q 量化和熵编码(运动补偿预测编码)。

B. 量化:对 DCT 变换系数进行量化,为后续数据压缩做准备。

C. 熵编码:如游程编码(RLC),变长编码(VLC)等,对符号冗余度进行无损压缩编码。

(2) 传输缓冲器

协调编码器输出和传输网络位率,充分利用网络传输位率。

对于恒定输出码率:当编码器输出位率高,表明缓冲器满,必须增加量化步长,用以降低位率;当编码器输出位率低,表明缓冲器空,必须增加量化步长,用以提高位率。

(3) 编码器控制器

A. 根据缓冲器来的信息控制量化步长;

B. 控制编码模式(帧内,帧间);

C. 宏块传送与否。

(4) 熵编码器

除了对量化后的 DCT 系数编码外,还要把许多附加信息组织到(复用)数据流中去,这些信息包括:

A. 帧内/帧间编码标志(p);

B. 宏块发送与否标志(t);

C. 使用量化表(q);

D. 运动矢量(v);

E. 环路滤波器用与否(f)。

这里熵编码也被称为多路编码器,复用编码器。

这些信息是接收端正确解码所必需的。由于附加信息种类繁多,因此 H.261 规定了一套数据组织方法,方框图输出的数据流,还要经过纠错编码,才能进行传输。

## 7.4.2 帧内、帧间编码判断方法

以 MB 为单位,比较前后两帧图像的相关性,通常相关性小采用帧内模式,相关性强采用帧间模式。下面给出一种帧内、帧间编码判断方法。

设 $P(x,y)$为前帧 MB 像素值,$C(x,y)$为当前帧 MB 像素值。

前帧 MB 亮度信号方差 VAROR 为:

$$\mathrm{VAROR}=\frac{\sum_{x=1}^{16}\sum_{y=1}^{16}P(x,y)^2}{256}-\left[\frac{\sum_{x=1}^{16}\sum_{y=1}^{16}P(x,y)}{256}\right]^2 \text{(可以认为是帧内交流能量)}$$

前后帧像素差方值,VAR

$$\mathrm{VAR}=\frac{\sum_{x=1}^{16}\sum_{y=1}^{16}[C(x,y)-P(x,y)]^2}{256}$$

当 VAR≤64,或 VAR>64 且 VAROR≥VAR 时,用帧间模式。

当 VAR>64,且 VAR>VAROR 时,用帧内模式。

该判据可用图 7-6 表示。

值得说明的是 H.261 标准,没有包括上述判定方法,因此可以使用其他判定方法。

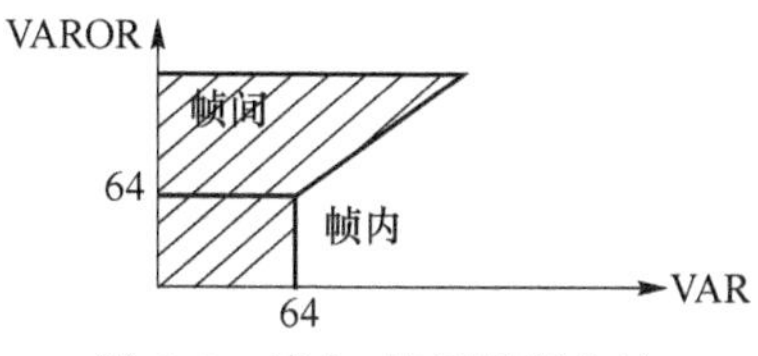


图 7-6　帧内、帧间判别方法

## 7.4.3　量化

对 DCT 系数进行量化。

1. 采用均匀量化;
2. 直流系数量化步长固定为 8;
3. 其他系数,不同 MB 可用不同步长,但每个 MB 步长相同。

## 7.4.4　熵编码

由行程编码和 Huffman 编码两部分组成。

**1. 行程编码**

A. 对 8×8 量化系数(块)采用 Z 字形扫描处理,得到一维量化系数序列。使低频系数数据排在高频系数之前,增加连零的个数,以利于熵编码。

B. 将一维量化系数序列变成若干对数据(行程/幅值)。

行程:指连零的个数; 幅值:连零后的非零系数数值。

例子:设块量化系数如表 7-6 所示。

A. 0 5 3 0 0 —1 0 0 ……—1 0

B. (1/5),(0/3),(2/—1),(56/1)

**表 7-6　块量化系数**

| | | | | | | | |
|---|---|---|---|---|---|---|---|
| 0 | 5 | —1 | 0 | 0 | 0 | 0 | 0 |
| 3 | 0 | 0 | 0 | 0 | 0 | 0 | 0 |
| 0 | 0 | 0 | 0 | 0 | 0 | 0 | 0 |
| 0 | 0 | 0 | 0 | 0 | 0 | 0 | 0 |
| 0 | 0 | 0 | 0 | 0 | 0 | 0 | 0 |
| 0 | 0 | 0 | 0 | 0 | 0 | 0 | 0 |
| 0 | 0 | 0 | 0 | 0 | 0 | 0 | 0 |
| 0 | 0 | 0 | 0 | 0 | 0 | 1 | 0 |

**2. 对(行程/幅值)进行 Huffman 编码**

概括起来,就是对出现概率大的符号,用短码表示;对出现概率小的符号,用长码表示。最后通过查表完成。

## 7.4.5　附加信息的复用规定

从图 7-5H.261 方框图(源编码器)中可知,编码数据流中除了块数据外,与原始图像的帧、块组和宏块相对应，还需传输帧，块组和宏块的结构信息以及宏块量化编码的其他有关信息，例如量化表地址、运动矢量等附加信息，下面介绍附加信息的复用规定。

**1. 图像层**

图像层(Picture Layer)如图 7-7 所示。

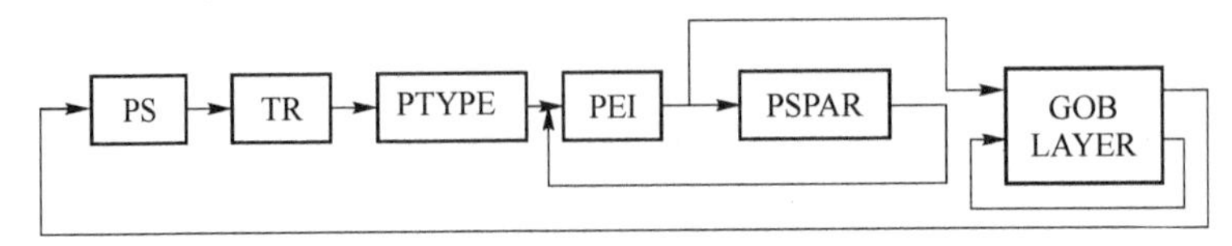


图 7-7　图像层示意图

A. PSC 图像启动码

20 bit 其值为：0000 0000 0000 0001 0000。

B. TR 时间参考

5 bit，表示帧号，形成方法是将前面的图像头的值增 1，再加上自最近一次发送后未发送的图像数目(即在抽帧情况下，在计算帧号时应计入未编码传送的数目)。

C. PTYPE 形成信息(6 bit)

第 1 位，分裂屏幕指示，“0”非，“1”是。

第 2 位，文件摄像机指示。

第 3 位，凝固图像释放指示。

第 4 位，图像格式指示，“0”为 QCIF，“1”为 CIF。

第 5 位、第 6 位备用。

D. PEI 附加插入信息指示

当 PEI＝1 时，其后跟 9 bit，其中前 8 bit 是 PARE(即图像层附加信息)，1 bit 为另一个 PEI，若它仍为 1，则后面再接着传送一个 8 bit 附加信息，直至 PEI＝0，后面没有 PSPARE 为止。

E. PSPARE 附加信息(8 bit)

**2. 块组层**

块组层(GOB Layer)如图 7-8 所示。

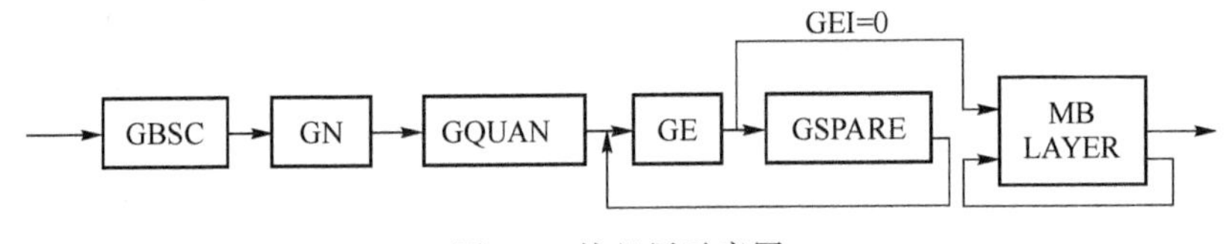


图 7-8　块组层示意图

A. 块组启动码 GBSC

16 bit，码字为 0000 0000 0000 0001。

B. 组号 GN

4 bit，表示块组的号码(1～12)。

C. 量化器信息 QUANT

5 bit，表示 1～31 个量化系数中的某一个量化系数。码字是 QUANT 值的自然二进制表示，为半步长(即实际量化步长为 2，4，8，…，62)。

D. 附加插如信息指示 GEI 及附加信息 GSAPRE，与图像层 PEI 和 PAPARE 相似，只是这些附加信息嵌在块码流中。

**3. 宏块层**

宏块层(MB Layer)如图 7-9 所示。

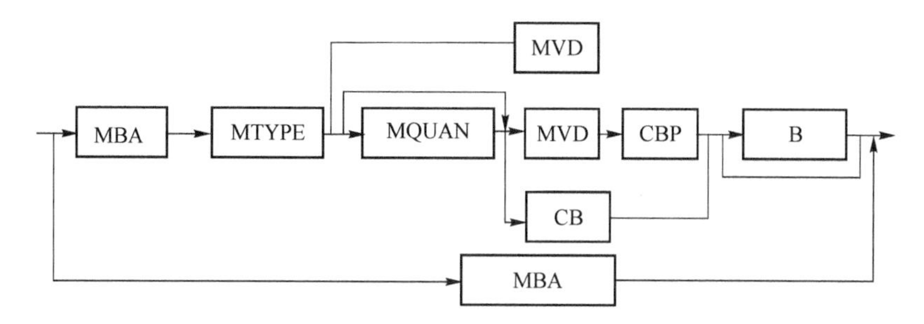


图 7-9 宏块层示意图

因为宏块的数目较多,为了节省码字,基本上采用可变长编码(VLC)。

A. 宏块地址 MBA

MBA 总是含在发送宏块中,若某些宏块所在的图像部分没有信息,则该宏块将不发送。

B. 形成信息 MTYPE

为可变长码字,表示该宏块的有关信息。

(a) 是否传送“宏块量化系数”(MQUANT)。

(b) 是否传运动矢量(MVD)(当帧内编码或帧间不用运动补偿时,不传运动矢量)。

(c) 是否传码块图案(CBP)。

C. 量化器 MQUANT

(a) 仅当 MTYPE 指出 MQUANT 存在时才有 MQUANT。

(b) 5 bit,MQUANT 码字与 QUANT。

D. 码块图案 CBP

用以说明当前 MB 中的哪几块编码需要传送。

若 MTYPE 指示出,则 CBP 存在。表示宏块内的被编码的的块,如宏块中有一个以上 DCT 系数被传送,则 CBP 存在,若有 DCT 系数出现,则 $P_n=1$,否则 $P_n=0$。

**4. 块层**

块层(B Layer)如图 7-10 所示。

图 7-10 块层示意图

由变换系数(TCOFEE)和跟随其后的块终止标号(EOB)组成。

### 7.4.6 BCH 编码

**1. BCH($n,k$),循环冗余校验码**

$n=511$,是码长;$k=493$,是信息码元长;$n-k=18$,是校验码元长。

**2. 纠错帧安排**

A. 帧群

8 帧组成一个帧群,如图 7-11 所示。

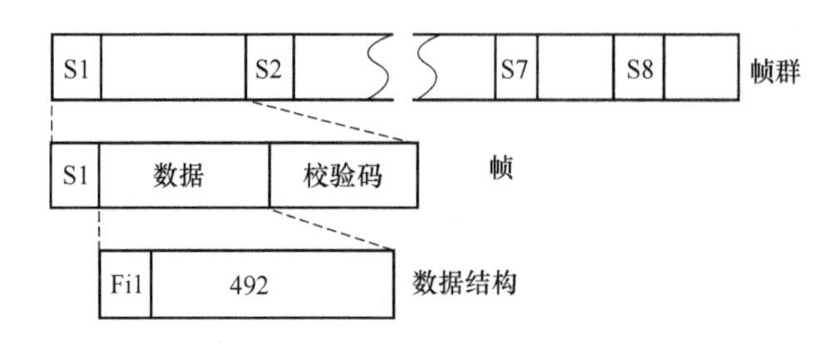


图 7-11 帧群结构示意图

(a) 一帧

| 帧首 | 数据 | 校验码 |
| --- | --- | --- |
| 1 | 493 | 18 |

(b) 帧首

每个帧首仅一位,用于同步,8 个帧首为 $S_1$ 到 $S_8$,各帧首码位规定为:($S_1S_2\cdots S_8=$ 00011011)

B. 数据结构

(a) Fil:1 位,称为填满指示。

Fil=1,表明其后有 492 位数据。

Fil=0,表明后面无数据,此时 492 位全取 1。

(b) 492 位有效数据。

**3. BCH 码纠错能力**

BCH 码的码长 $n$,信息码元 $k$ 和纠错个数 $t$ 之间的关系为:

$$n-k\leqslant mt \quad n=2^m-1$$

式中,$m$ 为大于 3 的整数,能纠正所有不大于 $t$ 个随机错误。

现在,$n=511=2^9-1$,所以 $m=9$

$$n-k=18\leqslant 9t \quad t=2$$

即可纠正 2 位误错。

每帧的 511 位到达解码器后,解出信息码元 493,当发现 2 位或 2 位以下的错误,可以自动纠正。

## 复习思考题

1. H.261 和 JPEG 图像压缩标准的主要区别是什么?

# 第 8 章　JPEG 标准

JPEG 是用于灰度图与真彩图的静态图像压缩的国际标准，它采用的是以 DCT(Discrete Cosine Transform，离散余弦变换)为基础的有损压缩算法。因为视频的帧内编码就是静态图像编码，所以 JPEG 的编码算法也用于 MPEG 视频编码标准中。

本章先简介 JPEG 和 JPEG 2000 系列标准，然后讲解 DCT 和 JPEG 的具体编码方法，最后给出 JPEG 的文件格式，重点是 JPEG 的编码算法。

## 8.1　JPEG 系列标准概述

JPEG(Joint Photographic Experts Group，联合图像专家组)是国际电话与电报咨询委员会 CCITT 与国际标准化组织 ISO 于 1986 年联合成立的一个小组，负责制定静态图像的编码标准。

1992 年 9 月 JPEG 推出了 ISO/IEC 10918 标准(CCITT T.81、83、84、86)——连续色调静态图像的数字压缩与编码，简称为 JPEG 标准，适用于灰度图与真彩图的静态图像的压缩。

1999 年 JPEG 推出了 ISO/IEC 14495 标准(ITU T.87、870)——信息科学-连续色调静态图像的无损和接近无损压缩，简称为 JPEG-LS(Lossless Standard)标准，适用于灰度图与真彩图的静态图像的无损与接近无损压缩。JPEG-LS 是 JPEG 标准中无损模式的补充和强调，采用的是 LOCO-I(LOw COmplexity LOssless COmpression for Images，图像的低复杂性无损压缩)算法，主要应用于对图像质量要求较高的一些专门领域(如遥感和医学图像)，由于时间和篇幅的限制，本书不作介绍。

2000 年 12 月 JPEG 在 JBIG(Joint Bi-level Image experts Group，联合二值图像专家组)的帮助下又推出了比 JPEG 标准的压缩率更高、性能更优越的 JPEG 2000 标准 ISO/IEC 15444(ITU T.800～808)——JPEG 2000 图像编码系统，适用于二值图、灰度图、伪彩图和真彩图的静态图像压缩。

JPEG 标准 ISO/IEC 10918：1992—Digital compression and coding of continuous-tone still images(连续色调静态图像的数字压缩与编码)(ITU T.81、T.83、T.84、T.86)(参见网站 www.jpeg.org、www.iso.org、www.itu.org 和 www.iec.ch)被分成如下 4 个部分。

(1) 需求与指导方针——ISO/IEC 10918-1：1994 Information technology—Digital compression and coding of continuous-tone still images：Requirements and guidelines。

ISO/IEC 10918-1：1994/Cor 1：2005 Patent information update(专利信息更新)。

(2) 顺从测试——ISO/IEC 10918-2：1995 Information technology—Digital compression and coding of continuous-tone still images：Compliance testing

(3) 扩展——ISO/IEC 10918-3：1997 Information technology—Digital compression and coding

of continuous-tone still images: Extensions。

ISO/IEC 10918-3:1997/Amd 1:1999 Provisions to allow registration of new compression types and versions in the SPIFF header(可供在 SPIFF 头中注册新压缩类型和版本)。

(4) REGAUT——ISO/IEC 10918-4:1999 Information technology—Digital compression and coding of continuous-tone still images: Registration of JPEG profiles,SPIFF profiles,SPIFF tags,SPIFF colour spaces,APPn markers,SPIFF compression types and Registration Authorities(REGAUT)(注册 JPEG 简表、SPIFF 简表、SPIFF 标签、SPIFF 颜色空间、APPn 标记、SPIFF 压缩类型和注册权限)。

JPEG 2000 是一种用于二值图、灰度图、伪彩图和真彩图的静态图像压缩的新标准,它采用的是性能比 DCT 更优秀的 DWT(Discrete Wavelet Transform,离散小波变换)。

JPEG 2000 标准是 ISO 与 CCITT/ITU 共同成立的联合图像专家组(JPEG),于 2000 年底开始推出的一种基于小波变换的静态图像压缩标准(ISO/IEC 15444-1～12,ITU T. 800～808)。它统一了 2 值图像编码标准 JBIG、[近]无损压缩编码标准 JPEG-LS 以及原来的 JPEG 编码标准,支持更多的颜色分量和更大的颜色深度,具有多分辨率表示和渐进传输功能,同时支持有损和无损压缩,比 JPEG 标准的压缩率更高、性能更优秀。

下面分别介绍 JPEG 2000 标准的组成、特性和优点。

**1. 组成**

JPEG 2000 标准(Information technology—JPEG 2000 image coding system,信息技术—JPEG 2000 图像编码系统)包含如下 14 个部分(其中的第 7 部分已经被抛弃)。

(1) 核心编码系统——ISO/IEC 15444-1:2000/2004(ITU T. 800)Information technology—JPEG 2000 image coding system: Core coding system,提供不需要版权、许可费和专利费的基本编码算法,只支持 Daubechies 9/7 阶有损的离散小波滤波器和 Le Gall 5/3 阶无损的整数小波滤波器。

(2) 扩展——ISO/IEC 15444-2: 2004 (ITU T. 801) Information technology—JPEG 2000 image coding system: Extensions,在核心上添加更多的特性与复杂性,支持更多和自定义的小波滤波器。

(3) 运动 JPEG 2000——ISO/IEC 15444-3:2002/2007(ITU T. 802)Information technology—JPEG 2000 image coding system—Part 3: Motion JPEG 2000,该部分定义作为运动图像序列的帧内 JPEG 2000 编码的文件格式 MJ2,主要应用于数字相机的视频片断的存储、高质量基于帧的视频录制和编辑、数字电影、医学和卫星图像等。MP2 从开始在第 3 部分独立定义的文档,发展到现在用第 12 部分的 ISO 基格式重新定义。

(4) 一致性测试——ISO/IEC 15444-4:2002/2004(ITU T. 803)Information technology—JPEG 2000 image coding system: Conformance testing,测试第 1 部分的一致性,指定编码和解码的测试过程,但不包含其范围验收、性能或健壮性测试。

(5) 参考软件——ISO/IEC 15444-5:2003(ITU T. 804)Information technology—JPEG 2000 image coding system: Reference software,有 Java 和 C 实现可用。

(6) 混合图像文件格式——ISO/IEC 15444-6:2003(ITU T. 800)Information technolo-

gy—JPEG 2000 image coding system—Part 6：Compound image file format，文档映像，用于印前和传真等应用。

（7）该部分已经被抛弃。

（8）安全 JPEG 2000——ISO/IEC 15444-8:2007 Information technology—JPEG 2000 image coding system：Secure JPEG 2000，包括加密、源鉴别、数据完整性、条件访问和所有权保护等内容。

（9）交互工具、API 和协议——ISO/IEC 15444-9:2005 Information technology—JPEG 2000 image coding system：Interactivity tools，APIs and protocols，定义交互协议与 API 和工具。

（10）三维数据扩展——ISO/IEC FDIS 15444-10 Information technology—JPEG 2000 image coding system：Extensions for three-dimensional data，涉及三维数据编码，将 JPEG 2000 编码扩展到立体图像。

（11）无线——ISO/IEC 15444-11:2007 Information technology—JPEG 2000 image coding system：Wireless，无线应用。

（12）ISO 基媒体文件格式——ISO/IEC 15444-12:2005 Information technology—JPEG 2000 image coding system—Part 12：ISO base media file format，与 MPEG-4 共用。

（13）JPEG 2000 初级编码器——ISO/IEC FDIS 15444-13 Information technology—JPEG 2000 image coding system：An entry level JPEG 2000 encoder。

（14）XML 结构表示与参考——ISO/IEC AWI 15444-14 Information technology—JPEG 2000 image coding system—Part 14：XML structural representation and reference。

其中，标准的第 7 部分已经被抛弃，标准的第 10、13 和 14 部分还处于制定过程中。

**2. 特性**

与原来的 JPEG 相比，JPEG 2000 的主要特点如下。

- 支持多分辨表示——利用小波变换的多分辨特性，在 JPEG 2000 码流中，包含了各个分辨率的信息。只需压缩一次，但是有多种分辨率的解压方式。因此，一个单一的 JPEG 2000 码流，可以同时满足不同分辨率应用的需要，如高分辨率的打印机、中分辨率的显示器和低分辨率的手持设备等。
- 压缩域的图像处理与编辑——利用 JPEG 2000 的多分辨特性，可以直接从 JPEG 2000 码流中抽取新的低分辨率 JPEG 2000 码流，而不需经历解压缩/再压缩过程，也避免了噪声的累积。还可以在压缩域中直接对图像进行剪切、旋转、镜像和翻转等操作，同样不必解压缩后再压缩。
- 渐进性——JPEG 2000 支持多种类型的渐进传送，可从轮廓到细节渐进传输，适用于窄带通信和低速网络。JPEG 2000 支持四维渐进传送：质量（改善）、分辨率（提高）、空间位置（顺序/免缓冲）和分量（逐个）。
- 低位深度图像——不像 JPEG 只支持灰度图和真彩图，JPEG 2000 支持黑白二值图和伪彩图的无损压缩，相当于 JBIG 和 JPEG-LS。
- 兴趣区——ROI（Region of Interest）可指定图片上感兴趣区域，在压缩编码时可对这些区域指定压缩质量，在显示解码时还可以指定新的兴趣区来指导传输方的编码。

**3. 优点**

JPEG 2000 的其他优点如下。

- 支持最多达 16384($2^{14}$)个颜色分量(如多波段遥感图像)、每个颜色分量的深度可为 1～38 位。
- 高压缩率——比 JPEG 提高近 30%,特别是低码率时的重构图效果比 JPEG 好很多。
- 同时支持有损和无损压缩,集成了采用预测编码和整数小波变换的无损压缩方法。
- 增加了视觉权重和掩膜。
- 可加入加密版权。
- 兼容多种彩色模式。

虽然 JPEG 2000 标准曾经红极一时,但是它现在应用得却并不广泛,因此本书将不予介绍。本书后面只讨论传统的 JPEG 标准。

## 8.2 JPEG 标准基本系统概述

**1. 应用**

连续色调静止图像压缩(只要处理速度足够快,也可以用于实时视频压缩)JPEG 应用面广,为了适应各种不同的应用场合,通常采用多种运行模式。

**2. 四种运行模式**

(1) 基于 DCT 的顺序工作模式

(2) 基于 DCT 的渐进工作模式

(3) 无失真编码工作模式

(4) 多分辨工作模式

**3. 二种编码方法**

(1) Huffman 码

(2) 算术编码

**4. 三种工作系统**

(1) 基本系统

(2) 扩展系统

(3) 信息保持系统

JPEG 标准是不同编码方法和不同工作模式的组合。

JPEG 编解码器必须支持基本系统,其他系统作为选择项,根据不同应用目的进行取舍。

### 8.2.1 编、解码方框图

JPEG 格式编码方框图如图 8-1 所示。

JPEG 格式解码方框图如图 8-2 所示。

基本压缩编码方法与 H.261 帧内模式类似。

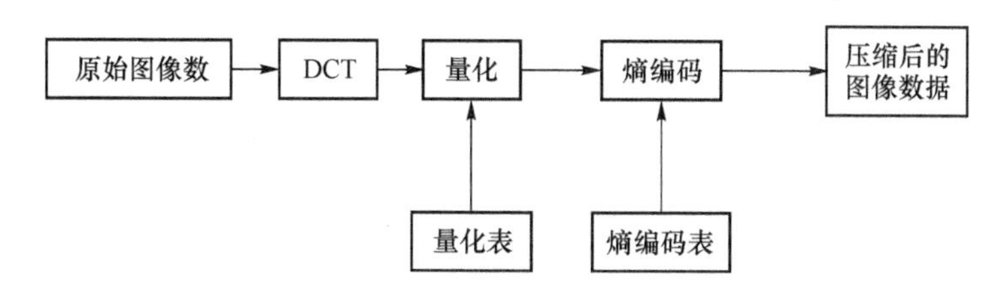


图 8-1 JPEG 格式编码方框图

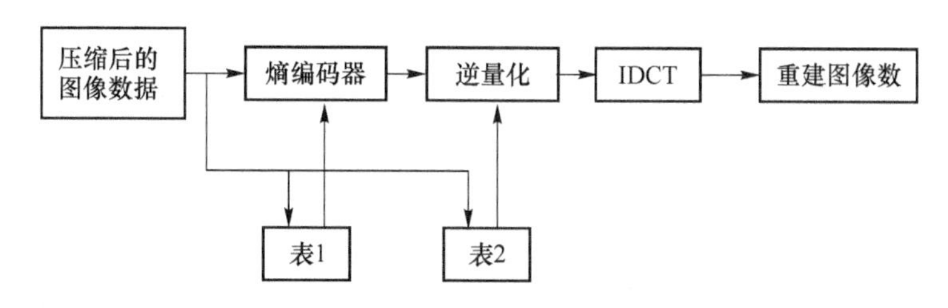


图 8-2 JPEG 格式解码方框图

## 8.2.2 DCT 系数量化

1. 均匀量化:所有位置均采用相同的量化步长。

2. 非均匀量化:不同位置采用不同的量化步长。利用人眼视觉特性进行量化是 JPEG 标准的一个特点。

其量化计算公式:

$$Q(U,V)=\text{取整}\frac{F(U,V)}{S(U,V)}$$

其中,$F(U,V)$为 DCT 系数;$S(U,V)$为量化步长;$Q(U,V)$为量化系数。

## 8.2.3 熵编码

**1. 对直流系数采用 DPCM 编码**

A. 直流系数 DC

$Q(0,0)$为直流系数,用 DC 表示,如图 8-3 所示。代表本块的平均亮度。

B. DPCM(对相邻子块直流系数进行 DPCM 编码)

$$D=DC_i-DC_{i-1}$$

其中:$DC_i$ 为当前块图像的直流系数;$DC_{i-1}$为前一块图像的直流系数。

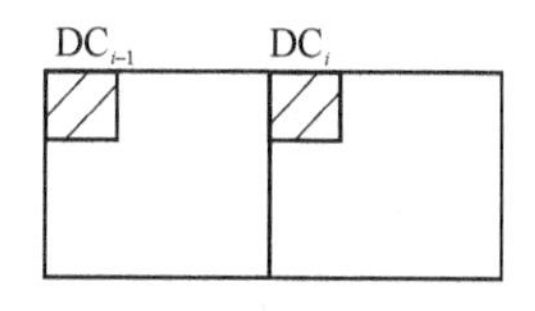


图 8-3 熵编码直流系数

**2. 对交流系数进行行程编码**

A. 交流系数 $AC_{ij}$

除直流系数外的 63 个系数为交流系数,用 $AC_{ij}$ 表示。

B. 交流系数进行行程编码

**3. 编码过程(与 H.261 类似)**

A. 对经 Z 形扫描形成的一维 AC 系数序列构成若干符号对(中间符号序列);对直流差分数构成符号对;符号对由符号 1 和符号 2 组成。

符号 1　　　　　　　　　　符号 2
(行程,位长)　　　　　　　(振幅)

行程:连续 0 的个数非零系数大小(DC:差分值,AC:非 0 系数)。位长:后续 AC(非 0)系数的编码位长。

编码位长可分别由 DC 差分值位长表和 AC 系数位长表查表得到(注:对 DC 无行程,只有位长)。

例:

(a) 若 DC 差分值为 9($DC_i-DC_{i-1}=9$),构成符号对。

DC 无行程,查补表 4 得位长为 4,又振幅为 9,所以符号对为:(4)(9)。

(b) 若经 Z 形扫描后形成的 AC 系数序列:000－3,对它构成符号对。

由－3 查表得位长为 2,－3 前连续 0 的个数为 3,非零系数为－3,所以符号对为:(3,2)(－3)。

B. 对上述符号对进行变长编码(Huffman 编码),通过查相应编码表得到。

对直流系数 DC 符号,可查直流差分(DC)表。其中,Y 亮度直流差分值,由亮度 DC 位长查该表得(补:表 6);C 色度直流差分值,由色度 DC 位长查该表得(补:表 7)。

对交流系数 AC 符号,可查交流系数(AC)表。其中,Y 亮度交流系数值,由亮度(行程/位长)查得(补:表 8);C 色度交流系数值,由色度(行程/位长)查得(补:表 10)。

另外,由符号 2 查表得一编码,查正负值幅度表得(补:表 10);由符号 1 和符号 2 查得编码,组成该符号对的码字。

# 8.3 JPEG 编码

## 8.3.1 压缩算法

JPEG 专家组开发了两种基本的压缩算法,一种是采用以 DCT 为基础的有损压缩算法,另一种是采用以预测技术为基础的无损压缩算法。

**1. 编码模式**

在 JPEG 标准中定义了四种编码模式。

- 无损模式:基于 DPCM。
- 基准模式:基于 DCT,一遍扫描。
- 递进模式:基于 DCT,从粗到细多遍扫描。
- 层次模式:含多种分辨率的图($2^n$倍)。

这四种模式的关系如图 8-4 所示。

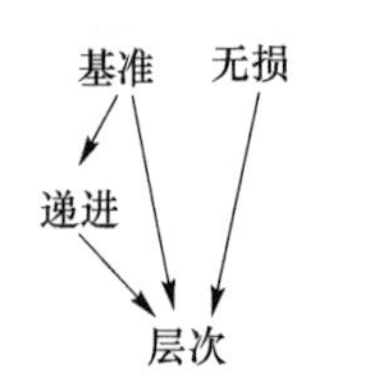

图 8-4　JPEG 编码模式的关系图

本节只介绍应用最广泛的基于 DCT 有损压缩算法的基线(Baseline)模式中的顺序(sequential)处理所对应的算法和格式(其熵编码只使用 Huffman 编码,而在扩展的基于 DCT 的无损压缩算法中,既可以使用 Huffman 编码,又可以使用算术编码)。

JPEG 在使用 DCT 进行有损压缩时,压缩比可调整,

在压缩10～30倍后，图像效果仍然不错，因此得到了广泛的应用(尤其是网络)，如表8-1所示。

**表8-1 JPEG图像的压缩比与质量**

| 压缩倍数 | 比特率(bit/pixel) | 图像质量 |
|---|---|---|
| 12～16 | 2.0～1.5 | 同原图 |
| 16～32 | 1.5～0.75 | 很好 |
| 32～48 | 0.75～0.5 | 好 |
| 48～96 | 0.5～0.25 | 中等 |

**2. 算法概要**

JPEG压缩是有损压缩，它利用了人的视觉系统的特性，使用量化和无损压缩编码相结合来去掉视角的冗余信息和数据本身的冗余信息。JPEG属于结合变换编码(DCT)与熵编码(RLE/Huffman)的混合编码。JPEG算法框图如图8-5所示。

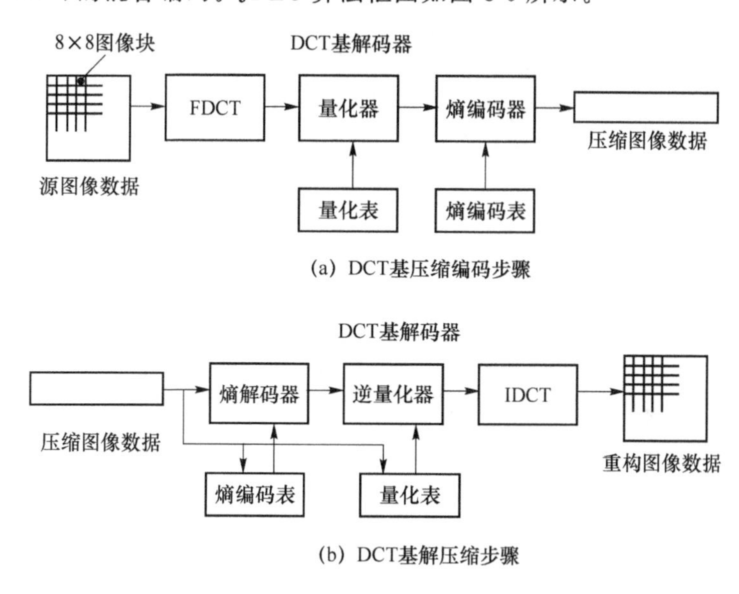


图8-5 JPEG压缩编码-解压缩算法框图

JPEG的压缩编码可以分成如下三个主要步骤。

(1) 使用FDCT把空间域表示的图像变换成频率域表示的图像。

(2) 使用(对于人的视觉系统是最佳的)加权函数对DCT系数进行量化。

(3) 使用Huffman可变字长编码器对量化系数进行编码。

译码(解压缩)的过程与压缩编码过程正好相反。

另外，JPEG算法与彩色空间无关，因此在JPEG算法中没有包含对颜色空间的变换。JPEG算法处理的彩色图像是单独的颜色分量图像，因此它可以压缩来自不同彩色空间的数据，如RGB、YCbCr和CMYK。

## 8.3.2 编码步骤

JPEG压缩编码算法的主要计算步骤如下。

(1) 8×8 分块。

(2) 正向离散余弦变换(FDCT)。

(3) 量化(quantisation)。

(4) Z 字形编码(zigzag scan)。

(5) 使用差分脉冲编码调制(DPCM)对直流系数(DC)进行编码。

(6) 使用行程长度编码(RLE)对交流系数(AC)进行编码。

(7) 熵编码。

下面分别加以介绍。

**1. 正向离散余弦变换**

JPEG 编码是对每个单独的颜色图像分量分别进行的,在进行正向离散余弦变换(Forward Discrete Cosine Transform,FDCT)之前,需要先将整个分量图像分成 8×8 像素的图像块(不足部分可以通过重复图像的最后一行/列来填充),这些图像块被作为二维正向离散余弦变换(FDCT)的输入。如图 8-6 所示。

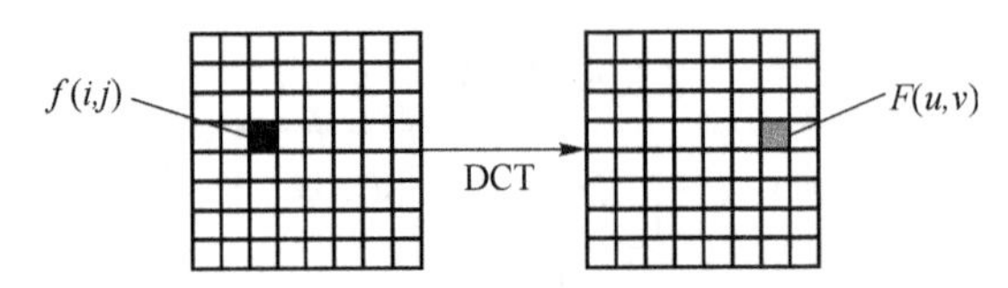


图 8-6 离散余弦变换

JPEG 编码的 DCT 变换使用下式计算(注意,在变换之前,需要先对源图像中的每个样本数据 $v$ 减去 128):

$$f(i,j)=v(i,j)-128$$

$$F(u,v)=\frac{1}{4}C(u)C(v)\left[\sum_{i=0}^{7}\sum_{j=0}^{7}f(i,j)\cos\frac{(2i+1)u\pi}{16}\cos\frac{(2j+1)v\pi}{16}\right]$$

其中,

$$C(w)=\begin{cases}\frac{1}{\sqrt{2}}, & w=0\\ 1, & w>0\end{cases}$$

并称

$$F(0,0)=\frac{1}{8}\sum_{i=0}^{7}\sum_{j=0}^{7}f(i,j)=8\,\overline{f}$$

为直流系数,称其他 $F(u,v)$ 为交流系数。

它的逆变换使用下式计算:

$$f(i,j)=\frac{1}{4}\left[\sum_{u=0}^{7}\sum_{v=0}^{7}C(u)C(v)F(u,v)\cos\frac{(2i+1)u\pi}{16}\cos\frac{(2j+1)v\pi}{16}\right]$$

在计算二维的 DCT 变换时,可使用下式

$$G(i,v)=\frac{1}{2}C(v)\left[\sum_{j=0}^{7}f(i,j)\cos\frac{(2j+1)v\pi}{16}\right]$$

$$F(u,v)=\frac{1}{2}C(u)\left[\sum_{i=0}^{7}G(i,v)\cos\frac{(2i+1)u\pi}{16}\right]$$

将二维的 DCT 变换转换成一维的 DCT 变换，如图 8-7 所示。

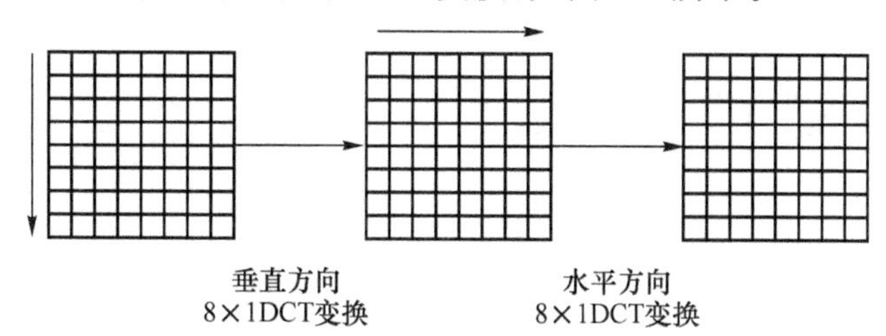


图 8-7　二维 DCT 变换方法

**2. 量化**

量化(Quantisation)是将(经过 FDCT 变换后的频率)系数映射到更小的取值范围。量化的目的是减小非“0”系数的幅度(从而减少所需的比特数)以及增加“0”值系数的数目。量化是使图像质量下降的最主要原因。

对于 JPEG 的有损压缩算法，使用的是如图 8-8 所示的均匀标量量化器进行量化，量化步距是按照系数所在的位置和每种颜色分量的色调值来确定的。

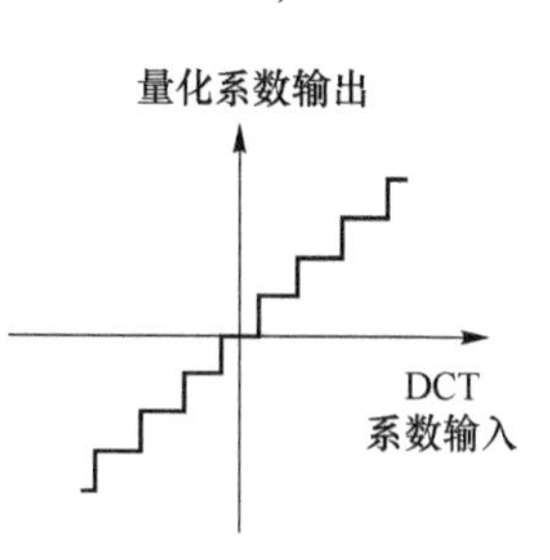


图 8-8　均匀量化器

因为人眼对亮度信号比对色差信号更敏感，因此 JPEG 编码中使用了两种标准的量化表：亮度量化表和色差量化表，如表 8-2 所示。此外，由于人眼对低频分量的图像比对高频分量的图像更敏感，因此表中的左上角的量化步距要比右下角的量化步距小。这两个表中的数值对 CCIR 601 标准电视图像已经是最佳的。如果不想使用这两种标准表，也可以用自己的量化表替换它们。

**表 8-2　标准量化表**

| 色差量化值 | | | | | | | | 亮度量化值 | | | | | | | |
|---|---|---|---|---|---|---|---|---|---|---|---|---|---|---|---|
| 16 | 11 | 10 | 16 | 24 | 40 | 51 | 61 | 17 | 18 | 24 | 47 | 99 | 99 | 99 | 99 |
| 12 | 12 | 14 | 19 | 26 | 58 | 60 | 55 | 18 | 21 | 26 | 66 | 99 | 99 | 99 | 99 |
| 14 | 13 | 16 | 24 | 40 | 57 | 69 | 56 | 24 | 26 | 56 | 99 | 99 | 99 | 99 | 99 |
| 14 | 17 | 22 | 29 | 51 | 87 | 80 | 62 | 47 | 66 | 99 | 99 | 99 | 99 | 99 | 99 |
| 18 | 22 | 37 | 56 | 68 | 109 | 103 | 77 | 99 | 99 | 99 | 99 | 99 | 99 | 99 | 99 |
| 24 | 35 | 55 | 64 | 81 | 104 | 113 | 92 | 99 | 99 | 99 | 99 | 99 | 99 | 99 | 99 |
| 49 | 64 | 78 | 87 | 103 | 121 | 120 | 101 | 99 | 99 | 99 | 99 | 99 | 99 | 99 | 99 |
| 72 | 92 | 95 | 98 | 112 | 100 | 103 | 99 | 99 | 99 | 99 | 99 | 99 | 99 | 99 | 99 |

量化的具体计算公式为：

$$Sq(u,v)=\text{round}\left(\frac{F(u,v)}{Q(u,v)}\right)$$

其中，$Sq(u,v)$为量化后的结果、$F(u,v)$为 DCT 系数、$Q(u,v)$为量化表中的数值、round 为舍入取整函数。

**3. Z 字形编排**

量化后的二维系数要重新编排，并转换为一维系数，为了增加连续的“0”系数的个数，就是“0”的游程长度，JPEG 编码中采用的 Z 字形编排方法，如图 8-9 所示。

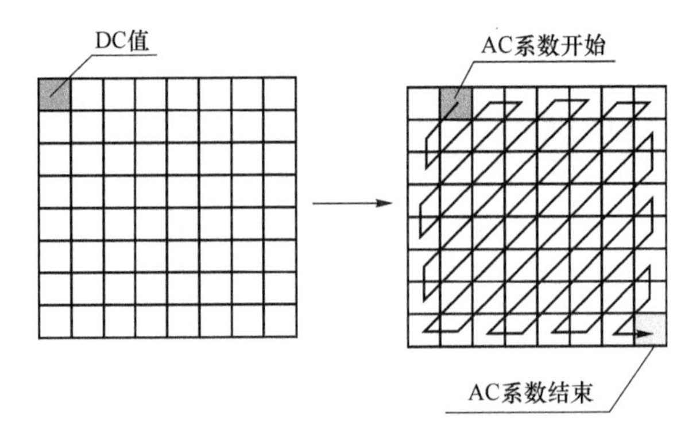


图 8-9　量化 DCT 系数的编排

DCT 系数的序号如表 8-3 所示，这样就把一个 8×8 的矩阵变成一个 1× 64 的矢量，频率较低的系数放在矢量的头部。

**表 8-3　Z 字形排列的量化 DCT 系数之序号**

| | | | | | | | |
|---|---|---|---|---|---|---|---|
| 0 | 1 | 5 | 6 | 14 | 15 | 27 | 28 |
| 2 | 4 | 7 | 13 | 16 | 26 | 29 | 42 |
| 3 | 8 | 12 | 17 | 25 | 30 | 41 | 43 |
| 9 | 11 | 18 | 24 | 31 | 40 | 44 | 53 |
| 10 | 19 | 23 | 32 | 39 | 45 | 52 | 54 |
| 20 | 22 | 33 | 38 | 46 | 51 | 55 | 60 |
| 21 | 34 | 37 | 47 | 50 | 56 | 59 | 61 |
| 35 | 36 | 48 | 49 | 57 | 58 | 62 | 63 |

**4. 直流系数的编码**

8×8 图像块经过 DCT 变换之后得到的 DC 直流系数有两个特点，一是系数的数值比较大，二是相邻 8×8 图像块的 DC 系数值变化不大。根据这些特点，JPEG 算法使用了差分脉冲编码调制(DPCM)技术，对相邻图像块之间的 DC 系数的差值 Δ 进行编码，

$$\Delta = DC(0,0)_k - DC(0,0)_{k-1}$$

**5. 交流系数的编码**

量化 AC 系数的特点是 1×63 矢量中包含有许多“0”系数，并且许多“0”是连续的，因此使用非常简单和直观的游程长度编码(RLE)对它们进行编码。

JPEG 使用了 1 个字节的高 4 位来表示连续“0”的个数，而使用它的低 4 位来表示编码下一个非“0”系数所需要的位数，跟在它后面的是量化 AC 系数的数值。

**6. 熵编码**

使用熵编码还可以对 DPCM 编码后的直流 DC 系数和 RLE 编码后的交流 AC 系数作进一步的压缩。

在 JPEG 有损压缩算法中，可以使用 Huffman 或算术编码来减少熵，这里只介绍最常用的 Huffman 编码。使用 Huffman 编码器的理由是可以使用很简单的查表(looku table)方法进行快速的编码。压缩数据符号时，Huffman 编码器对出现频度比较高的符号分配比

较短的代码，而对出现频度较低的符号分配比较长的代码。这种可变长度的 Huffman 码表可以事先进行定义（标准 H 表）。

表 8-4 所示的是 DC 码表符号举例。如果 DC 的值（Value）为 4，符号 SSS 用于表达实际值所需要的二进制位数，SSS 的实际位数就等于 3。

**表 8-4 DC 码表符号举例**

| Value | SSS |
|---|---|
| 0 | 0 |
| −1,1 | 1 |
| −3,−2,2,3 | 2 |
| −7...−4,4...7 | 3 |

表 8-5 和表 8-6 分别是 JPEG 标准提供的亮度与色差 DC 系数差的 Huffman 编码表。

表 8-7 和表 8-8 分别是 JPEG 标准提供的亮度与色差的 AC 系数的 Huffman 编码表的开始部分（每个完整的表有 162 项），至于完整码表参见标准文档。

**表 8-5 标准亮度 DC 系数差的 H 表**

| 分类 | 码长 | 码字 |
|---|---|---|
| 0 | 2 | 00 |
| 1 | 3 | 010 |
| 2 | 3 | 011 |
| 3 | 2 | 100 |
| 4 | 3 | 101 |
| 5 | 3 | 110 |
| 6 | 4 | 1110 |
| 7 | 5 | 11110 |
| 8 | 6 | 111110 |
| 9 | 7 | 1111110 |
| 10 | 8 | 11111110 |
| 11 | 9 | 111111110 |

**表 8-6 标准色差 DC 系数差的 H 表**

| 分类 | 码长 | 码字 |
|---|---|---|
| 0 | 2 | 00 |
| 1 | 2 | 01 |
| 2 | 2 | 10 |
| 3 | 3 | 110 |
| 4 | 4 | 1110 |
| 5 | 5 | 11110 |
| 6 | 6 | 111110 |
| 7 | 7 | 1111110 |
| 8 | 8 | 11111110 |
| 0 | 9 | 111111110 |
| 10 | 10 | 1111111110 |
| 11 | 11 | 11111111110 |

**表 8-7 标准亮度 AC 系数差的 H 表的开始部分**

| 跨越/位长 | 码长 | 码字 |
|---|---|---|
| 0/0(EOB) | 4 | 1010 |
| 0/1 | 2 | 00 |
| 0/2 | 2 | 01 |
| 0/3 | 3 | 100 |
| 0/4 | 4 | 1011 |
| 0/5 | 5 | 11010 |
| 0/6 | 7 | 1111000 |
| 0/7 | 8 | 11111000 |
| 0/8 | 10 | 1111110110 |
| 0/9 | 16 | 1111111110000010 |
| 0/A | 16 | 1111111110000011 |
| 1/1 | 4 | 1100 |
| 1/2 | 5 | 11011 |
| 1/3 | 7 | 1111001 |
| 1/4 | 9 | 111110110 |
| 1/5 | 11 | 11111110110 |
| 1/6 | 16 | 1111111110000100 |
| 1/7 | 16 | 1111111110000101 |

续 表

| 跨越/位长 | 码长 | 码字 |
|---|---|---|
| 1/8 | 16 | 1 111111110000110 |
| 1/9 | 16 | 1111111110000111 |
| 1/A | 16 | 1111111110001000 |
| 2/1 | 5 | 11100 |
| 2/2 | 8 | 11111001 |
| 2/3 | 10 | 1111110111 |
| 2/4 | 12 | 111111110100 |

**表 8-8　标准色差 AC 系数差的 H 表的开始部分**

| 跨越/位长 | 码长 | 码字 |
|---|---|---|
| 0/0(EOB) | 2 | 00 |
| 0/1 | 2 | 01 |
| 0/2 | 3 | 100 |
| 0/3 | 4 | 1010 |
| 0/4 | 5 | 11000 |
| 0/5 | 5 | 11001 |
| 0/6 | 6 | 111000 |
| 0/7 | 7 | 1111000 |
| 0/8 | 9 | 111110100 |
| 0/9 | 10 | 1111110110 |
| 0/A | 12 | 111111110100 |
| 1/1 | 4 | 1011 |
| 1/2 | 6 | 111001 |
| 1/3 | 8 | 11110110 |
| 1/4 | 9 | 111110101 |
| 1/5 | 11 | 11111110110 |
| 1/6 | 12 | 111111110101 |
| 1/7 | 16 | 1111111110001000 |
| 1/8 | 16 | 1111111110001001 |
| 1/9 | 16 | 1111111110001010 |
| 1/A | 16 | 1111111110001011 |
| 2/1 | 5 | 11010 |
| 2/2 | 8 | 11110111 |
| 2/3 | 10 | 1111110111 |
| 2/4 | 12 | 111111110110 |

**7. 组成位数据流**

JPEG 编码的最后一个步骤是把各种标记代码和编码后的图像数据组成一帧一帧的数

据，这样做的目的是为了便于传输、存储和译码器进行译码，这样组织的数据通常称为JPEG位数据流(JPEG bitstream)。

### 8.3.3 算法举例

**例 8-3-1** 图8-10是使用JPEG算法，对一个8×8像素的色差图像块，进行FDCT/量化和反量化/IDCT的计算结果。

其中，在进行FDCT之前，先对源图像中的每个样本数据减去了128，在逆向离散余弦变换之后，又对重构图像中的每个样本数据加了128。

| 139 | 144 | 149 | 153 | 155 | 155 | 155 | 155 |
|---|---|---|---|---|---|---|---|
| 144 | 151 | 153 | 156 | 159 | 156 | 156 | 156 |
| 150 | 155 | 160 | 163 | 158 | 156 | 156 | 156 |
| 159 | 161 | 162 | 160 | 160 | 159 | 159 | 159 |
| 159 | 160 | 161 | 162 | 162 | 155 | 155 | 155 |
| 161 | 161 | 161 | 161 | 160 | 157 | 157 | 157 |
| 162 | 162 | 161 | 163 | 162 | 157 | 157 | 157 |
| 162 | 162 | 161 | 161 | 163 | 158 | 158 | 158 |

(a) 源图像样本

| 235.6 | −1.0 | −12.1 | −5.2 | 2.1 | −1.7 | −2.7 | 1.3 |
|---|---|---|---|---|---|---|---|
| −22.6 | −17.5 | −6.2 | −3.2 | −2.9 | −0.1 | 0.4 | −1.2 |
| −10.9 | −9.3 | −1.6 | 1.5 | 0.2 | 0.9 | −0.6 | −0.1 |
| −7.1 | −1.9 | 0.2 | 1.5 | −0.9 | −0.1 | 0.0 | 0.3 |
| −0.6 | −0.8 | 1.5 | 1.6 | −0.1 | −0.7 | 0.6 | 1.3 |
| 1.8 | −0.2 | 1.6 | −0.3 | −0.8 | 1.5 | 1.0 | −1.0 |
| −1.3 | −0.4 | −0.3 | −1.5 | −0.5 | 1.7 | 1.1 | −0.8 |
| −2.6 | 1.6 | −3.8 | −1.8 | 1.9 | 1.2 | −0.6 | −0.4 |

(b) FDCT系数

| 16 | 11 | 10 | 16 | 24 | 40 | 51 | 61 |
|---|---|---|---|---|---|---|---|
| 12 | 12 | 14 | 19 | 26 | 58 | 60 | 55 |
| 14 | 13 | 16 | 24 | 40 | 57 | 69 | 56 |
| 14 | 17 | 22 | 29 | 51 | 87 | 80 | 62 |
| 18 | 22 | 37 | 56 | 68 | 109 | 103 | 77 |
| 24 | 35 | 55 | 64 | 81 | 104 | 113 | 92 |
| 49 | 64 | 78 | 87 | 103 | 121 | 120 | 101 |
| 72 | 92 | 95 | 98 | 112 | 100 | 103 | 99 |

(c) 色差量化表

| 15 | 0 | −1 | 0 | 0 | 0 | 0 | 0.3 |
|---|---|---|---|---|---|---|---|
| −2 | −1 | 0 | 0 | 0 | 0 | 0 | 0.2 |
| −1 | −1 | 0 | 0 | 0 | 0 | 0 | 0.1 |
| 0 | 0 | 0 | 0 | 0 | 0 | 0 | 0.3 |
| 0 | 0 | 0 | 0 | 0 | 0 | 0 | 0.3 |
| 0 | 0 | 0 | 0 | 0 | 0 | 0 | 0.0 |
| 0 | 0 | 0 | 0 | 0 | 0 | 0 | 0.8 |
| 0 | 0 | 0 | 0 | 0 | 0 | 0 | 0.4 |

(d) 量化系数

| 240 | 0 | -10 | 0 | 0 | 0 | 0 | 0 |
|---|---|---|---|---|---|---|---|
| -24 | -12 | 0 | 0 | 0 | 0 | 0 | 0 |
| -14 | -13 | 0 | 0 | 0 | 0 | 0 | 0 |
| 0 | 0 | 0 | 0 | 0 | 0 | 0 | 0 |
| 0 | 0 | 0 | 0 | 0 | 0 | 0 | 0 |
| 0 | 0 | 0 | 0 | 0 | 0 | 0 | 0 |
| 0 | 0 | 0 | 0 | 0 | 0 | 0 | 0 |
| 0 | 0 | 0 | 0 | 0 | 0 | 0 | 0 |

(e) 反量化系数

| 144 | 146 | 149 | 152 | 154 | 156 | 156 | 156 |
|---|---|---|---|---|---|---|---|
| 148 | 150 | 152 | 154 | 156 | 156 | 156 | 156 |
| 155 | 156 | 157 | 158 | 158 | 157 | 156 | 155 |
| 160 | 161 | 161 | 162 | 161 | 159 | 157 | 155 |
| 163 | 163 | 164 | 163 | 162 | 160 | 158 | 156 |
| 163 | 164 | 164 | 164 | 162 | 160 | 158 | 157 |
| 160 | 161 | 162 | 162 | 162 | 161 | 159 | 158 |
| 158 | 159 | 161 | 161 | 162 | 161 | 159 | 158 |

(f) 重构的图像样本

图8-10 JPEG压缩算法举例

**例 8-3-2** 设某一亮度子图像DCT系数量化后的系数如图8-11所示，求该子图像JPEG编码后的数据(设前一个子图像的DC系数为12)。

**解** a) 经Z形扫描得一维系数序列(15 0 −2 −1 −1 −1 0 0 −1 EOB)。

b) 符号对：对于DC系数，其 $D=DC_i-DC_{i-1}=15-12=3$。

由D=3查Y。DC位长表得，

对于AC系数：

| | | | | | | | |
|---|---|---|---|---|---|---|---|
| 15 | 0 | -1 | 0 | 0 | 0 | 0 | 0 |
| -2 | -1 | 0 | 0 | 0 | 0 | 0 | 0 |
| -1 | -1 | 0 | 0 | 0 | 0 | 0 | 0 |
| 0 | 0 | 0 | 0 | 0 | 0 | 0 | 0 |
| 0 | 0 | 0 | 0 | 0 | 0 | 0 | 0 |
| 0 | 0 | 0 | 0 | 0 | 0 | 0 | 0 |
| 0 | 0 | 0 | 0 | 0 | 0 | 0 | 0 |
| 0 | 0 | 0 | 0 | 0 | 0 | 0 | 0 |

图 8-11　子块亮度图像 DCT 系数量化值分布图

(1,2)(−2),(0,1)(−1),(0,1)(−1),(0,1)(−1),(2,1)(−1),(0,0)

c) 对符号对进行变长编码：

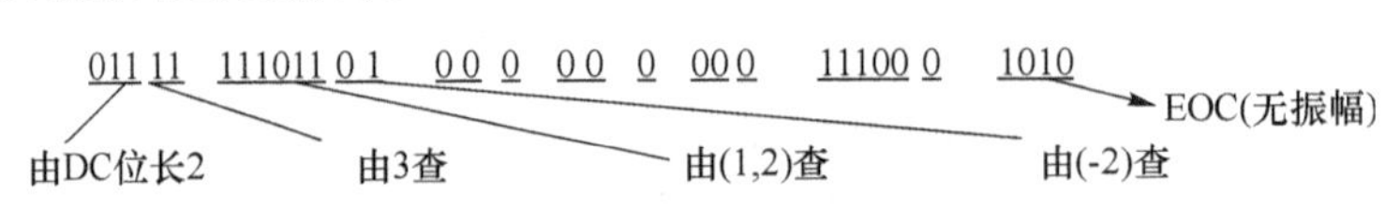


表 8-9 到表 8-17 为 JPEG 编码表。

**表 8-9　亮度量化表**

| | | | | | | | |
|---|---|---|---|---|---|---|---|
| 16 | 11 | 10 | 16 | 24 | 40 | 51 | 61 |
| 12 | 12 | 14 | 19 | 26 | 58 | 60 | 55 |
| 14 | 13 | 16 | 24 | 40 | 57 | 69 | 56 |
| 14 | 17 | 22 | 29 | 51 | 87 | 80 | 62 |
| 18 | 22 | 37 | 56 | 68 | 109 | 103 | 77 |
| 24 | 35 | 55 | 64 | 81 | 104 | 113 | 92 |
| 49 | 64 | 78 | 87 | 103 | 121 | 120 | 101 |
| 72 | 92 | 95 | 98 | 112 | 100 | 103 | 99 |

**表 8-10　色度量化表**

| | | | | | | | |
|---|---|---|---|---|---|---|---|
| 17 | 18 | 24 | 47 | 99 | 99 | 99 | 99 |
| 18 | 21 | 26 | 66 | 99 | 99 | 99 | 99 |
| 24 | 26 | 56 | 99 | 99 | 99 | 99 | 99 |
| 47 | 66 | 99 | 99 | 99 | 99 | 99 | 99 |
| 99 | 99 | 99 | 99 | 99 | 99 | 99 | 99 |
| 99 | 99 | 99 | 99 | 99 | 99 | 99 | 99 |
| 99 | 99 | 99 | 99 | 99 | 99 | 99 | 99 |
| 99 | 99 | 99 | 99 | 99 | 99 | 99 | 99 |

**表 8-11　DC 差分值的位长**

| 位长 | DC 差分值 |
|---|---|
| 0 | 0 |
| 1 | −1, 1 |
| 2 | −3,−2, 2, 3 |
| 3 | −7.. −4, 4..7 |
| 4 | −15,,−8, 8..15 |
| 5 | −31.. −16,16..31 |
| 6 | −63.. −32, 32..63 |
| 7 | −127.. −64, 64..127 |
| 8 | −255. −128, 128..255 |
| 9 | −511..−256, 256..511 |
| 10 | −1023..−512, 512..1023 |
| 11 | −2047..−1024, 1024..2047 |

**表 8-12　AC 系数的位长**

| 位长 | AC 系数 |
|---|---|
| 1 | −1,1 |
| 2 | −3,−2,2,3 |
| 3 | −7..−4,4.. 7 |
| 4 | −15,,−8,8.. 15 |
| 5 | −31.. −16, 16.. 31 |
| 6 | −63..−32, 32.. 63 |
| 7 | −127.. −64. 64..127 |
| 8 | −255. −128. 128.. 255 |
| 9 | −511..−256, 256..511 |
| 10 | −1023..−512, 512..1023 |

**表 8-13　亮度直流差分表**

| 位长 | 位数 | 码字 |
|---|---|---|
| 0 | 2 | 00 |
| 1 | 3 | 010 |
| 2 | 3 | 011 |
| 3 | 3 | 100 |
| 4 | 3 | 101 |
| 5 | 3 | 110 |
| 6 | 4 | 1110 |
| 7 | 5 | 11110 |
| 8 | 6 | 111110 |
| 9 | 7 | 1111110 |
| 10 | 8 | 11111110 |
| 11 | 9 | 111111110 |

**表 8-14　色度直流差分表**

| 位长 | 位数 | 码字 |
|---|---|---|
| 0 | 2 | 00 |
| 1 | 2 | 01 |
| 2 | 2 | 10 |
| 3 | 3 | 110 |
| 4 | 4 | 1110 |
| 5 | 5 | 11110 |
| 6 | 6 | 111110 |
| 7 | 7 | 1111110 |
| 8 | 8 | 11111110 |
| 9 | 9 | 111111110 |
| 10 | 10 | 1111111110 |
| 11 | 11 | 11111111110 |

**表 8-15　亮度交流系数表**

| 跨越/位长 | 位数 | 码字 | 跨越/位长 | 位数 | 码字 |
|---|---|---|---|---|---|
| 0/0(EOB) | 4 | 1010 | 2/1 | 5 | 11100 |
| 0/1 | 2 | 00 | 2/2 | 8 | 11111001 |
| 0/2 | 2 | 01 | 2/3 | 10 | 1111110111 |
| 0/3 | 3 | 100 | 2/4 | 12 | 111111110100 |
| 0/4 | 4 | 1011 | 2/5 | 16 | 1111111110001001 |
| 0/5 | 5 | 11010 | 2/6 | 16 | 1111111110001010 |
| 0/6 | 7 | 1111000 | 2/7 | 16 | 1111111110001011 |
| 0/7 | 8 | 11111000 | 2/8 | 16 | 1111111110001100 |
| 0/8 | 10 | 1111110110 | 2/9 | 16 | 1111111110001101 |

续 表

| 跨越/位长 | 位数 | 码字 | 跨越/位长 | 位数 | 码字 |
|---|---|---|---|---|---|
| 0/9 | 16 | 1111111110000010 | 2/A | 16 | 1111111110001110 |
| 0/A | 16 | 1111111110000011 | 3/1 | 6 | 111010 |
| 1/1 | 4 | 1100 | 3/2 | 9 | 111110111 |
| 1/2 | 5 | 11011 | 3/3 | 12 | 111111110101 |
| 1/3 | 7 | 1111001 | 3/4 | 16 | 1111111110001111 |
| 1/4 | 9 | 111110110 | 3/5 | 16 | 1111111110010000 |
| 1/5 | 11 | 11111110110 | 3/6 | 16 | 1111111110010001 |
| 1/6 | 16 | 1111111110000100 | 3/7 | 16 | 1111111110010010 |
| 1/7 | 16 | 1111111110000101 | 3/8 | 16 | 1111111110010011 |
| 1/8 | 16 | 1111111110000110 | 3/9 | 16 | 1111111110010100 |
| 1/9 | 16 | 1111111110000111 | 3/A | 16 | 1111111110010101 |
| 1/A | 16 | 1111111110001000 | 4/1 | 6 | 111011 |

**表 8-16　色度交流系数表**

| 跨越/位长 | 位数 | 码字 | 跨越/位长 | 位数 | 码字 |
|---|---|---|---|---|---|
| 0/0(EOB) | 2 | 00 | 2/1 | 5 | 11010 |
| 0/1 | 2 | 01 | 2/2 | 8 | 11110111 |
| 0/2 | 3 | 100 | 2/3 | 10 | 1111110111 |
| 0/3 | 4 | 1010 | 2/4 | 12 | 111111110110 |
| 0/4 | 5 | 11000 | 2/5 | 15 | 111111111000010 |
| 0/5 | 5 | 11001 | 2/6 | 16 | 1111111110001100 |
| 0/6 | 6 | 111000 | 2/7 | 16 | 1111111110001101 |
| 0/7 | 7 | 1111000 | 2/8 | 16 | 1111111110001110 |
| 0/8 | 9 | 111110100 | 2/9 | 16 | 1111111110001111 |
| 0/9 | 10 | 1111110110 | 2/A | 16 | 1111111110010000 |
| 0/A | 12 | 111111110100 | 3/1 | 5 | 11011 |
| 1/1 | 4 | 1011 | 3/2 | 8 | 11111000 |
| 1/2 | 6 | 111001 | 3/3 | 10 | 1111111000 |
| 1/3 | 8 | 11110110 | 3/4 | 12 | 111111110111 |
| 1/4 | 9 | 111110101 | 3/5 | 16 | 1111111110010001 |
| 1/5 | 11 | 11111110110 | 3/6 | 16 | 1111111110010010 |
| 1/6 | 12 | 111111110101 | 3/7 | 16 | 1111111110010011 |
| 1/7 | 16 | 1111111110001000 | 3/8 | 16 | 1111111110010100 |
| 1/8 | 16 | 1111111110001001 | 3/9 | 16 | 1111111110010101 |
| 1/9 | 16 | 1111111110001010 | 3/A | 16 | 1111111110010110 |
| 1/A | 16 | 1111111110001011 | 4/1 | 6 | 1111010 |

表 8-17 正负值振幅表

| 位长 | 振幅 | 码字 |
|---|---|---|
| 0 | 0 | — |
| 1 | −1,1 | 0,1 |
| 2 | −3,−2,2,3 | 00,01,10,11 |
| 3 | −7,…,−4,4,…,7 | 000,…,011,100,…,111 |
| 4 | −15,…,−8, 8,…,15 | 0000,…,0111,1000,…,1111 |
| ⋮ | ⋮ | ⋮ |
| 16 | 32768 | — |

# 8.4 JPEG 文件格式

JPEG 在制定 JPEG 标准时，虽然定义了许多标记(marker)用来区分和识别图像数据及其相关信息，但并没有具体定义明确的 JPEG 文件格式。C-Cube Microsystems 公司的 Eric Hamilton 于 1992.9.1 所定义的 JFIF(JPEG File Interchange Format，JPEG 文件交换格式) 1.02 成为 JPEG 文件( *.JPG)的事实标准。下面只介绍 JPEG 的基准模式(Baseline DCT)下的 JFIF 格式。

## 8.4.1 图像准备

在进行 JPEG 编码前，需要做的主要准备工作是分组元、颜色空间转换和 8×8 分块。

**1. 分组元**

- 灰度图有一个组元。真彩图有三个组元。

RGB——等分辨率

$YC_bC_r$——不等分辨率，例如 4:2:2 或 4:1:1 等

**2. 颜色空间转换**

JPEG 文件使用的颜色空间是 1982 年推荐的电视图像信号数字化标准 CCIR 601(现改为 ITU-R BT.601)。在这个色彩空间中，每个分量、每个像素的电平规定为 256 级，用 8 位代码表示。可使用前面介绍过的公式，在 RGB 空间与 $YC_bC_r$ 空间之间相互转换。

(1) $RGB \rightarrow YC_bC_r$

$$Y = 0.299R + 0.587G + 0.114B$$

$$C_b = -0.1687R - 0.3313G + 0.5B + 128$$

$$C_r = 0.5R - 0.4187G - 0.0813B + 128$$

(2) $YC_bC_r \rightarrow RGB$

$$R = Y + 1.402 \times (C_r - 128)$$

$$G = Y - 0.34414 \times (C_b - 128) - 0.71414 \times (C_r - 128)$$

$$B = Y + 1.772 \times (C_b - 128)$$

**3. 分块**

一般分成 8×8 的块，不足的部分补图像边缘的像素。

### 8.4.2 文件格式框架

JFIF 格式的 JPEG 文件以<图像开始标记>开始，后跟含 JFIF 标识与版本号及图像参数的<应用 0 标记段>，接着是若干可选的存放商业公司信息或应用软件与扩展信息的<应用 *n* 标记段>。<量化表定义段>也是可选的和可多个的。对 Baseline，一幅图像只有一个帧，所以只有一个描写具体图像参数的<帧参数段>，而一帧只有一个记录 Huffman 表序号与频率分量信息的<扫描参数段>。一个可包含若干 Huffman 表说明的<Huffman 表定义段>是可选的。图像的压缩数据存放在一系列由若干 8×8 的数据块组成的 MCU(Minimum Data Unit，最小数据单元)中；文件最后以<图像结束标记>结束。即：

<图像开始标记>
<应用 0 标记段>
<[应用 *n* 标记段]...>
<[量化表定义段]...>
<帧参数段>
<[Huffman 表定义段]>
<扫描参数段>
<压缩数据>
<图像结束标记>

### 8.4.3 文件格式内容

(1) 图像开始标记(Start of Image Marker)：0xff，SOI(0xd8)

- 应用 0 标记段(APP0 Marker Segment)：
- 应用 0 标记(APP0 marker)：0xff，APP0(0xe0)
- 段长度(Length)：2 B(无符号整数，长度从本字段开始计算，下同)
- 标识符(Identifier)：5 B："JFIF\0"
- 版本(Version)：2 B：主版本号(1 B，=1)，次版本号(1 B，≤2)
- 密度单位(Unit)：1 B(=0：X 与 Y 的密度表示 X 与 Y 的像素形状比，=1：点数/英寸，=2：点数/厘米)
- X 方向像素密度(Xdensity)：2 B(无符号整数)
- Y 方向像素密度(Ydensity)：2 B(无符号整数)
- 略图水平像素数(Xthumbnail)：1 B
- 略图垂直像素数(Ythumbnail)：1 B
- [略图(Thumbnail)]：3 * Xthumbnail * Ythumbnail B(若 Xthumbnail＝Ythumbnail＝0 则无略图)

(2) [应用 *n* 标记段(APPn Marker Segment)]：(可选，可若干段)

- 应用 *n* 标记(APPn Marker)：0xff，APP*n*(0xen)(*n*=0～15)
- 段长度(Length)：2 B(无符号整数)
- 段内容(Content)：(length-2)B

(3) [量化表定义段(Quantization Table Define Segment)]：(可选，可若干段)

- 定义量化表标记(Define Quantization Table marker):0xff,DQT(0xdb)
- 段长度(Length):2 B(无符号整数)
- 量化表说明(Quantization Table Specification):(可若干个,一般只一个)
- 量化表精度与序号(Precision and Number of Quantization Table):1B(精度 Pm:高4 位,=0(8b),1(16b),Baseline=0;序号 Nm:低 4 位,=0,1,2,3)
- 量化表(Quantization Table):64 * (Pm+1)B(Z 字形排序)

(4) 帧参数段(Frame Parameters Segment):(对 Baseline,一幅图像只有一个帧)

- 帧开始标记(Start of Frame Marker):0xff,SOF0(0xc0)(Baseline DCT 帧)
- 段长度(Length):2 B(无符号整数)
- 数据精度(Data Precision):1 B(位数/像素/颜色分量,为输入数据的位数,Baseline=8)
- 图像高(Number of Lines):2 B(无符号整数,光栅行数,不包含为得整数个 MCU 而对底边的复制行,若=0 则行数由第一个扫描(Scan)末尾的 DNL 标记(0xff,0xdc)确定)
- 图像宽(Line Length):2 B(无符号整数,光栅行内的像素数,不包含为得整数个MCU 而对最右列的复制列)
- 颜色分量说明(Color Component Specification):
- 分量数(Number of Components,NC):1 B
- 第 $k$ 个分量(Component $k$):($k$=1~NC,共 NC 个)
- 标识(identifier,IDk):1 B
- 相对亚采样率(Relative Downsample Ratio):1 B
- (水平采样率 Hk:高 4 位;垂直采样率 Vk:低 4 位;都可等于 0,1,2,3)
- 量化表序号(Quantization Table Number,QT):1 B(DCT=0,1,2,3;DPCM=0)

(如对缺省 YCbCr:NC=3,Y:ID1=0,(H1,V1)=0x22,Q1=0;Cb:ID2=1,(H2,V2)=0x11,Q2=1;Cr:ID3=2,(H3,V3)=0x11,Q3=1)

(5) [Huffman 表定义段(Huffman Table Define Segment)]:(可选)

- 定义 Huffman 表标记(Define Huffman Table Marker):0xff,DHT(0xc4)
- 段长度(length):2 B(无符号整数)
- Huffman 表说明(Huffman table specification):(可若干个)

  表类型与序号(table type adn number):1B(类型:用该字节的高 4 位表示,0 代表直流(DC)分量;1 代表交流(AC)分量;序号:用该字节的低 4 位表示,分别为 0,1,2,3,Baseline 取值只允许为 0 或 1)

  位表(Bits Table):16 B(L1~L16,Lk=长度为 $k$ 位的 Huffman 码字的个数)

值表(Value Table):$\sum$Lk B($V[k,i]$=第 $i$ 个长度为 $k$ 位的码值)

(6) 扫描参数段(Scan Parameters Segment):(对 Baseline,一帧只有一个扫描段)

- 扫描开始标记(Start of Scan marker):0xff,SOS(0xda)
- 段长度(length):2 B(无符号整数)
- 扫描分量说明(Color Component Specification):

  分量数(Number of Components,NS):1 B(≤NC)

  第 k 个分量(Component k):(k=1~NS,共 NS 个)

  标识(identifier):1 B(∈帧参数段的{IDk})

Huffman 表序号(Huffman Table Number):1 B(DC:高 4 位,可以取 0,1,2,3;AC:低 4 位,可以取 0,1,2,3; Baseline 都只允许取 0,1)

• 频率选择起点(Start of Spectral Selection):1 B(对顺序编码[如 Baseline]为 0)

• 频率选择终点(End of Spectral Selection):1 B(对顺序编码[如 Baseline]可为 0[只含 DCT 系数]或 63[0x3f])

• 逐渐逼近位位置(Successive Approximation bit position):1 B(对顺序编码[如 Baseline]为 0)

(7) 压缩数据(Compress Data)

• 由若干 MCU(Minimum Data Unit,最小数据单元)组成。

• 图像被从上到下、从左到右划分成若干 MCU,若图像的高和宽不是 MCU 的整数倍,则对图像的底边和最右列进行复制。

• 对只有一个颜色分量的灰度图,一个 MCU 为一个 8×8 的数据块,对应于图像中的一个 8×8 像素阵列。

• 对有三个颜色分量的彩色图,一个 MCU 由若干 8×8 的数据块组成,块的顺序和数目由扫描内的亚抽样比率决定。

• 应忽略编码中 0xff 后的 0x00。

(8) 图像结束标记(End of Image marker):0xff,EOI(0xd9)

### 8.4.4 文件的一般顺序

JITF 格式的 JPEG 文件(*.jpg)的一般顺序为:

0xFF SOI(0xD8)

0xFF APP0(0xE0)段长图像参数

[若干应用段:0xFF APPn(0xEn)段长 应用说明]

0xFF DQT(0xDB)段长 量化表说明

0xFF SOF0(0xC0)段长 帧参数

0xFF DHT(0xC4)段长 Huffman 表说明

0xFF SOS(0xDA)段长 扫描参数

压缩数据

0xFF EOI(0xD9)

## 复习思考题

1. DCT 的英文原文与中文译文各是什么?它与三角级数有什么关系?讲稿中它被用在什么地方?

答:DCT(Discrete Cosine Transform 离散余弦变换)是一种变换型的源编码。

DCT 是计算(Fourier 级数的特例)余弦级数之系数的变换。

DCT 是 JPEG 编码的一种基础算法。

2. 与 JPEG 相比,JPEG 2000 有哪些不同、特性和优点?

答：与原来的JPEG相比，JPEG 2000的主要特点有：

- 支持多分辨表示——利用小波变换的多分辨特性，在JPEG 2000码流中，包含了各个分辨率的信息。只需压缩一次，但是有多种分辨率的解压方式。因此，一个单一的JPEG 2000码流，可以同时满足不同分辨率应用的需要，如高分辨率的打印机、中分辨率的显示器和低分辨率的手持设备等
- 压缩域的图像处理与编辑——利用JPEG 2000的多分辨率特性，可以直接从JPEG 2000码流中抽取新的低分辨率JPEG 2000码流，而不需经历解压缩/再压缩过程，也避免了噪声的累积。还可以在压缩域中直接对图像进行剪切、旋转、镜像和翻转等操作，同样不必解压缩后再压缩
- 渐进性——JPEG 2000支持多种类型的渐进传送，可从轮廓到细节渐进传输，适用于窄带通信和低速网络。JPEG 2000支持四维渐进传送：质量(改善)、分辨率(提高)、空间位置(顺序/免缓冲)和分量(逐个)
- 低位深度图像——不像JPEG只支持灰度图和真彩图，JPEG 2000支持黑白二值图和伪彩图的无损压缩，相当于JBIG和JPEG-LS
- 兴趣区——ROI(Region of Interest)可指定图片上感兴趣区域，在压缩编码时可对这些区域指定压缩质量，在显示解码时还可以指定新的兴趣区来指导传输方的编码

JPEG 2000的其他具体优点有：

- 支持最多达16384($2^{14}$)个颜色分量(如多波段遥感图像)、每个颜色分量的深度可为1～38位
- 高压缩率——比JPEG提高近30%，特别是低码率时的重构图效果比JPEG好很多
- 同时支持有损和无损压缩，集成了采用预测编码和整数小波变换的无损压缩方法
- 增加了视觉权重和掩膜
- 可加入加密版权
- 兼容多种彩色模式

3. JPEG采用了哪些压缩算法与编码模式？我们所讲的是其中的哪一种？

答：JPEG专家组开发了两种基本的压缩算法，一种是采用以DCT为基础的有损压缩算法，另一种是采用以预测技术为基础的无损压缩算法。

在JPEG标准中定义了四种编码模式。

- 无损模式：基于DPCM
- 基准模式：基于DCT，一遍扫描
- 递进模式：基于DCT，从粗到细多遍扫描
- 层次模式：含多种分辨率的图($2^n$倍)

这四种模式的关系如图8-12所示。

所讲的是应用最广泛的基于DCT有损压缩算法的基线(baseline)模式中的顺序(sequential)处理所对应的算法和格式(其熵编码只使用Huffman编码，而在扩展的基于DCT的无损压缩算法中，既可以使用Huffman编码，又可以使用算术编码)。

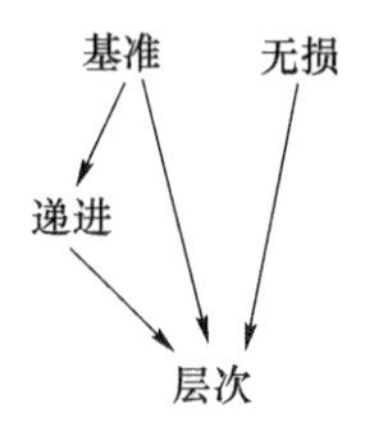


图 8-12 JPEG 编码模式的关系图

4. 给出 JPEG 压缩编码算法的主要计算步骤。其中使图像质量下降的是哪一步？

答：JPEG 压缩编码算法的主要计算步骤如下：

(0) 8×8 分块。

(1) 正向离散余弦变换(FDCT)。

(2) 量化(quantisation)。

(3) Z 字形编码(zigzag scan)。

(4) 使用差分脉冲编码调制(DPCM)对直流系数(DC)进行编码。

(5) 使用行程长度编码(RLE)对交流系数(AC)进行编码。

(6) 熵编码。

(7) 组成位数据流。

使图像质量下降的是第(2)步量化(quantisation)。

5. DCT 在的 JPEG 压缩算法中起什么作用？它将时间或空间数据变换成什么数据？

答：DCT 是 JPEG 编码的一种基础算法。

DCT 将时间或空间数据变成频率数据，利用人的听觉和视觉对高频信号(的变化)不敏感和对不同频带数据的感知特征不一样等特点，可以对多媒体数据进行压缩。

6. DC 系数和 AC 系数的含义是什么？它们各有什么特点？

答：JPEG 编码的 DCT 变换使用下式计算(注意，在变换之前，需要先对源图像中的每个样本数据 v 减去 128)：

$$f(i,j)=v(i,j)-128$$

$$F(u,v)=\frac{1}{4}C(u)C(v)\left[\sum_{i=0}^{7}\sum_{j=0}^{7}f(i,j)\cos\frac{(2i+1)u\pi}{16}\cos\frac{(2j+1)v\pi}{16}\right]$$

其中，

$$C(w)=\begin{cases}\frac{1}{\sqrt{2}}, & w=0\\ 1, & w>0\end{cases}$$

并称

$$F(0,0)=\frac{1}{8}\sum_{i=0}^{7}\sum_{j=0}^{7}f(i,j)=8\,\overline{f}$$

为直流系数(DC)，称其他 $F(u,v)$ 为交流系数(AC)。

8×8 图像块经过 DCT 变换之后得到的 DC 直流系数有两个特点，一是系数的数值比较大，二是相邻 8×8 图像块的 DC 系数值变化不大。

量化 AC 系数的特点是 1×63 矢量中包含有许多“0”系数，并且许多“0”是连续的。

7. 在JPEG中为什么要进行Z字形编码和RLE编码?

答:量化后的二维系数要重新编排,并转换为一维系数,为了增加连续的“0”系数的个数,就是“0”的游程长度,JPEG编码中采用的Z字形编排方法。

量化AC系数的特点是1×63矢量中包含有许多“0”系数,并且许多“0”是连续的,因此使用非常简单和直观的游程长度编码(RLE)对它们进行编码。

8. 在JPEG中使用了哪些熵编码?

答:在JPEG有损压缩算法中,可以使用Huffman或算术编码来减少熵。

9. 在JPEG中给出了哪几种标准表?

答:因为人眼对亮度信号比对色差信号更敏感,因此JPEG编码中使用了两种标准的量化表:亮度量化表和色差量化表。

10. JPEG定义了标准文件格式吗? *.JPG文件使用的是什么格式?

答:JPEG在制定JPEG标准时,虽然定义了许多标记(marker)用来区分和识别图像数据及其相关信息,但并没有具体定义明确的JPEG文件格式。

C-Cube Microsystems公司的Eric Hamilton于1992.9.1所定义的JFIF(JPEG File Interchange Format,JPEG文件交换格式) 1.02成为JPEG文件(*.JPG)的事实标准。

11. JPG文件使用的是什么颜色空间? 对其不同分量又是如何采样的?

答:JPEG文件使用的颜色空间是1982年推荐的电视图像信号数字化标准CCIR 601(现改为ITU-R BT.601)。在这个彩色空间中,每个分量、每个像素的电平规定为256级,用8位代码表示。

12. JPG文件中有哪些段? 它们是按什么顺序排列的?

答:＜图像开始标记＞

＜应用0标记段＞

＜[应用n标记段]...＞

＜[量化表定义段]...＞

＜帧参数段＞

＜[Huffman表定义段]＞

＜扫描参数段＞

＜压缩数据＞

＜图像结束标记＞

## 作　业

大作业选题1(必做):编写一段程序,实现JPEG算法中的8×8的二维DCT变换、量化、逆量化和逆二维DCT变换。具体要求:逐个读入下列4个8×8的十六进制整数串,量化采用标准亮度量化表,输出内容(ASCII码)同8.3.4例(原始数据、变换后的数据、量化表、量化后的数据、逆量化的数据和反变换的数据)。

| | | | | | | | | | | | | | | | |
|---|---|---|---|---|---|---|---|---|---|---|---|---|---|---|---|
| 98 | 9C | 96 | 99 | 9C | A1 | A1 | A6 | B2 | C9 | EA | E4 | C9 | B8 | D3 | E2 |
| 94 | 95 | 95 | 96 | 98 | A0 | A1 | A7 | B3 | CB | E2 | EA | D3 | CD | E6 | E2 |
| 95 | 94 | 91 | 94 | 9D | A3 | A9 | A6 | A7 | A9 | B7 | BC | D4 | D8 | C0 | B2 |
| 8D | 92 | 8F | 94 | 8F | 8F | 8C | 87 | 84 | 83 | 92 | 91 | 9D | A2 | 98 | 90 |
| 7F | 7C | 7B | 74 | 72 | 73 | 72 | 6F | 6F | 6B | 7A | 7F | 8B | 85 | 5D | 4E |
| 5A | 61 | 6A | 5D | 58 | 54 | 4D | 49 | 51 | 5F | 6D | 72 | 77 | 67 | 5C | 54 |
| 6A | 72 | 74 | 73 | 74 | 74 | 6F | 70 | 72 | 72 | 7F | 89 | 8D | 94 | 8B | 7E |
| 77 | 7F | 85 | 89 | 87 | 9A | A2 | A6 | AE | AF | BE | C9 | CC | C7 | A2 | 89 |

| | | | | | | | | | | | | | | | |
|---|---|---|---|---|---|---|---|---|---|---|---|---|---|---|---|
| 76 | 7A | 7C | 87 | 91 | A3 | B3 | C3 | C3 | C0 | C5 | CF | D5 | C7 | 99 | 89 |
| 7F | 83 | 7F | 7E | 89 | 96 | 9A | A2 | A7 | A3 | 9C | 9E | A6 | A2 | 89 | 91 |
| 7A | 7F | 81 | 7F | 7F | 8C | 90 | 90 | 99 | 96 | 92 | 90 | 90 | 8C | 8C | 96 |
| 7F | 7B | 77 | 77 | 7A | 81 | 84 | 87 | 90 | 88 | 87 | 81 | 7F | 8B | 98 | 9A |
| 84 | 7E | 7C | 76 | 74 | 70 | 72 | 74 | 74 | 70 | 74 | 78 | 8C | A2 | 9D | 94 |
| 85 | 81 | 87 | 88 | 83 | 7C | 78 | 7C | 80 | 85 | 8D | 99 | A0 | A1 | 94 | 8D |
| 88 | 89 | 92 | 96 | 96 | 9A | 9D | 9D | 9C | 9E | A1 | A1 | A1 | 9D | 8D | 94 |
| 94 | 94 | 9C | A1 | A5 | AB | B2 | AE | A6 | A5 | A5 | A6 | A1 | 99 | 96 | 95 |

大作业选题 2:实现 JPEG 算法的编解码,读写并显示 *.JPG 文件及 *.BMP 和 *.GIF 文件,实现这几种文件格式的相互转换。

# 第9章 MPEG标准

在第7章中已经介绍了视频的数字化和MPEG与H系列的国际编码标准。本章将具体介绍MPEG-1/2和MPEG-4的视频压缩算法,以及它们的伴音编码方法。MPEG-4的第10部分先进视频编码AVC(H.264),将在下一章介绍。

## 9.1 MPEG-1/2的视频压缩算法

MPEG-1和MPEG-2采用的是相同的视频压缩方法,帧内采用的是JPEG静态图像编码,帧间则采用运动补偿算法。

### 9.1.1 MPEG-1/2的视频压缩算法简介

可以利用视频数据所存在的各种冗余,来对其进行压缩。视频本身在时间上和空间上都含有许多冗余信息,图像自身的构造也有冗余性。此外,利用人的视觉特性也可对图像进行压缩,这叫做视觉冗余。如表9-1所示。

表9-1 视频压缩可利用的各种冗余信息

| 种类 | | 内容 | 目前用的主要方法 |
|---|---|---|---|
| 统计特性 | 空间冗余 | 像素间的相关性 | 变换编码,预测编码 |
| | 时间冗余 | 时间方向上的相关性 | 帧间预测,移动补偿 |
| 图像构造冗余 | | 图像本身的构造 | 轮廓编码,区域分割 |
| 知识冗余 | | 收发两端对事物的共有认识 | 基于知识的编码 |
| 视觉冗余 | | 人的视觉特性 | 非线性量化,位分配 |
| 其他 | | 不确定性因素 | |

MPEG-1/2的视频压缩所采用的技术有两种:① 在空间上(帧内),图像数据压缩采用JPEG压缩算法来去掉冗余信息;② 在时间方向上(帧间),视频数据压缩采用运动补偿(motion compensation)算法来去掉冗余信息。

为了在保证图像质量基本不降低的同时,又能够获得高的压缩比,MPEG专家组为视频的帧系列定义了三种图像:帧内图像I(Intra),预测图像P(Predicted)和双向插值图像B(Bidirectionally Interpolated),它们典型的排列如图9-1所示。在MPEG-1/2的视频编码中,对这三种图像将分别采用了三种不同的算法来进行压缩。

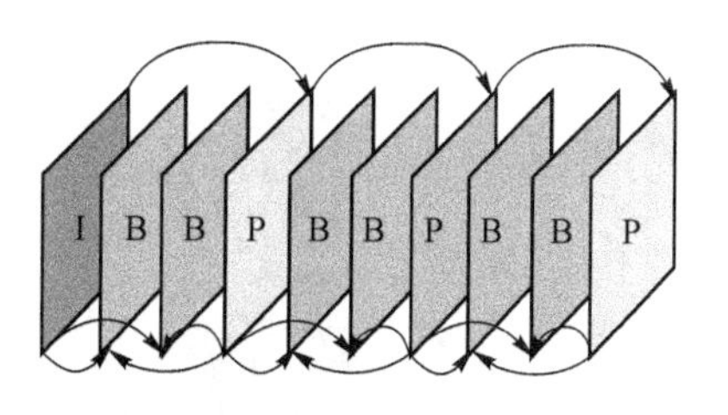


图9-1 MPEG定义的三种视频图像

### 9.1.2 I帧压缩编码算法

帧内图像I的解码，不需要参照任何过去的或后来的其他图像帧，其压缩编码采用类似JPEG压缩算法，它的框图如图9-2所示。如果视频是用RGB空间表示的，则首先要把它转换成$YC_rC_b$空间表示的图像。每个图像平面分成8×8的图块，对每个图块进行离散余弦变换DCT。DCT变换后经过量化的交流分量系数按照Z字形排序，然后再使用无损压缩技术进行编码。DCT变换后经过量化的直流分量系数用差分脉冲编码DPCM，交流分量系数用行程长度编码RLE，然后再用霍夫曼或算术编码。

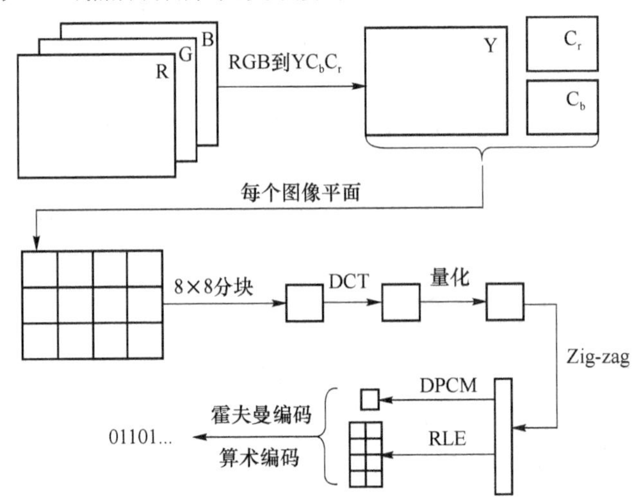


图9-2　帧内图像I的压缩编码算法框图

### 9.1.3 P帧压缩编码算法

MPEG视频编码，对P帧图像采用的是以宏块为单位的前向预测压缩算法。

**1. 算法概述**

预测图像的编码是以图像宏块(Macroblock)为基本编码单元，一个宏块定义为$I\times J$像素的图像块，一般取为16×16。预测图像P用两种类型的参数来表示：一种是当前要编码的图像宏块与参考图像的宏块之间的差值，另一种是宏块的移动矢量(Motion Vector)。移动矢量的概念可用图9-3表示。

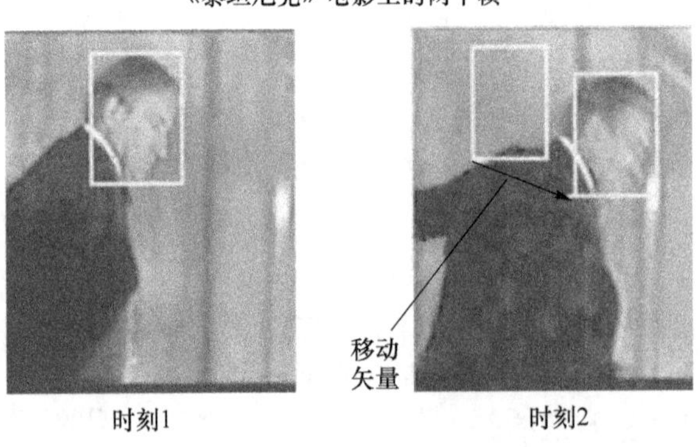


图9-3　移动矢量的概念

假设编码图像宏块 $M_{PI}$是参考图像宏块 $M_{RJ}$的最佳匹配块，它们的差值就是这两个宏块中相应像素值之差。对所求得的差值进行彩色空间转换，并作 4:1:1 的子采样得到 Y，$C_r$ 和 $C_b$ 分量值，然后仿照 JPEG 压缩算法对差值进行编码(对计算出的移动矢量也要进行霍夫曼编码)。求解图像宏块差值的方法如图 9-4 所示。

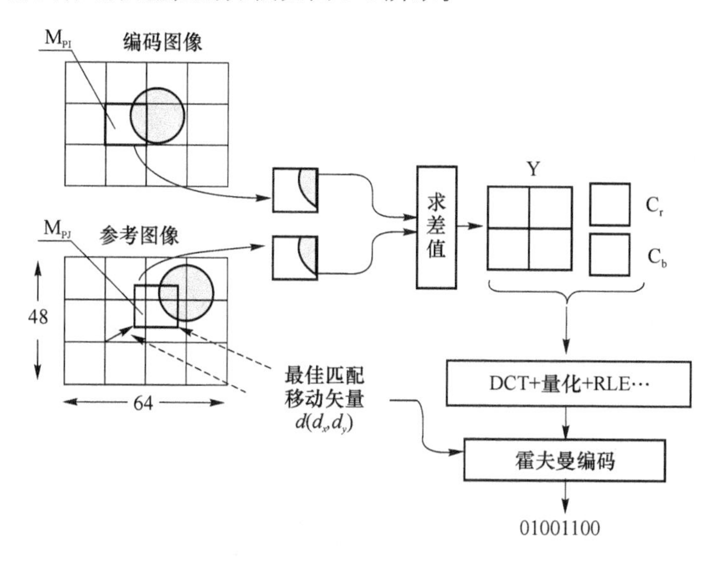


图 9-4 预测图像 P 的压缩编码算法框图

求解移动矢量的方法如图 9-5 所示。在求两个宏块差值之前，需要找出编码图像中的预测图像编码宏块 $M_{PI}$相对于参考图像中的参考宏块 $M_{RJ}$所移动的距离和方向，这就是移动矢量。

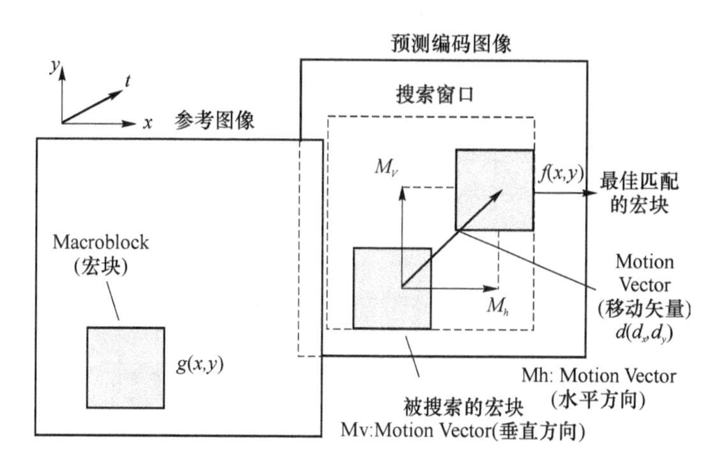


图 9-5 移动矢量的算法框图

要使预测图像更精确，就要求找到与参考宏块 $M_{RJ}$最佳匹配的预测图像编码宏块 $M_{PI}$。所谓最佳匹配是指这两个宏块之间的差值最小。通常以绝对值 AD(Absolute Difference)最小作为匹配判据：

$$\mathrm{AD} = \sum_{i=0}^{15}\sum_{j=0}^{15} \mid f(i,j) - g(i-d_x, j-d_y) \mid, \quad (I = J = 16)$$

有些学者提出了以均方误差 MSE(Mean-Square Error)最小作为匹配判据：

$$\mathrm{MSE}=\frac{1}{I\times J}\sum_{|i|\leqslant\frac{I}{2}}\sum_{|j|\leqslant\frac{J}{2}}[f(i,j)-g(i-d_x,j-d_y)]^2,\quad(I=J=16)$$

也有些学者提出以平均绝对帧差 MAD(Mean of the Absolute frame Difference)最小作为匹配判据：

$$\mathrm{MAD}=\frac{1}{I\times J}\sum_{|i|\leqslant\frac{I}{2}}\sum_{|j|\leqslant\frac{J}{2}}|f(i,j)-g(i-d_x,j-d_y)|,\quad(I=J=16)$$

其中，$d_x$ 和 $d_y$ 分别是参考宏块 $M_{RJ}$ 的移动矢量 $\boldsymbol{d}(d_x,d_y)$ 在 $X$ 和 $Y$ 方向上的矢量。

从以上分析可知，对预测图像的编码，实际上就是寻找最佳匹配图像宏块，找到最佳宏块之后就找到了(最佳)移动矢量 $\boldsymbol{d}(d_x,d_y)$，从而可进一步计算出对应图像宏块的差值参数。

**2. 最佳宏块搜索法**

为减少寻找最佳匹配宏块的搜索次数，已经开发出了许多简化算法用来加快搜索过程。注意，编码时采用哪种具体的搜索方法，不会影响到解码过程，而只会影响编码时的速度和解码后的图像质量。

下面介绍三种常用的最佳宏块搜索法。

(1) 二维对数搜索法

二维对数搜索法(2D-Logarithmic Search)采用的匹配判据是 MSE 为最小，它的搜索策略是沿着最小失真方向搜索。具体搜索方法如图 9-6 所示，图中的标有数字 $i$ 的小方框表示第 $i$ 步的搜索点、箭头表示搜索移动的方向和大小。

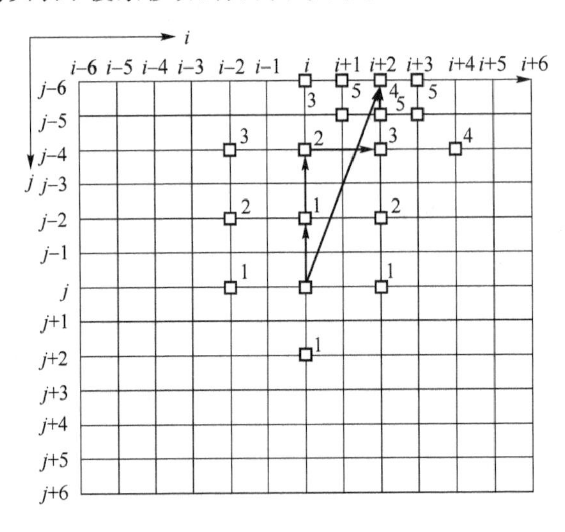


图 9-6　二维对数搜索法

在搜索时，每移动一次就检查上下左右和中央这 5 个搜索点。如果最小失真在中央或在图像边界，就减少搜索点之间的距离。在这个例子中，步骤 1,2,…,5 得到的近似移动矢量 $d$ 为$(i,j-2)$、$(i,j-4)$、$(i+2,j-4)$、$(i+2,j-6)$和$(i+2,j-6)$，最后得到的移动矢量为 $d(i+2,j-6)$。

(2) 三步搜索法

三步搜索法(Three-Step Search)与二维对数搜索法很接近。不过在开始搜索时，搜索

点离$(i,j)$这个中心点有3个像素远，每一步测试周围的8个搜索点，然后减小搜索点的距离，三步完成，如图9-7所示。在这个例子中，点$(i+3,j-3)$作为第一个近似的移动矢量；第二步，搜索点在$(i+3,j-3)$附近，找到的点假定为$(i+3,j-5)$；第三步给出了最后的移动矢量为$d(i+2,j-6)$。本例采用MAD作为匹配判据。

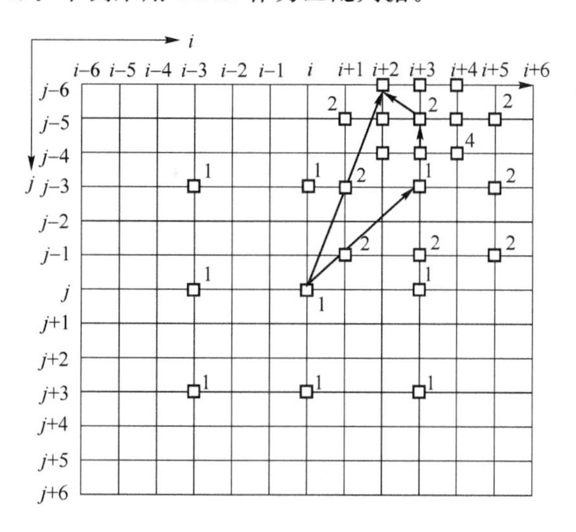


图9-7 三步搜索法

(3) 对偶搜索法

对偶搜索法(Conjugate Search)是一个很有效的搜索方法，采用先横向后纵向的单步搜索，该方法使用MAD作为匹配判据，搜索过程如图9-8所示。在第一次搜索时，通过计算点$(i-1,j)$、$(i,j)$和$(i+1,j)$处的MAD值来决定$i$方向上的最小失真。如果计算结果表明点$(i+1,j)$处的MAD为最小，就计算点$(i+2,j)$处的MAD，并从$(i,j)$，$(i+1,j)$和$(i+2,j)$的MAD中找出最小值。按这种方法一直进行下去，直到在$i$方向上找到最小MAD值及其对应的点。

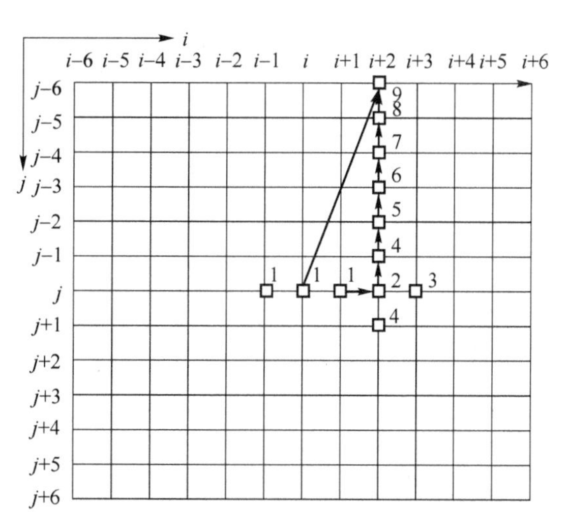


图9-8 对偶搜索法

在这个例子中，假定在 $i$ 方向上找到的点为 $(i+2,j)$。在 $i$ 方向上找到最小 MAD 值对应的点之后，就沿 $j$ 方向去找最小 MAD 值对应的点，方法与 $i$ 方向的搜索方法相同。最后得到的移动矢量为 $d(i+2,j-6)$。

在整个 MPEG 图像压缩过程中，寻找最佳匹配宏块要占据相当多的计算时间，匹配得越好，重构的图像质量越高。

### 9.1.4 B 帧压缩编码算法

双向插值图像 B 的压缩编码框图如图 9-9 所示。具体计算方法与预测图像 P 的算法类似，这里不再重复。

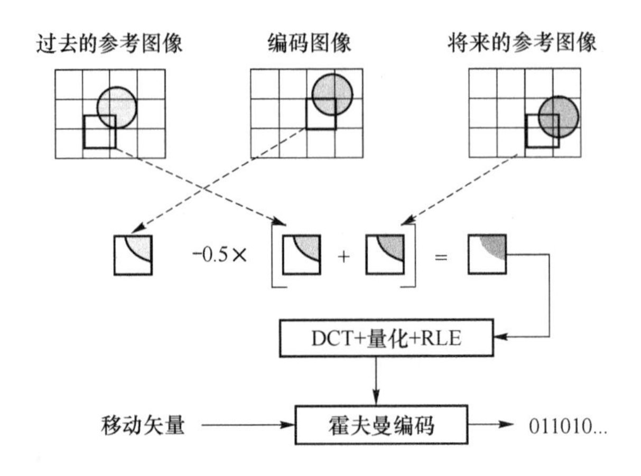


图 9-9　双向预测图像 B 的压缩编码算法框图

### 9.1.5 视频帧结构

I 帧可以用于视频的随机定位和快进快退，但是占用的存储空间较多。MPEG 编码器算法允许选择 I 图像出现的频率和位置。I 图像的频率是指每秒钟出现 I 图像的次数，位置是指时间方向上帧所在的位置。一般情况下，I 图像的频率为 2。

MPEG 编码器也允许在一对 I 图像或者 P 图像之间选择 B 图像的数目。I 图像、P 图像和 B 图像数目的选择依据主要是根节目的内容。例如，对于快速运动的图像，I 图像的频率可以选择高一些，B 图像的数目可以选择少一点；对于慢速运动的图像，帧内图像 I 的频率可以低一些，而 B 图像的数目可以选择多一点。此外，在实际应用中还要考虑媒体的播放速率。

一个典型的 I、P、B 图像安排如图 9-10 所示。编码参数为：帧内图像 I 的距离为 $N=15$，预测图像(P)的距离为 $M=3$。

图 9-10　MPEG 电视帧编排

I、P 和 B 图像压缩后的大小如表 9-2 所示，单位为比特。从表中可以看到，I 帧图像的

数据量最大，而B帧图像的数据量最小。

**表 9-2 三种图像的压缩后的典型值(kB)**

| 图像类型 | I | P | B | 平均数据/帧 |
|---|---|---|---|---|
| MPEG-1 CIF 格式(1.15 Mbit/s) | 150 | 50 | 20 | 38 |
| MPEG-2 601 格式(4.00 Mbit/s) | 400 | 200 | 80 | 130 |

## 9.1.6 MPEG-1

**1. 视频码流结构**

MPEG-1 视频码流共分 6 个层次，其结构如图 9-11～图 9-15 所示。

(1) 图像序列层

图像序列层(Seguence)是指整个一个被处理的连续图像(MPEG-1:逐行扫描。MPEG-2:隔行或逐行扫描)。由序列头，一个或若干图像组和序列结束标志组成。序列头给出图像尺寸，帧率码率，帧组数等信息。

(2) 图像组层

图像组层(GOP—Group of Picture)〔MPEG-1:总被分组。MPEG-2:不一定分组(可选)〕是由若干帧图像组成的一个小组。由图像组头和一系列图像帧组成。头给出组内帧数，帧的顺序等信息，进行随机存取单元。

(3) 图像层

图像层(Picture)是图像组的基本单元，为独立的显示单元。

亮度和色度之间的格式：MPEG-1 通常为 4:1:1 的格式；MPEG-2 通常为 4:1:1 或者 4:2:2 或者 4:4:4 的格式。

由头和片层数据组成，头给出帧(图像)类型(I、P、B)，帧编号，帧内片数等。

(4) 片层

片层(Slice)的目的是防止错误扩散。片层最大相当于每幅图像的宏块总数，最小时只有一个唯一的宏块，同一片内宏块的次序从左到右，从上到下。它是进行再同步的单元，在每条开始，对运动矢量和 DCT 系数值作 DPCM 的预测值，都重新置到零，这可防止解码时的错误积累。头给出同步，片编号，片内宏块数等信息。

(5) 宏块层

宏块层(MB)由 4 个 8×8 像素组成的 Y 块和两个 8×8 像素组成的色度块组成。是进行运动补偿的基本单元。

(6) 块层

块层(B)由 8×8 像素组成，为最小图像处理单元，进行 DCT 的单元。

其数据结构如图 9-11 所示。

关于宏块结构，对不同的亮度和色度格式，宏块的结构有所区别，如图 9-12～图 9-15 所示。

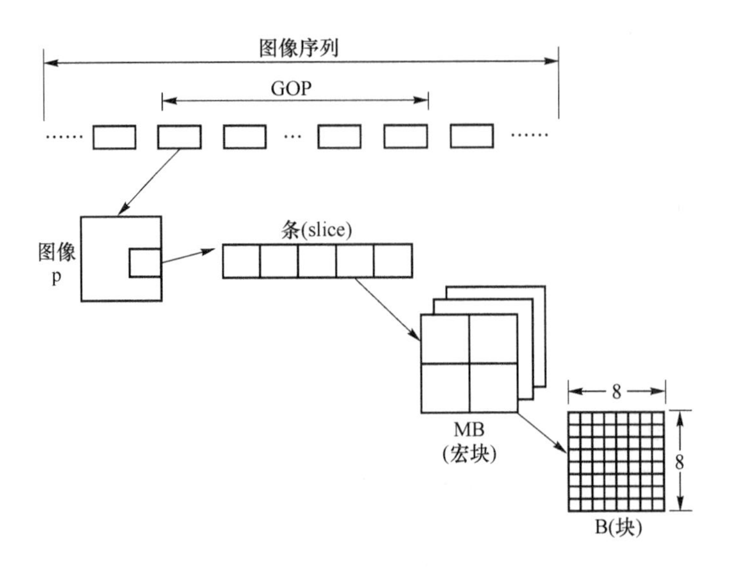


图 9-11　MPEG-1 结构图

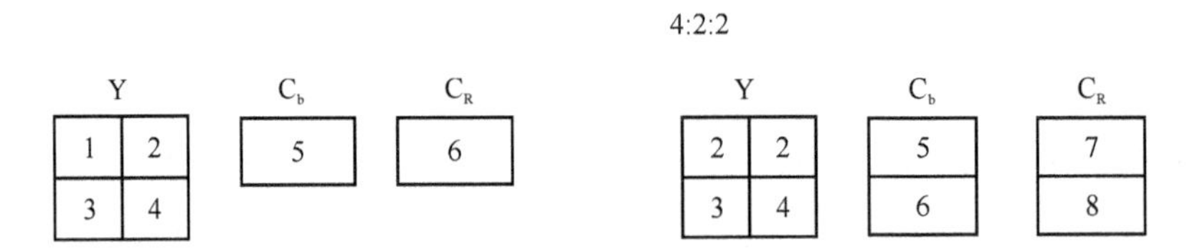


图 9-12　4:2:0 结构图　　　　图 9-13　4:2:2 结构图

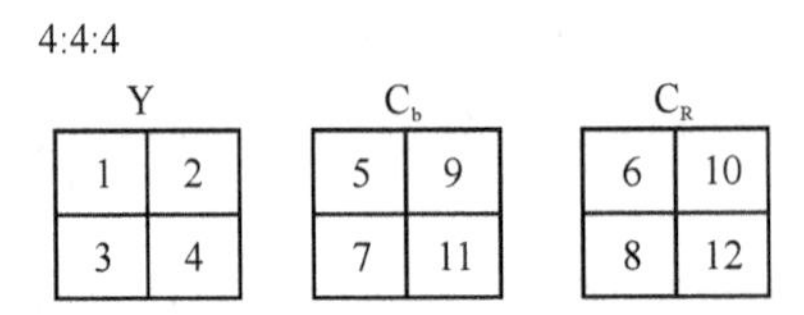


图 9-14　4:2:0 结构图

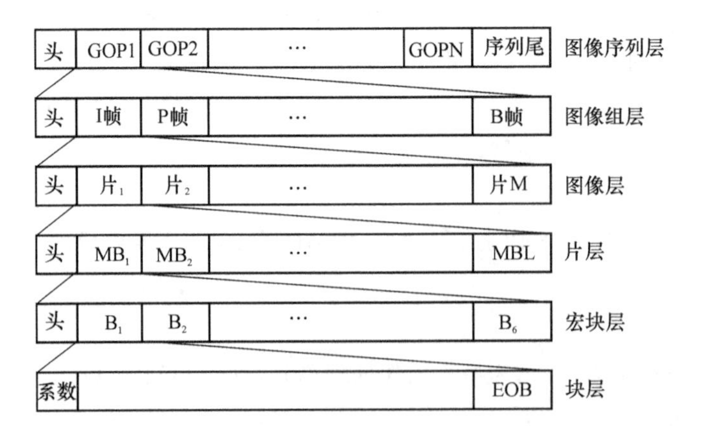


图 9-15　MPEG-1 结构图

**2. 三种编码图像帧**

(1) I帧(Intro Coded Frame,内帧)

类似于H.261的帧内编码模式。

A. 对像素块进行二维DCT(JPEG)

B. 作为其他图像帧编码的参考帧

C. 作为随机存取点

D. 压缩比不高,但没有误码扩散。

(2) P帧(Predictively Coded Frame,预测帧)

类似于H.261的帧间模式。

A. 利用前面的I帧或P帧进行预测编码(即对预测误差进行编码传送)。

B. 是预测B帧或下一个P帧的参考帧

C. 压缩比较I帧高,但误码会扩散

(3) B帧(Bidirectiondly Predictively Coded Frame,双方预测帧)

A. B帧插在I-P或P-P帧之间。其帧间关系如图9-16所示。

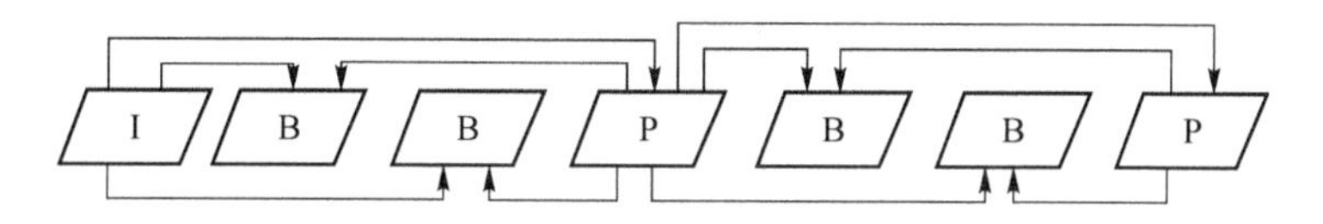


图9-16 MPEG-1帧间的关系

B. 同时利用前面和后面(P帧或I帧)的图像进行预测。

C. 不作为参考帧

D. 与H.261相比,是MPEG的特点,提高了压缩比,改善了图像质量。

(4) I、B帧数目

A. I帧使用频率和在视频流的位置的选择,是根据满足图像序列中随机存取和景物切换的需要而定。典型的是每秒钟2次,即在15帧中安排1次。

B. B帧在I、P帧间安排的数目,基于编码器中存储器的数量和正在编码图像的性质等

a) B帧数越多,压缩比就越大,图像质量就会下降,且实时性降低。

b) 典型数:插入2个B帧。

**3. 编码器**

(1) 方框图

MPEG-1编码器的方框图如图9-17所示。

其中,V:运动矢量;q:量化系数;I:帧内/帧间指示 p:图像类型。

A. 两个帧存储器

B. 帧重排

输入:IBBPBBP……

输出:IPBBPBB……

C. 有三个控制开关

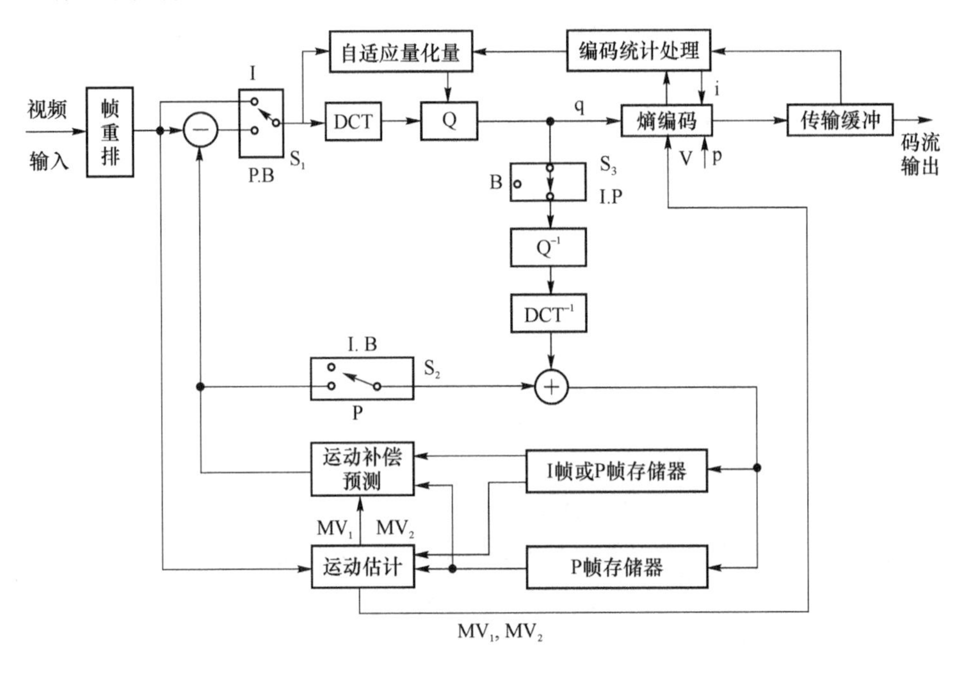


图 9-17　MPEG-1 编码器方框图

(2) I 帧编码

(A) $S_1$,$S_2$,$S_3$,开关处于 I 位置。

(B) 首先,对图像进行 DCT 变换和 Q 量化,然后进行熵编码输出,接着进行反量化 $Q^{-1}$,反 $DCT^{-1}$变换,再将其结果存入 I 帧存储器,作为后续 P 帧或 B 帧预测参考值。

(C) 要求精量化。

帧内编码块的信号频率范围较宽,则应采用细粗量化器进行精确编码,否则,对于那些光滑的块,很小的误差都会产生可观察的块边界(即块效应)。

采用多种专用量化表,按图像内容分类制定量化表(如将大于等于 0.5 系数保留等)。

按宏块图像反差调整量化表(确定合适的反差系数)。

宏块反差系数:

$$C=\frac{\sum_{x=1}^{16}\sum_{y=1}^{16}F(X,Y)^2}{256}-\left[\frac{\sum_{x=1}^{16}\sum_{y=1}^{16}F(X,Y)}{256}\right]^2$$

$C$ 小,步长小:$C$ 大,步长大。

按输出码率高低,调整量化表。

(3) P 帧编码

(A) $S_1$,$S_2$,$S_3$ 开关处于 P 位置。

(B) 找出运动矢量:以 I 帧图像作为参考。

(C) 运动补偿预测。

(D) 计算预测误差。

(E) 对预测误差编码。

首先，对图像进行 DCT 变换和 Q 量化，然后进行熵编码输出，接着进行反量化 $Q^{-1}$，反 $DCT^{-1}$ 变换，再将其结果与预测值相加，得到图像值，存入 P 帧存储器，作为后续 P 帧或 B 帧预测参考值。

(F) 用粗量化。由于预测误差主要是高频信号，可采用粗粒度量化器。

(4) B 帧编码

帧重排后，输出帧序为 IPBBPB，对 B 帧编码时，前面的 I，P 帧（或 P，P 帧）已存入编码器图中的 I，P 帧存储器。

A. $S_1$，$S_2$，$S_3$ 开关处于 B 位置。

B. 找出运动矢量（以 I，P 为参考帧）。

C. 运动补偿预测。

D. 计算预测误差。

E. 预测误差编码。

由于 $S_3$ 断开，因此 DCT 变换，Q 量化和熵编码后直接输出，不存入存储器，且不作为参考帧。

F. 粗量化。

**4. 解码器**

(1) 方框图

MPEG-1 解码器方框图如图 9-18 所示。

(2) I 帧解码

首先，复用解码器将量化表中的数据进行反量化 $Q^{-1}$ 和反 $DCT^{-1}$ 变换，然后进行帧重排，并送至帧存储器作为 P、B 帧解码参考 。

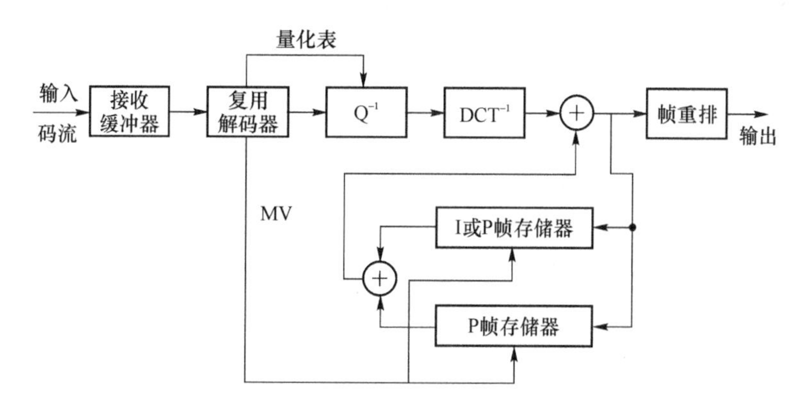


图 9-18　MPEG-1 解码器方框图

(3) P 帧解码

首先，复用解码器将量化表中的数据进行反量化 $Q^{-1}$ 和反 $DCT^{-1}$ 变换，将其与从 I 帧存储器取出数据（预测值），然后进行帧重排，并送至帧存储器作为 P、B 帧解码参考 。

(4) B 帧解码

首先，复用解码器将量化表中的数据进行反量化 $Q^{-1}$ 和反 $DCT^{-1}$ 变换，将其与从 I 帧存储器取出数据(预测值),然后进行帧重排。

### 9.1.7 MPEG-2

**1. 概述**

(1) 向下兼容 MPEG-1 和 H.261 标准(由 MPEG-1 发展而来)。

(2) 作为通用标准,适用于更广泛的应用场合,能满足广播、通信、计算机到家庭电子产品。

(3) 与 MPEG-1 相比,在视频方面进行的扩展和改进主要包括如下四个方面。

(A) 扩大了重要的参数值,允许更大的画面格式、比特率和运动矢量长度。

(B) 考虑到电视信号隔行扫描特性,专门设置了"按帧编码"和"按场编码"两种模式(对帧/场运动补偿、帧/场 DCT 进行选择),成为改进图像质量的关键措施之一。

(C) 引入了可伸缩(可分级)视频编码方式。

可伸缩的(SCABLE)视频编码是指编码所产生的码流具有以下特性:对码流的一部分进行解码和对码流的全部进行解码能够获得不同质量的重建图像。对部分解码所获得的图像比对全部码流解码获得的图像分辨率(或帧率、或信噪比等)要低。主要有空间可伸缩、时间可伸缩和信噪比可伸缩。

(D) 在编码算法的细化上,补充了非线性量化,10 bit 像素编码;采用更高的系数精度,不同直流系数和帧内/帧间 DCT 系数的 VLC 表,4:2:2 和 4:4:4 色度信号格式的处理方法及其他技术。

**2. 类(档次,配置)/ 级(等级、级别)结构(profile/level)**

"类"是集成后的完整码流的一个子集,而每个类的"级"是对编码参数的进一步限制(图像参数——格式,采样高低等)。类/级是通过确定码流中相应标题信息和附加信息中的有关参数来给定的。

1) 五个类(porfile)

A) 无 B 帧的简单类(Simple Profile)

B) 允许 B 帧的主类(Main Profile)

C) 在主类基础上加上 SNR 分级的 SNR 可分级类(SNR Scalable Profile)

D) 在 C 基础上空域可分级类(Spatialy Scalable Profile)

E) 在 D 基础上加上时间域可分级的高类(High Scalable Profile)

2) 第一类分四级

A) MPEG-1 格式的低级(Low Level)(352×288×30)

B) 标准清晰度电视的主级(Main Level)(720×480×30 720×576×25)

C) 每行 1 440 取样的 HDTV 的高级(High-1440 Level)(1 440×1 080×301 440×1 152×25)

D) 每行 1 920 取样的 HDTV 的高级(High Level)(1 920×1 080×301 920×1 152×25)

MPEG-2 类和级的组合表如表 9-3 所示。

实际应用中,有些组合不大可能出现,因而未予规定。如 High Profile ,Low Level 就不会出现。

其中，SP@ML，MP@ML，MP@HL 和 MP@$H_{1440}$ 被认为是最重要的技术规范。

MP@ML：是最早有集成电路的解码器，应用于多种场合，图像质量超过现有电视信号。

MP@HL：美国 HDTV 大联盟方案。

MP@$H_{1440}$：欧洲 HDTV 方案。

表 9-3　MPEG-2 类和级的组合

| Level \ Profile | Simple Profile SP | Main Level MP | SNR Scalable Profile SNP | SSP | HP |
|---|---|---|---|---|---|
| High Level HL | | MP@HL | | | HP@HL |
| High-1440 | | MP@$H_{1440}$ | | SSP@$H_{1440}$ | HP@$H_{1440}$ |
| Main Level MP | SP@ML | MP@ML | SNP@. ML | | |
| Low Level LL | | MP@LL | | | |

**3. 可分级编码技术**

目前常用的分级编码方法有信噪比、空间、时间域分级等。这里介绍信噪比和空间域分级编码技术。

(1) 信噪比可分级编码技术

该技术主要考虑随接收条件变差图像质量"适度降级"，以避免数字广播所特有的"邻户突变"现象，即在广播覆盖边缘附近突然一点信号也没有。

(A) 方框图

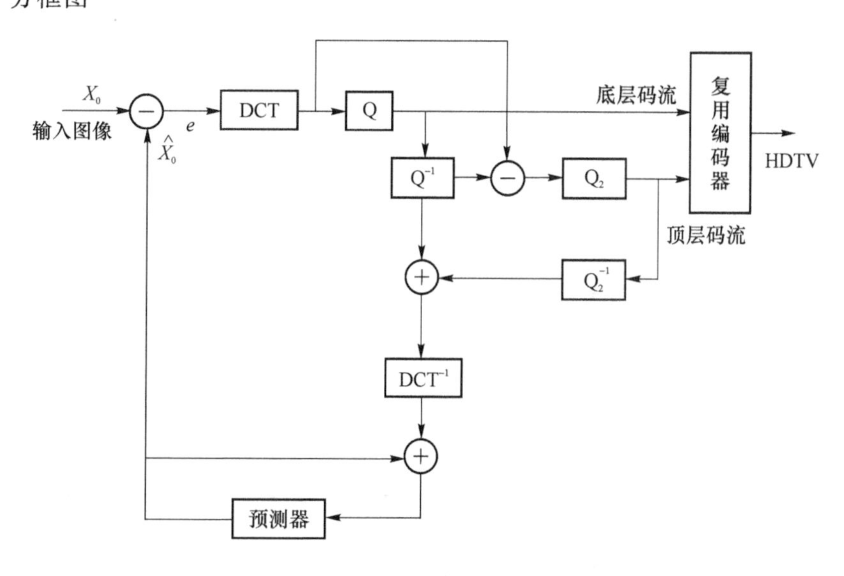


图 9-19　SNR 可分级信源编码原理框图

编码器产生两个数据流，从中可建立两个视频信号，其建立图像尺寸相同，只是图像质量不同，即信噪比的不同。通过可分级改变 DCT 系数的量化步长。

(B) 底层码流

底层码流由 MPEG-2 基本编码环路得到，对 DCT 系数粗量化(量化器 Q)，解码得到较低质量的视频信号。

(C) 顶层码流

顶层码流是通过对底层 DCT 系数粗量化的噪声再进行细量化($Q_2$),经编码传输得到。

(D) 底层码流以高优先级传输,顶层码流以低优先级传输

这样,在接收边缘地区,仍可解出低层码流,重建较低质量的视频信号。在正常接收地区,接收机可同时解出底层和顶层码流,产生正常质量的视频信号,从而实现不同质量的可分级视频信号传输。

(2) 空间域可分级编码技术

空间域可分级的主要目的是实现不同大小的图像,即 SDTV 和 HDTV 服务的兼容性。它的实现框图如图 9-20 所示。

(A) 方框图

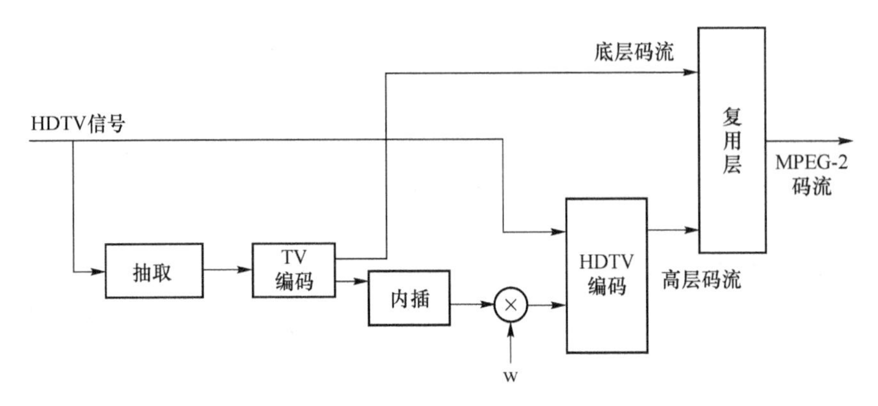


图 9-20　空间可分级编码原理框图

利用对图像像素的抽取与内插来实现不同级别的转换。

(B) 底层码流

输入图像经分辨率下抽样(水平、垂直分别 2∶1 取样),得到 SDTV 图像,经过独立的编码环路产生底层码流。

(C) 顶层码流

通过内插、加权,对全质图像与底层图像的差值编码,形成顶层码流。

**4. 基于帧/场编码模式**

(1) 帧/场 DCT

DCT 变换是在场内还是在帧内进行,与景物的局部空间内容与空间相关性有关。虽然场的行距是帧的行距的两倍,但前者的相关性并不是总比后者小。若景物中有相当大的运动,帧 DCT 的效果不如场 DCT,这是帧 DCT 中隔行产生的边缘效应,会使大的 DCT 系数出现在左下角,而不是右上角。

因此在作 DCT 之前,要作帧/场编码的选择。选择的方法是对 16×16 的原图像或对亮度作运动补偿后的差值作帧的行间和场的行间的相关系数的计算。如果帧行的相关系数大于场行的相关系数,就选帧 DCT 编码,否则就选场 DCT 编码。这样可以使 DCT 对相关系数大的信号作处理,得到较高的压缩比。

一般情况小,对细节多,运动部分少的图像,选帧 DCT;对细节少,运动部分多的图像,选场 DCT。

帧/场 DCT 编码的亮度宏块结构如图 9-21 所示。

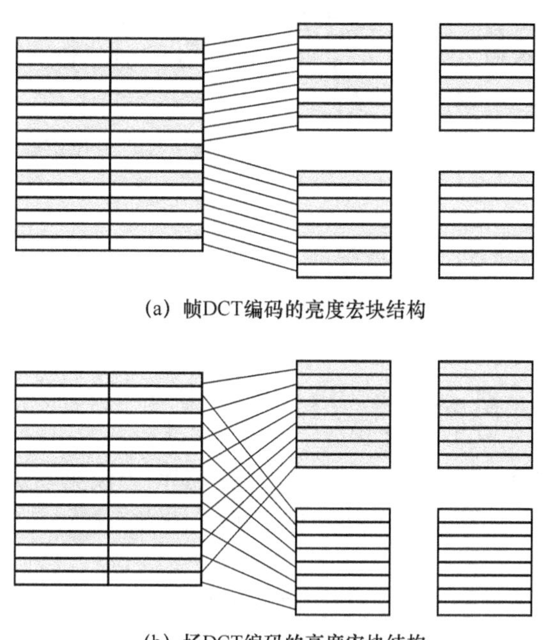

(a) 帧DCT编码的亮度宏块结构

(b) 场DCT编码的亮度宏块结构

图 9-21 帧/场 DCT 编码的亮度宏块结构

(2) 帧/场的运动补偿

对于运动补偿,MPEG-1 是按帧进行的。MPEG-2 考虑到视频信号隔行扫描的特点,增加了按场补偿的方法,以便更有效地提高运动补偿的效果,并可能部分解决运动物体遮掩/露出的问题。下面给出具体的混合预测/内插运动补偿算法。

(A) P 帧运动补偿

P 帧运动补偿是以过去帧为参考帧,根据当前帧和参考帧的两种属性,奇场和偶场,可以组成四种运动补偿方式,与帧补偿方式一起共五种不同的补偿方式。通过 MSE 准则选择 P 帧最佳运动补偿方式。

(B) B 帧运动补偿

以过去帧和未来帧为参考帧,可分为前向、后向和双向预测三种方式。前两种方式与 P 帧运动补偿方式相同,分别得五种预测。第三种预测利用双向平均值做运动补偿。从以上多种组合中以 MSE 准则,选出最佳运动补偿方式。

# 9.2 MPEG-4 视频编码算法

## 9.2.1 MPEG-4 编码算法简介

MPEG-4 视频编码算法支持由 MPEG-1 和 MPEG-2 提供的所有功能,包括对各种输入格式下的标准矩形图像、帧速率、位速率和隔行扫描图像源的支持。MPEG-4 视频算法的核心是支持基于内容(Content-Based)的编码和解码功能,也就是对场景中使用分割算法抽取的单独的视听对象进行编码和解码。MPEG-4 视频还提供管理这些视频内容的最基本方法。

MPEG 视频专家组建立了一个用来开发图像和视频编码技术的模型,叫做"试验模型(Test Model)"或"验证模型(Verification Model,VM)"。这个模型描述了一个核心的编码算法平台,包括编码器、解码器以及位流(bitstream)的语法和语义。

本节就 MPEG-4 视频的编码和解码的基本方法作一个简单介绍,其他内容请看有关的参考文献和站点。

### 9.2.2 MPEG-4 视频对象平面的概念

为了实现预想的基于内容交互等功能,MPEG-4 视频验证模型引进了一个叫做"视频对象平面(Video Object Plane,VOP)"的概念。如图 9-22 所示,图 9-22(a)表示支持 MPEG-1 和 MPEG-2 的普通(generic)MPEG-4 编码器,图 9-22(b)表示 MPEG-4 的甚低速率视频(Very Low Bitrate Video,VLBV)的核心编码器(core coder)。

MPEG-4 视频验证模型,不像 MPEG-1/2 视频那样,把视频都认为是一个矩形区,而是假设每帧图像被分割成许多任意形状的图像区,每个图像区都有可能覆盖描述场景中感兴趣的物理对象或者内容,这种区被定义为视频对象平面(VOP)。

编码器输入的是任意形状的图像区,图像区的形状和位置也可随帧的变化而改变。属于相同物理对象的连续的 VOP 组成视频对象(Video Objects,VO)。例如,一个没有背景图像的正在演讲的人,如图 9-22(b)所示。

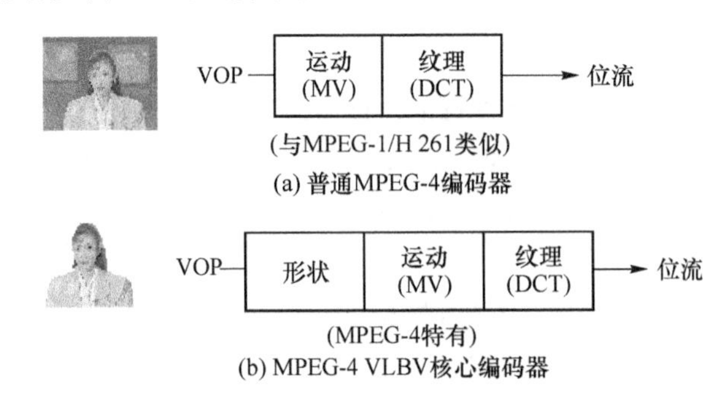


图 9-22 MPEG-4 的两种编码器

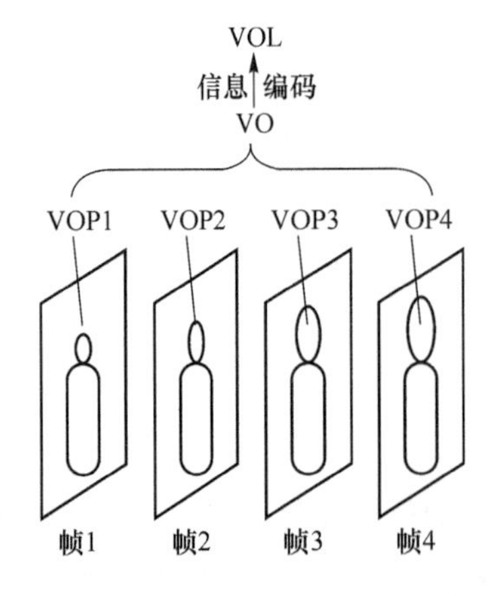


图 9-23 VOP、VO 和 VOL 的关系图

MPEG-4 可单独对属于相同视频对象(VO)的 VOP 的形状(Shape)、移动(Motion)和纹理(Texture)信息进行编码和传送,或者把它们编码成一个单独的视频对象层(Video Object Layer,VOL)。VOP、VO 和 VOL 的关系如图 9-23 所示。

视频对象平面 VOP:视频帧场景中人们感兴趣的物理对象或内容的图像区。

视频对象 VO:在视频帧序列中属于相同物理对象的 VOP 序列。

视频对象层 VOL:属于同一 VO 的各 VOP 的形状、移动和纹理等信息的编码。

此外,需要标识每个视频对象层(VOL)的信息也

包含在编码后的位流(Bitstream)中,这些信息包括各种 VOL 的视频在接收端应该如何进行组合,以便重构完整的原始图像序列。这样就可以对每个 VOP 进行单独解码,提供了管理视频序列的灵活性。

### 9.2.3 MPEG-4 视频编码方案

MPEG-4 视频验证模型对每个视频对象(VO)的形状、移动和纹理信息进行编码形成单独的 VOL 层,以便能够单独对视频对象(VO)进行解码。如果输入图像序列只包含标准的矩形图像,就不需要形状编码,在这种情况下,MPEG-4 视频所使用的编码算法结构也就与 MPEG-1 和 MPEG-2 使用的算法结构相同。

MPEG-4 视频验证模型对每个视频对象平面(VOP)进行编码使用的压缩算法是在 MPEG-1 和 MPEG-2 视频标准的基础上开发的,它也是以图像块为基础的混合 DPCM 和变换编码技术。MPEG-4 编码算法也定义了帧内视频对象平面(Intra-Frame VOP,I-VOP)编码方式和帧间视频对象平面预测(Inter-frame VOPprediction,P-VOP)编码方式,它也支持双向预测视频对象平面(B-directionally predicted VOP,B-VOP)方式。在对视频对象平面(VOP)的形状编码之后,颜色图像序列分割成宏块进行编码,如图 9-24 所示。图中的 Y1、Y2、Y3 和 Y4 表示亮度宏块,U、V 分别表示红色差和蓝色差宏块。

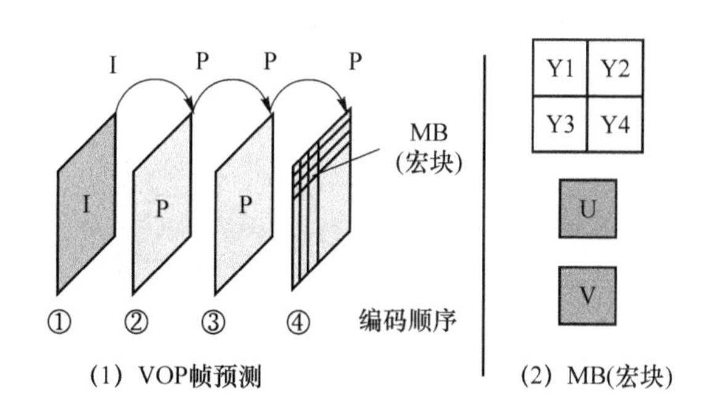


图 9-24 视频序列中的 I-VOP 和 P-VOP 编码方式和宏块结构

图 9-25 描绘了 MPEG-4 视频的编码算法,用来对矩形和任意形状的输入图像序列进行编码。这个基本编码算法结构图包含了移动矢量(Motion Vector,MV)的编码,以及以离散余弦变换(DCT)为基础的纹理编码。

MPEG-4 采用基于内容编码方法的一个重要优点是,使用合适的和专门的基于对象的移动预测工具,可以明显提高场景中某些视频对象的压缩效率。

图 9-26 表示 MPEG-4 对视频序列进行编码的一个实际例子。左上角的图是背景全景图。右上角的图是一个没有背景的子图像全景图,可以把网球运动员当作一个视频对象(VO),经常把这种可以独立移动的小图像称为子图像(Sprite)。下面的图是接收端合成的全景图。在编码之前这个子图像全景图从背景全背景图序列中抽出来,然后分别对它们进行编码、传送和解码,最后再合成。

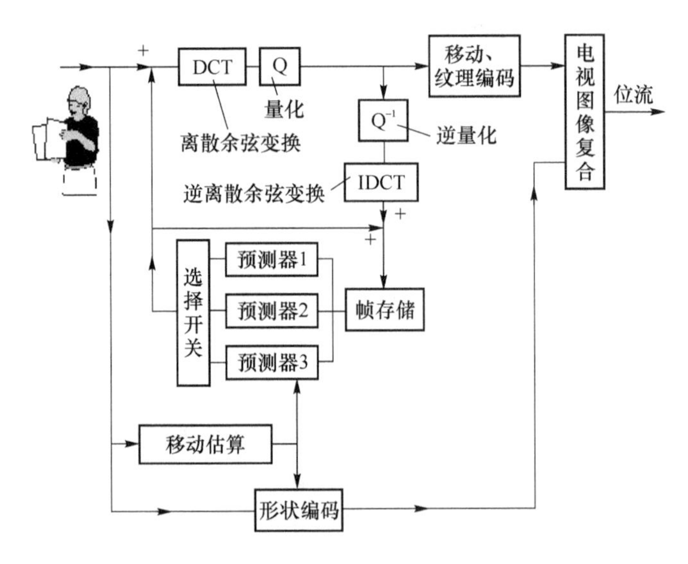


图 9-25　MPEG-4 视频编码器的算法方框图

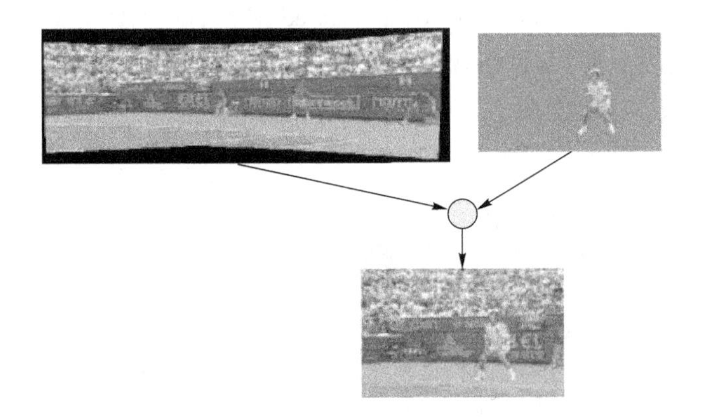

图 9-26　MPEG-4 电视序列编码举例

## 9.2.4　视频分辨率可变编码

“视频分辨率”是指视频空间分辨率(Spatial Resolution)和时间分辨率(Temporal Resolution)。空间分辨率是指一帧图像包含的行数与每行显示的像素数之乘积，而时间分辨率是指每秒种显示或者传输的图像帧数。设置视频分辨率可变编码功能的一个重要目的是为了能够灵活支持性能不同(例如不同传输带宽)的各种视频接收或显示设备，或者支持浏览视频数据库等网络方面的应用。另一个目的是提供分层次的视频数据位流，这样可按应用所要求的先后次序进行传输。

MPEG-2 也有视频分辨率可变编码功能，但它是以图像的帧为基础进行编码。而 MPEG-4 视频分辨率可变编码是以任意形状的视频对象平面(VOP)为基础进行编码。对那些没有能力或者不愿意接收高分辨率图像的接收器，它可以接收分辨率比较低的视频，降低空间分辨率或者时间分辨率意味降低图像的质量。

空间分辨率可变性(Spatial Scalability)和时间分辨率可变性(Temporal Scalability)的实现方法类似。图 9-27 描述了多分辨视频编码(Multiscale Video Coding)方案。该方案提

供三个层次的编码/解码，每一层都支持在不同空间分辨率下进行编码/解码。从图中可以看到，多种空间分辨率的实现是通过降低输入电视信号的采样率来获得的。

MPEG-4/AVC(H.264)标准压缩系统由视频编码层(Video Coding Layer，VCL)和网络提取层(Network Abstraction Layer，NAL)两部分组成。VCL中包括VCL编码器与VCL解码器，主要功能是视频数据压缩编码和解码，它包括运动补偿、变换编码、熵编码等压缩单元。NAL则用于为VCL提供一个与网络无关的统一接口，它负责对视频数据进行封装打包后使其在网络中传送，它采用统一的数据格式，包括单个字节的包头信息、多个字节的视频数据与组帧、逻辑信道信令、定时信息、序列结束信号等。通过NAL单元，H.264可以支持大部分基于包的网络。

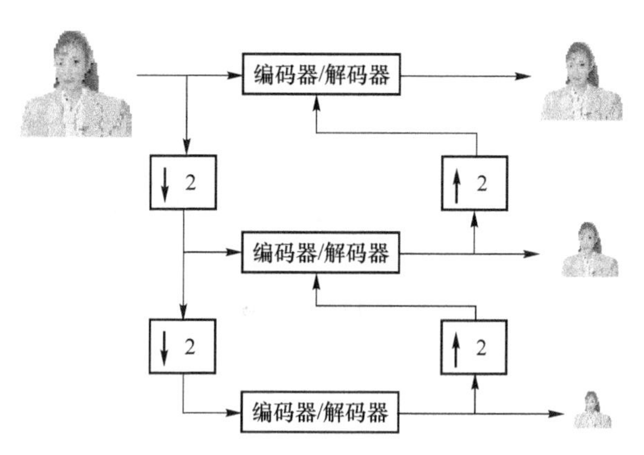


图9-27 VOP空间分辨率可变编码方法

# 9.3 MPEG音频编码算法

近些年来，人类在利用自身的听觉系统特性来压缩声音数据方面取得了很大的进展，先后制定了采用音感编码的MPEG-1 Audio、MPEG-2 Audio和MPEG-2 AAC等标准。而MPEG-4则采用了基于音频对象的编码方法，包括自然声音的编码和音乐与语音的合成。

现在十分流行的MP3采用的就是MPEG-1 Audio Layer Ⅲ编码，而MP4采用的则是MPEG-2 AAC的音频编码(MP4的另一个含义是MPEG-4视频编码)。

本节先较为详细地讨论MPEG-1和MPEG-2的音频编码方法，然后再简单介绍MPEG-4的音频编码。

## 9.3.1 MPEG-1 Audio

在第3章中，已经介绍了人的各种听觉特性，MPEG的音频编码正是利用人类的这些听觉系统的特性来达到压缩声音数据的目的。称这种压缩编码为感知声音编码(Perceptual Audio Coding)，简称为音感编码(Musicality Coding)。

**1. MPEG Audio与感知特性**

MPEG Audio标准在这里是指MPEG-1/2的音频编码，包括MPEG-1 Audio、MPEG-2 Audio、MPEG-2 AAC和MPEG-2中使用的Dolby AC-3，它们处理10～20 000 Hz范围里的声音数据，数据压缩的主要依据是人耳朵的听觉特性，使用“心理声学模型(Psychoacoustic

Model)"来达到压缩声音数据的目的。

心理声学模型中一个基本的概念就是听觉系统中存在一个听觉阈值电平，低于这个电平的声音信号就听不到，因此就可以把这部分信号去掉。听觉阈值的大小随声音频率的改变而改变，各个人的听觉阈值也不同。大多数人的听觉系统对 2～5 kHz 之间的声音最敏感。一个人是否能听到声音取决于声音的频率，以及声音的幅度是否高于这种频率下的听觉阈值。

心理声学模型中的另一个概念是听觉掩饰特性，意思是听觉阈值电平是自适应的，即听觉阈值电平会随听到的不同频率的声音而发生变化。声音压缩算法可以确立这种特性的模型来取消更多的冗余数据。

MPEG Audio 采纳两种感知编码，一种叫做感知子带编码(Perceptual Subband Coding )，另一种(用于 MPEG-2)是由杜比实验室(Dolby Laboratories)开发的 Dolby AC-3(Audio Code number 3)编码，简称 AC-3。它们都利用人的听觉系统的特性来压缩数据，只是压缩数据的算法有所不同。

感知子带编码的简化算法框图如图 9-28 所示。输入信号通过"滤波器组(Filter Bank)"进行滤波之后被分割成许多子带，每个子带信号对应一个"编码器(Coder)"，然后根据心理声学模型对每个子带信号进行量化和编码，输出量化信息和经过编码的子带样本，最后通过"多路复用器(Multiplexer)"把每个子带的编码输出按照传输或者存储格式的要求复合成数据位流。解码过程与编码过程相反。感知子带编码将本节第 4 部分"子带编码"中做进一步介绍。

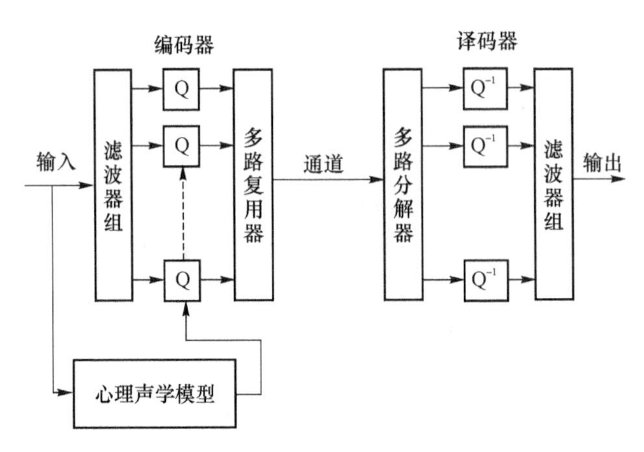


图 9-28　MPEG Audio 压缩算法框图

Dolby AC-3 是 MPEG-2 采纳的声音编码技术，为便于和感知子带编码作比较，也安排在这里进行简单的介绍。Dolby AC-3 是一种支持 5.1 声道环绕立体声的多通道(multi-channel)音乐信号压缩技术，它可支持 5 个 3～20 000 Hz 频率范围的全频通道和 1 个3～120 Hz 的低频效果声道(LFE)。AC-3 压缩编码算法的简化框图如图 9-29 所示。它的输入是未被压缩的 PCM 样本，而 PCM 样本的采样频率必须是 3 244.1 kHz 或者 48 kHz，样本精度可多达 20 位，输出位流的速率为 32～640 kbit/s。

图 9-29 中各部分的功能如下。

• 分析滤波器组(Analysis Filter Bank)：它的功能是把用 PCM 时间样本表示的声音

信号变换成用频率系数块(Frequencies Coefficients Block)表示的声音信号。输入信号从时间域变换到频率域是用时间窗(Time Window)乘以由 512 个时间样本组成的交叠块(Overlapping Block)来实现的。在频率域中用因子 2 对每个系数块进行抽取,因此每个系数块就包含 256 个频率系数。单个频率系数用浮点二进制的指数(Exponent)和尾数(Mantissa)表示。

- 频谱包络(Spectral Envelope Encoding):它的功能是对"分析滤波器组"输出的指数进行编码。指数代表粗糙的信号频谱,因此称为"(频)谱包络编码"。
- 位分配(Bit Allocation):它的功能是使用"谱包络编码"输出的信息确定尾数编码所需要的位数。
- 尾数量化(Mantissa Quantization):它的功能是按照"位分配"输出的位分配信息对尾数进行量化。
- AC-3 帧格式(AC-3 Frame Formatting):它的功能是把"尾数量化"输出的量化尾数和"谱包络编码"输出的频谱包络组成 AC-3 帧。一帧由 6 个声音块(1 356 个声音样本)组成。"AC-3 帧格式"输出的是 AC-3 编码位流。

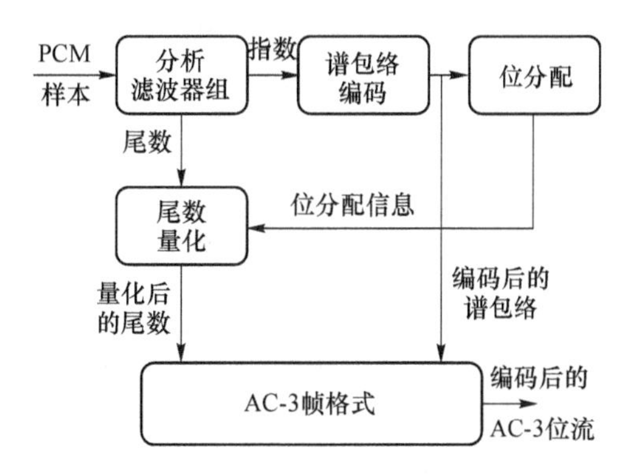


图 9-29 Dolby AC-3 压缩编码算法框图

有关 AC-3 的进一步信息,可以参考 ATSC 的 A/52B 号标准文档。

**2. 声音编码**

之前所介绍的 A-Law、ADPCM、LPC 等话音编码方法,都属于音源特定编码法(Source Specific Methods),它们的编码对象主要是针对人说话的话音。当这些算法用来压缩宽带声音(如音乐)信号时,在相同压缩比的情况下,输出的声音质量比较低。

MPEG-1 Audio 的编码对象是 20～20 000 Hz 的宽带声音,因此它采用了感知子带编码,(简称为子带编码[Sub-Band Coding,SBC])。子带编码是一种功能很强而且很有效的声音数据编码方法。与音源特定编码法不同,SBC 的编码对象不局限于话音数据,也不局限于哪一种声源。这种方法的具体思想是首先把时域中的声音数据变换到频域,对频域内的子带分量分别进行量化和编码,根据心理声学模型确定样本的精度,从而达到压缩数据量的目的。

MPEG 声音数据压缩的基础是量化。虽然量化会带来失真,但 MPEG 标准要求量化失真对于人耳来说是感觉不到的。在 MPEG 标准的制定过程中,MPEG-Audio 委员会作了大量的主观测试实验。实验表明，采样频率为 48 kHz、样本精度为 16 位的立体声音数据压缩到 256 kbit/s 时，即在 6:1 的压缩率下，即使是专业测试员也很难分辨出是原始声音还是编码压缩后的声音。

**3. 声音的性能**

MPEG-1 Audio(ISO/IEC 11172-3)压缩算法是世界上第一个高保真声音数据压缩国际标准，并且得到了极其广泛的应用。虽然 MPEG 声音标准是 MPEG 标准的一部分，但它也完全可以独立应用。MPEG-1 声音标准的主要性能如下。

1) MPEG 编码器的输入信号为线性 PCM 信号，采样率为 3 244.1 kHz 或 48 kHz，输出码率为 32～384 kbit/s，如图 9-30 所示。

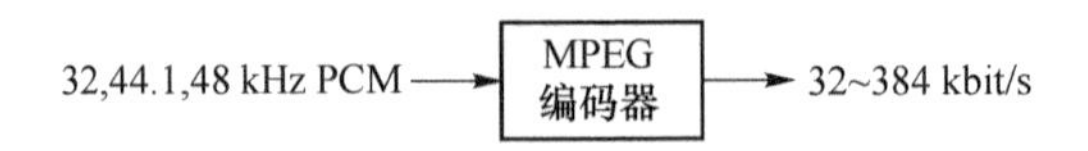


图 9-30　MPEG 编码器的输入/输出

2) MPEG 声音标准提供三个独立的压缩层次：层 1(Layer Ⅰ,)、层 2(Layer Ⅱ)和层 3(Layer Ⅲ)，用户对层次的选择可在复杂性和声音质量之间进行权衡。

- 层 1 的编码器最为简单，编码器的输出数据率为 384 kbit/s，主要用于小型数字盒式磁带(Digital Compact Cassette，DCC)。
- 层 2 的编码器的复杂程度属中等，编码器的输出数据率为 256～192 kbit/s，其应用包括数字广播声音(Digital Broadcast Audio，DBA)、数字音乐、CD-I(Compact disc-Interactive)和 VCD(Video Compact Disc)等。
- 层 3 的编码器最为复杂，编码器的输出数据率为 64 kbit/s，主要应用于 ISDN 上的声音传输和 MP3 编码。

3) 可预先定义压缩后的数据率，如表 9-4 所示。另外，MPEG 声音标准也支持用户预定义的数据率。

**表 9-4　MPEG 层 3 在各种数据率下的性能**

| 音质要求 | 声音带宽(kHz) | 方式 | 数据率(kbit/s) | 压缩比 |
|---|---|---|---|---|
| 电话 | 2.5 | 单声道 | 8 | 96:1 |
| 优于短波 | 5.5 | 单声道 | 16 | 48:1 |
| 优于调幅广播 | 7.5 | 单声道 | 32 | 24:1 |
| 类似于调频广播 | 11 | 立体声 | 56～64 | (26～24):1 |
| 接近 CD | 15 | 立体声 | 96 | 16:1 |
| CD | >15 | 立体声 | 112～128 | (12～10):1 |

4) 编码后的数据流支持循环冗余校验(Cyclic Redundancy Check，CRC)。

5) MPEG 声音标准还支持在数据流中添加附加信息。

在尽可能保持 CD 音质为前提的条件下，MPEG 声音标准一般所能达到的压缩率如表 9-5 所示，从编码器的输入到输出的延迟时间如表 9-6 所示。

**表 9-5 MPEG 声音的压缩率**

| 层次 | 算法 | 压缩率 | 立体声信号所对应的位率(kbit/s) |
|---|---|---|---|
| 1 | MUSICAM | 4∶1 | 384 |
| 2 | | 6∶1～8∶1 | 256～192 |
| 3 | ASPEC | 10∶1～12∶1 | 128～112 |

其中：

- MUSICAM，Masking pattern adapted Universal Subband Integrated Coding And Multiplexing，自适应声音掩蔽特性的通用子带综合编码和复合技术。
- ASPEC，Adaptive Spectral Perceptual Entropy Coding of high quality musical signal，高质量音乐信号自适应谱感知熵编码(技术)。

**表 9-6 MPEG 编码解码器的延迟时间**

| 延迟时间 | 理论最小值(ms) | 实际实现中的一般值(ms) |
|---|---|---|
| 层 1(Layer 1) | 19 | <50 |
| 层 2(Layer 2) | 35 | 100 |
| 层 3(Layer 3) | 59 | 150 |

### 4. 子带编码

MPEG-1 使用子带编码来达到既压缩声音数据又尽可能保留声音原有质量的目的。听觉系统有许多特性，子带编码的理论根据是听觉系统的掩蔽特性，并且主要是利用频域掩蔽特性。SBC 的基本想法就是在编码过程中保留信号的带宽而扔掉被掩蔽的信号，其结果是编码之后还原的声音，也就是解码或者叫做重构的声音信号与编码之前的声音信号不相同，但人的听觉系统很难感觉到它们之间的差别。这也就是说，对听觉系统来说这种压缩是"无损压缩"。

MPEG-1 声音编码器的结构如图 9-31 所示。输入声音信号经过一个"时间-频率多相滤波器组"变换到频域里的多个子带中。输入声音信号同时经过"心理声学模型(计算掩蔽特性)"，该模型计算以频率为自变量的噪声掩蔽阈值(Masking Threshold)，查看输入信号和子带中的信号以确定每个子带里的信号能量与掩蔽阈值的比率。"量化和编码"部分用信掩比(Signal-to-Mask Ratio，SMR)来决定分配给子带信号的量化位数，使量化噪声低于掩蔽阈值。最后通过"数据流帧包装"将量化的子带样本和其他数据按照规定的称为"帧(Frame)"的格式组装成位数据流。

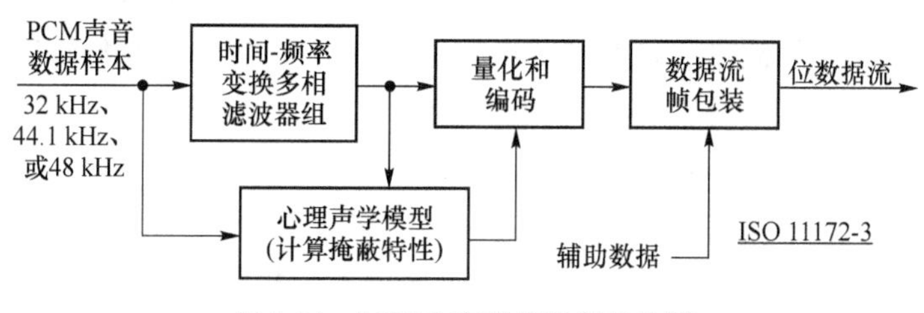


图 9-31 MPEG 声音编码器结构图

信掩比是指最大的信号功率与全局掩蔽阈值之比。图 9-32 表示某个临界频带中的掩蔽阈值和信掩比。在图 9-32 中所示的临界频带中,“掩蔽阈值”曲线之下的声音可被“掩蔽音”掩蔽掉。此外,在图中还表示了信噪比(Signal Noise Ratio,SNR)和噪掩比(Noise-to-Mask Ratio,NMR)。

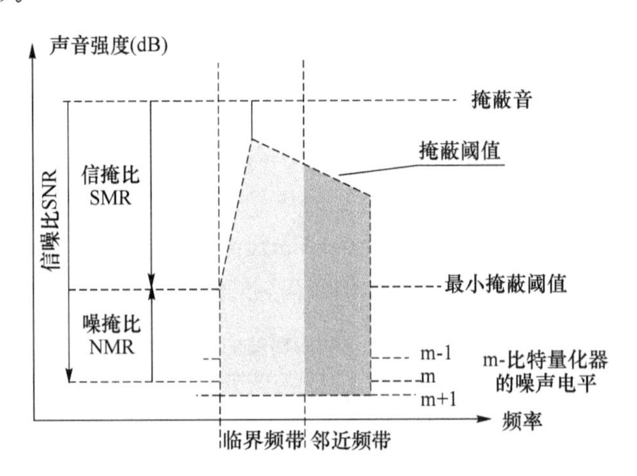


图 9-32　掩蔽阈值和 SMR

图 9-33 是 MPEG-1 声音解码器的结构图。解码器对位数据流进行解码,恢复被量化的子带样本值以重建声音信号。由于解码器无须心理声学模型,只需拆包、重构子带样本和把它们变换回声音信号,因此解码器就比编码器简单得多。

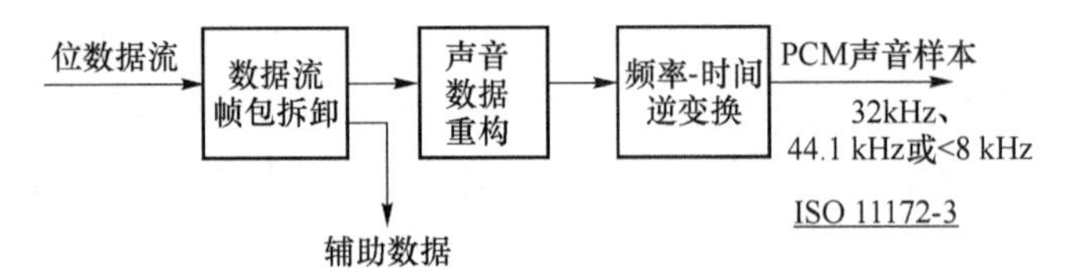


图 9-33　MPEG-1 声音解码器结构图

**5. 多相滤波器组**

在“MPEG 声音编码器结构图”(图 9-31)中,用来分割子带也就是时间-频率变换部件是一个多相滤波器组。在 MPEG-1 中,多相滤波器组是 MPEG 声音压缩的关键部件之一,它把输入信号变换到 32 个频域子带中去。

子带的划分方法有两种,一种是线性划分,另一种是非线性划分。如果把声音频带划分成带宽相等的子带,这种划分就不能精确地反映人耳的听觉特性,因为人耳的听觉特性是以“临界频带”来划分的,在一个临界频带之内,很多心理声学特性都是一样的。图 9-34 对多相滤波器组的带宽和临界频带的带宽作了比较。从图中可以看到,在低频区域,一个子带覆盖好几个临界频带。在这种情况下,某个子带中量化器的位分配就不能根据每个临界频带的掩蔽阈值进行分配,而要以其中最低的掩蔽阈值为准。

**6. 编码层**

MPEG 声音压缩定义了 3 个层次,它们的基本模型是相同的。层 1 是最基础的,层 2 和层 3 都在层 1 的基础上有所提高。每个后继的层次都有更高的压缩比,但需要更复杂的编

码解码器。MPEG 声音的每一个层都自含 SBC 编码器，其中包含如图 9-31 所示的“时间-频率多相滤波器组”、“心理声学模型（计算掩蔽特性）”、“量化和编码”和“数据流帧包装”，而高层 SBC 可使用低层 SBC 编码的声音数据。

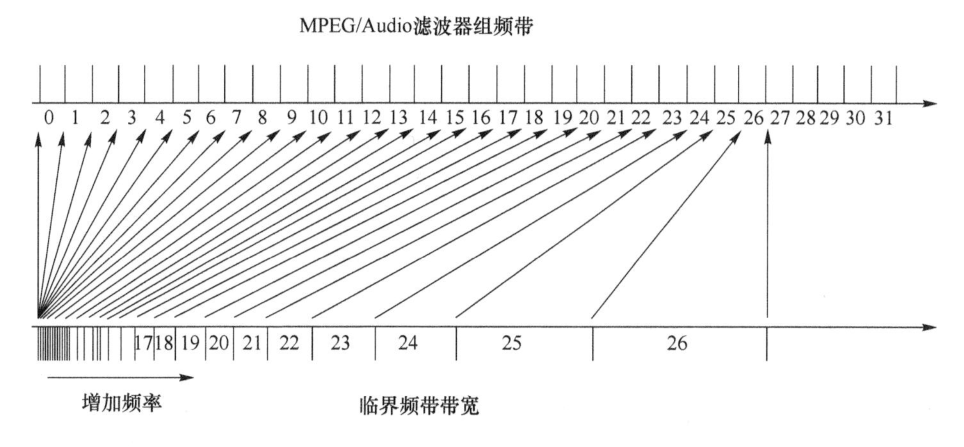


图 9-34 滤波器组的带宽与临界频带带宽的比较

MPEG 的声音数据分成帧（Frame），层 1 每帧包含 384 个样本的数据，每帧由 32 个子带分别输出的 12 个样本组成。层 2 和层 3 每帧为 1152 个样本，如图 9-35 所示。MPEG 编码器的输入以 12 个样本为一组，每组样本经过时间-频率变换之后进行一次位分配并记录一个比例因子（Scale Factor）。位分配信息告诉解码器每个样本由几位表示，比例因子用 6 位表示，解码器使用这个 6 位的比例因子乘逆量化器的每个输出样本值，以恢复被量化的子带值。比例因子的作用是充分利用量化器的量化范围，通过位分配和比例因子相配合，可以表示动态范围超过 120 dB 的样本。

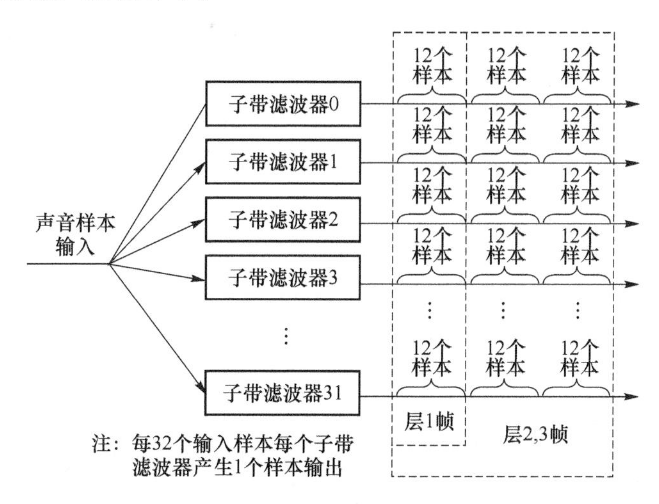


图 9-35 层 1、2 和层 3 的子带样本

• 层 1

层 1 的子带是频带相等的子带，它的心理声学模型仅使用频域掩蔽特性。层 1 和层 2 的比较详细的框图如图 9-36 所示。在图中，“分析滤波器组”相当于本小节第 4 部分的

"MPEG 声音编码器结构图"中的"时间-频率多相滤波器组",它使用与离散余弦变换(Discrete Cosine Transform,DCT)类似的算法对输入信号进行变换。与此同时,使用与"分析滤波器组"并行的快速傅里叶变换(Fast Fourier Transform,FFT)对输入信号进行频谱分析,并根据信号的频率、强度和音调,计算出掩蔽阈值,然后组合每个子带的单个掩蔽阈值以形成全局的掩蔽阈值。使用这个阈值与子带中的最大信号进行比较,产生信掩比。

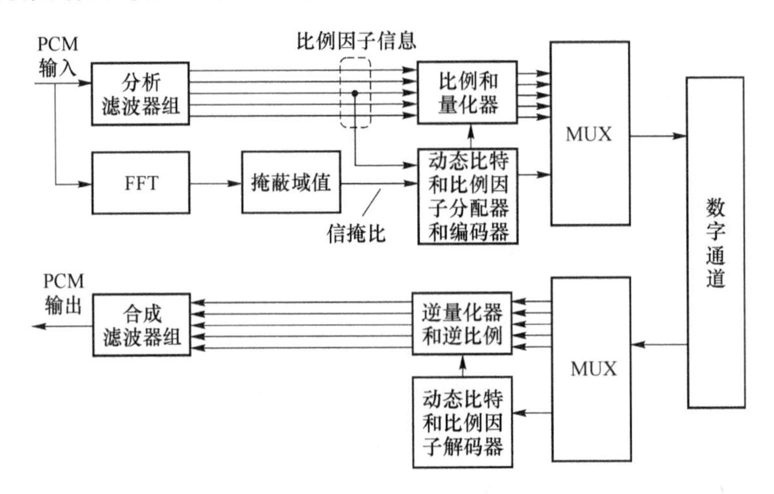


图 9-36 MPEG audio 层 1 和层 2 编码器和解码器的结构

在图 9-36 中,"比例和量化器"和"动态比特和比例因子分配器和编码器"合在一起相当于本小节第 4 部分的"MPEG 声音编码器结构图"中的"量化和编码器"。"比例和量化器"首先检查每个子带的样本,找出这些样本中的最大的绝对值,然后量化成 6 位,这个位数称为比例因子(Scale Factor)。"动态比特和比例因子分配器和编码器"根据 SMR 确定每个子带的位分配(Bit Allocation),子带样本按照位分配进行量化和编码。对被高度掩蔽的子带自然就不需要进行编码。

在图 9-36 中,MUX(MUltipleXer,多路转换复用器)相当于"MPEG 声音编码器结构图"中的"数据流帧包装",它按规定的帧格式对声音样本和编码信息(包括比特分配合比例因子等)进行包装。层 1 的帧结构如图 9-37 所示。每帧都包含:①用于同步和记录该帧信息的同步头,长度为 32 位,它的结构如图 9-38 所示;②用于检查是否有错误的循环冗余码(Cyclic Redundancy Code,CRC),长度为 16 位;③用于描述位分配的位分配域,长度为 4 位;④比例因子域,长度为 6 位;⑤子带样本域;⑥有可能添加的附加数据域,长度未规定。

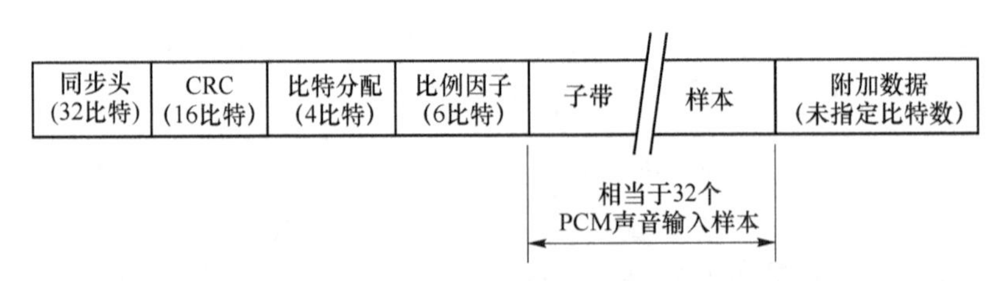


图 9-37 层 1 的帧结构

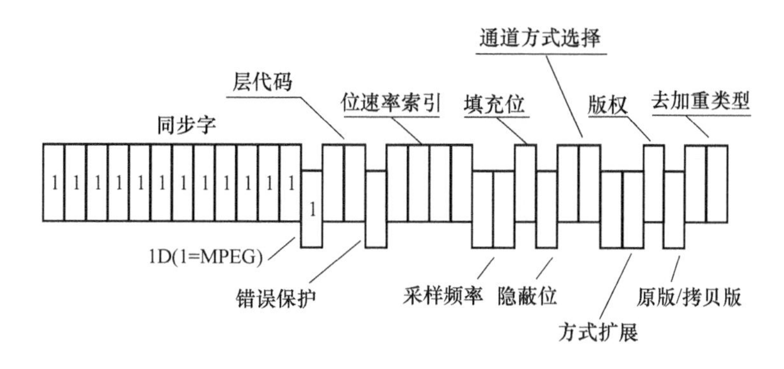


图 9-38 MPEG 声音位流同步头的格式

• 层 2

层 2 对层 1 作了一些直观的改进，相当于 3 个层 1 的帧，每帧有 1 152 个样本。它使用的心理声学模型除了使用频域掩蔽特性之外还利用了时间掩蔽特性，并且在低、中和高频段对位分配作了一些限制，对位分配、比例因子和量化样本值的编码也更紧凑。由于层 2 采用了上述措施，因此所需的位数减少了，这样就可以有更多的位用来表示声音数据，音质也比层 1 更高。

层 1 是对一个子带中的一个样本组（由 12 个样本组成）进行编码，而层 2 和层 3 是对一个子带中的三个样本组进行编码。本小节开始处的“层 1、层 2 和层 3 的子带样本”图也表示了层 2 和层 3 的分组方法。

如图 9-39 所示，层 2 使用与层 1 相同的同步头和 CRC 结构，但描述位分配的位数随子带不同而变化：低频段的子带用 4 位，中频段的子带用 3 位，高频段的子带用 2 位。层 2 位流中有一个比例因子选择信息（Scale Factor Selection Information，SCFSI）域，解码器根据这个域的信息可知道是否需要以及如何共享比例因子。

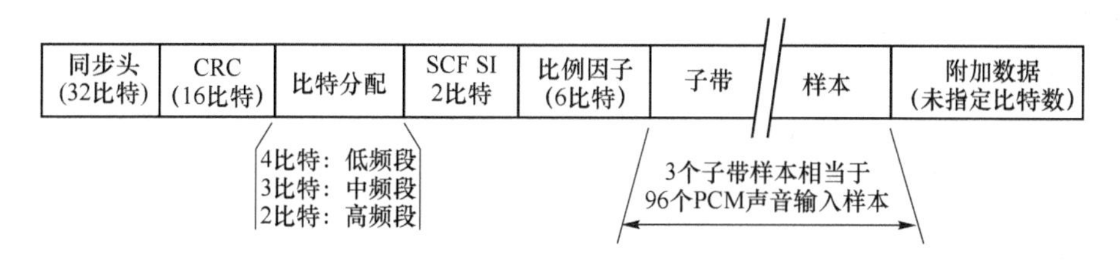


图 9-39 层 2 位流数据格式

• 层 3

层 3 使用比较好的临界频带滤波器，把声音频带分成非等带宽的子带，心理声学模型除了使用频域掩蔽特性和时间掩蔽特性之外，还考虑了立体声数据的冗余，并且使用了 Huffman 编码器。层 3 编码器的详细框图如图 9-40 所示。

层 3 使用了从 ASPEC（Audio Spectral Perceptual Entropy Encoding）和 OCF（Optimal Coding in the Frequency Domain）导出的算法，比层 1 和层 2 都要复杂。虽然层 3 所用的滤波器组与层 1 和层 2 所用的滤波器组的结构相同，但是层 3 还使用了改进离散余弦变换（Modified Discrete Cosine Transform，MDCT），对层 1 和层 2 的滤波器组的不足作了一些

补偿。MDCT 把子带的输出在频域里进一步细分以达到更高的频域分辨率。而且通过对子带的进一步细分,层 3 编码器已经部分消除了多相滤波器组引入的混迭效应。

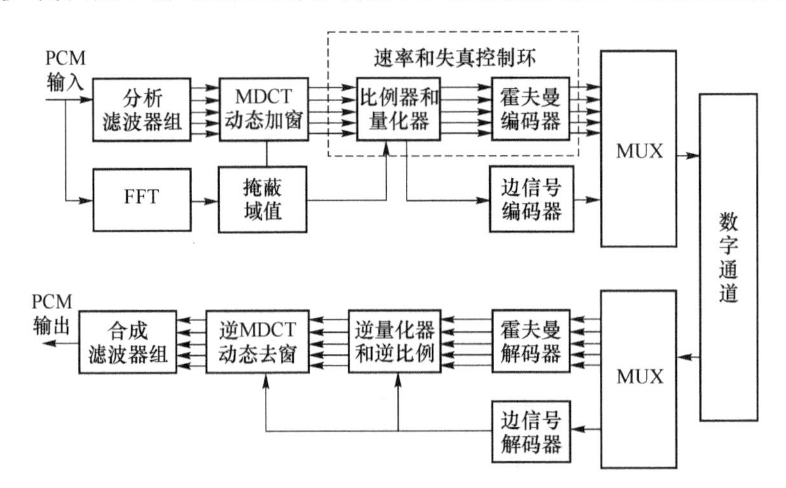


图 9-40 MPEG audio 层 3 编码器和解码器的结构

层 3 指定了两种 MDCT 的块长:长块的块长为 18 个样本,短块的块长为 6 个样本,相邻变换窗口之间有 50%的重叠。长块对于平稳的声音信号可以得到更高的频域分辨率,而短块对跳变的声音信号可以得到更高的时域分辨率。在短块模式下,3 个短块代替 1 个长块,而短块的大小恰好是一个长块的 1/3,所以 MDCT 的样本数不受块长的影响。对于给定的一帧声音信号,MDCT 可以全部使用长块或全部使用短块,也可以长短块混合使用。因为低频区的频域分辨率对音质有重大影响,所以在混合块长模式下,MDCT 对最低频的 2 个子带使用长块,而对其余的 30 个子带使用短块。这样,既能保证低频区的频域分辨率,又不会牺牲高频区的时域分辨率。长块和短块之间的切换有一个过程,一般用一个带特殊长转短或短转长数据窗口的长块来完成这个长短块之间的切换。

除了使用 MDCT 外,层 3 还采用了许多其他改进措施来提高压缩比而不降低音质。虽然层 3 引入了许多复杂的概念,但是它的计算量并没有比层 2 增加很多。增加的主要是编码器的复杂度和解码器所需要的存储容量。

### 9.3.2 MPEG-2 Audio

MPEG-2 标准委员会定义了两种声音数据压缩格式,一种称为 MPEG-2 Audio,或者称为 MPEG-2 多通道(Multichannel)声音,因为它与 MPEG-1 Audio 是兼容的,所以又称为 MPEG-2 BC(Backward Compatible)。另一种称为 MPEG-2 AAC(Advanced Audio Coding),因为它与 MPEG-1 声音格式不兼容,因此通常称为非后向兼容 MPEG-2 NBC(Non-Backward-Compatible)标准。本节先介绍 MPEG-2 Audio。

MPEG-2 Audio(ISO/IEC 13818-3)和 MPEG-1 Audio(ISO/IEC 1117-3)标准都使用相同种类的编译码器,层 1、层 2 和层 3 的结构也相同。MPEG-2 声音标准与 MPEG-1 标准相比,MPEG-2 做了如下扩充:①增加了 16 kHz、22.05 kHz 和 24 kHz 采样频率,②扩展了编码器的输出速率范围,由 32～384 kbit/s 扩展到 8～640 kbit/s,③增加了声道数,支持 5.1

声道和 7.1 声道的环绕声。此外 MPEG-2 还支持 Linear PCM(线性 PCM)和 Dolby AC-3(Audio Code Number 3)编码。它们的差别如表 9-7 所示。

**表 9-7 MPEG-1 和 MPEG-2 的声音数据规格**

| 参数名称 | Linear PCM | Dolby AC-3 | MPEG-2 Audio | MPEG-1 Audio |
|---|---|---|---|---|
| 采用频率 kHz | 48/96 | 32/44.1/48 | 16/22.05/24/32/ 44.1/48 | 32/44.1/48 |
| 样本精度(位数) | 16/20/24 | 压缩(16 bit/s) | 压缩(16 bit/s) | 16 |
| 最大数据传输率 | 6.144 Mbit/s | 448 kbit/s | 8～640 kbit/s | 32～448 kbit/s |
| 最大声道数 | 8 | 5.1 | 5.1/7.1 | 2 |

MPEG-2 Audio 的“5.1 环绕声”也称为“3/2-立体声加 LFE”,其中的“.1”就是指 LFE(Low Frequency Effects/Enhancement,低频音效/增强)声道。5.1 的含义是播音现场的前面可有 3 个喇叭声道(左、中、右),后面可有 2 个环绕声喇叭声道,及一个超低音 LFE 加强声道(<120 Hz)。7.1 声道环绕立体声与 5.1 类似,只是在前声场中增加了中左和中右两个声道。如图 9-41 所示。Dolby AC-3 支持 5 个声道(左、中、右、左环绕、右环绕和 0.1 kHz 以下的低音音效声道),声音样本的精度为 20 位,每个声道的采样率可以是 32 kHz、44.1 kHz 或者 48 kHz。

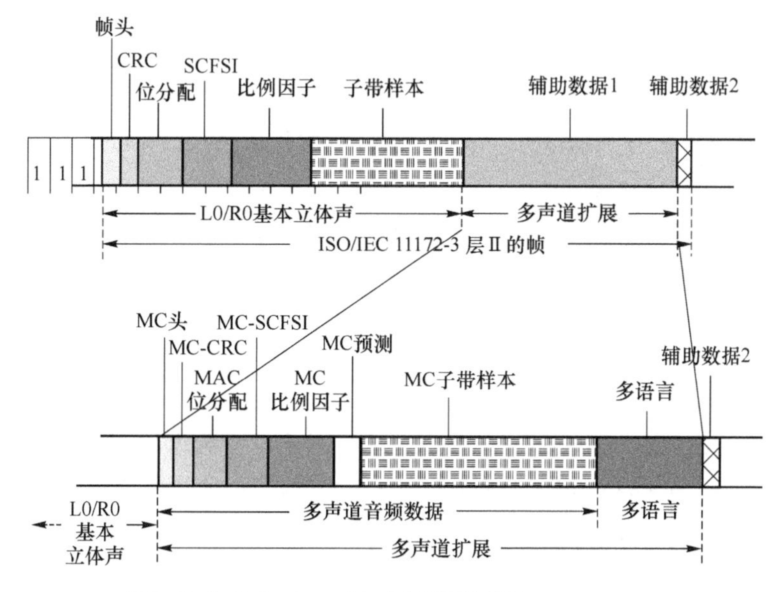


图 9-41 MPEG-2 Audio 的数据块

MPEG-2 声音标准的第 3 部分(Part 3)是 MPEG-1 声音标准的扩展,扩展部分就是多声道扩展(Multichannel Extension),如图 9-41 所示。这个标准称为 MPEG-2 后向兼容多声道声音编码(MPEG-2 backwards compatible multichannel audio coding)标准,简称为 MPEG-2 BC。

### 9.3.3 MPEG-2 ACC

**1. MPEG-2 AAC 是什么**

MPEG-2 AAC 是 MPEG-2 标准中的一种非常灵活的声音感知编码标准。就像所有感知编码一样，MPEG-2 AAC 主要使用听觉系统的掩蔽特性来减少声音的数据量，并且通过把量化噪声分散到各个子带中，用全局信号把噪声掩蔽掉。

AAC 支持的采用频率可从 8 kHz 到 96 kHz，AAC 编码器的音源可以是单声道的、立体声的和多声道的声音。AAC 标准可支持 48 个主声道、16 个低频音效加强通道 LFE（Low Frequency Effects）、16 个配音声道（Overdub Channel）或者叫做多语言声道（Multilingual Channel）和 16 个数据流。MPEG-2 AAC 在压缩比为 11∶1，即每个声道的数据率为（44.1×16）/11＝64 kbit/s，而 5 个声道的总数据率为 320 kbit/s 的情况下，很难区分还原后的声音与原始声音之间的差别。与 MPEG 的层 2 相比，MPEG-2 AAC 的压缩率可提高 1 倍，而且质量更高，与 MPEG 的层 3 相比，在质量相同的条件下数据率是它的 70％。

**2. MPEG-2 AAC 的档次**

开发 MPEG-2 AAC 标准采用的方法与开发 MPEG Audio 标准采用的方法不同。后者采用的方法是对整个系统进行标准化，而前者采用的方法是模块化的方法，把整个 AAC 系统分解成一系列模块，用标准化的 AAC 工具（Advanced Audio Coding Tools）对模块进行定义，因此在文献中往往把“模块（Modular）”与“工具（Tool）”等同对待。

AAC 标准定义了三种档次（Profile）：主要档次、低复杂性档次和可变采样率档次。

1）主要档次

在这种档次中，除了“增益控制（Gain Control）”模块之外，AAC 系统使用了图中所示的所有模块，在三种档次中提供最好的声音质量，而且 AAC 的解码器可以对低复杂性档次编码的声音数据进行解码，但对计算机的存储器和处理能力的要求方面，基本档次比低复杂性档次的要求高。

2）低复杂性档次

在低复杂性档次（Low Complexity Profile）中，不使用预测模块和预处理模块，瞬时噪声定形（temporal noise shaping，TNS）滤波器的级数也有限，这就使声音质量比基本档次的声音质量低，但对计算机的存储器和处理能力的要求可明显减少。

3）可变采样率档次

在可变采样率档次（Scalable Sampling Rate Profile）中，使用增益控制对信号作预处理，不使用预测模块，TNS 滤波器的级数和带宽也都有限制，因此它比基本档次和低复杂性档次更简单，可用来提供可变采样频率信号。

**3. MPEG-2 AAC 的基本模块**

MPEG-2 AAC 编码器的流程如图 9-42 所示，解码是对应于编码的逆过程。下面对其中的几个模块作一些说明。

(1) 增益控制

增益控制(Gain Control)模块用在可变采样率档次中,它由多相正交滤波器 PQF(Polyphase Quadrature Filter)、增益检测器(Gain Detector)和增益修正器(Gain Modifier)组成。这个模块把输入信号分离到4个相等带宽的频带中。在解码器中也有增益控制模块,通过忽略 PQF 的高子带信号获得低采样率输出信号。

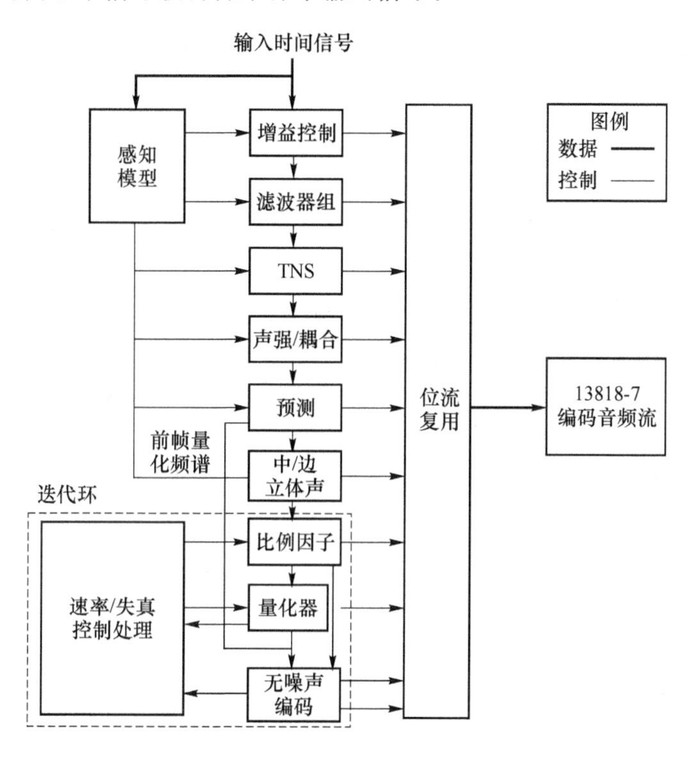


其中:TNS=Temporal Noise Shaping 瞬时噪声定型

图 9-42 MPEG-2 AAC 编码器流程图

(2) 滤波器组

滤波器组(Filter Bank)是把输入信号从时域变换到频域的转换模块,它是 MPEG-2 AAC 系统的基本模块。这个模块采用了改进离散余弦变换 MDCT,它是一种线性正交交迭变换,使用了一种称为时域混迭取消(Time Domain Aliasing Cancellation,TDAC)技术。

MDCT 使用 KBD(Kaiser-Bessel Derived)窗口或者使用正弦(Sine)窗口,正向 MDCT 变换可使用下式表示:

$$X_{ik}=2\sum_{n=0}^{N-1}X_{in}\cos\left[\frac{2\pi}{N}(n+n_0)\left(k+\frac{1}{2}\right)\right],\quad k=0,1,\cdots,\frac{N}{2}-1$$

逆向 MDCT 变换可使用下式表示:

$$X_{in}=\frac{2}{N}\sum_{k=0}^{\frac{N}{2}-1}X_{ik}\cos\left[\frac{2\pi}{N}(n+n_0)\left(k+\frac{1}{2}\right)\right],\quad n=0,1,\cdots,N-1$$

其中，$n$ = 样本号，$N$ = 变换块长度，$i$=块号，$n_0=\dfrac{\frac{N}{2}+1}{2}$。

(3) 瞬时噪声定形 TNS

在感知声音编码中，TNS 模块是用来控制量化噪声的瞬时形状的一种方法，解决掩蔽阈值和量化噪声的错误匹配问题。这种技术的基本想法是，在时域中的音调声信号在频域中有一个瞬时尖峰，TNS 使用这种双重性来扩展已知的预测编码技术，把量化噪声置于实际的信号之下以避免错误匹配。

(4) 联合立体声编码

联合立体声编码(Joint Stereo Coding)是一种空间编码技术，其目的是为了去掉空间的冗余信息。MPEG-2 AAC 系统包含两种空间编码技术：M/S 立体声编码(Mid/Side Encoding)和声强/耦合(Intensity /Coupling)。

M/S 编码使用矩阵运算，因此把 M/S 编码称为矩阵立体声编码(Matrixed Stereo Coding)。M/S 编码不传送左右声道信号，而是使用标称化的"和"信号与"差"信号，前者用于中央 M(Middle)声道，后者用于边 S(Side)声道，因此 M/S 编码也叫做"和-差编码(Sum-Difference Coding)"。

声强/耦合编码的名称也很多，有的叫做声强立体声编码(Intensity Stereo Coding)，或者叫做声道耦合编码(Channel Coupling Coding)，它们探索的基本问题是声道间的不相关性(Irrelevance)。

(5) 预测

预测(Prediction)是在话音编码系统中普遍使用的一种技术，它主要用来减少平稳(stationary)信号的冗余度。

(6) 量化器

使用了非均匀量化器(Quantizer)。

(7) 无噪声编码

无噪声编码(Noiseless Coding)实际上就是 Huffman 编码，它对被量化的谱系数、比例因子和方向信息进行编码。

### 9.3.4 MPEG-4 Audio

MPEG-4 Audio 标准可集成从话音到高质量的多通道声音，从自然声音到合成声音，编码方法还包括参数编码(Parametric Coding)，码激励线性预测(Code Excited Linear Predictive,CELP)编码，时间/频率 T/F(Time/Frequency)编码，结构化声音 SA(Structured Audio)编码和文本-语音 TTS(Text-To-Speech)系统的合成声音等。

**1. 自然声音**

MPEG-4 声音编码器支持数据率介于 2 kbit/s 和 64 kbit/s 之间的自然声音(Natural Audio)。为了获得高质量的声音，MPEG-4 定义了三种类型的声音编码器分别用于不同类型的声音，它的一般编码方案如图 9-43 所示。

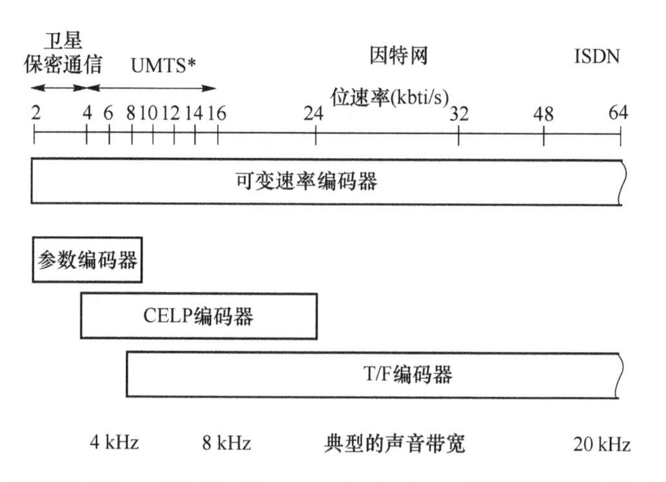


图 9-43 MPEG-4 Audio 编码方框图

(1) 参数编码器

使用声音参数编码技术。对于采样率为 8 kHz 的话音(Speech),编码器的输出数据率为 2～4 kbit/s;对于采样频率为 8 kHz 或者 16 kHz 的声音(Audio),编码器的输出数据率为 4～16 kbit/s。

(2) CELP 编码器

使用 CELP(Code Excited Linear Predictive)技术。编码器的输出数据率在 6～24 kbit/s 之间,它用于采样频率为 8 kHz 的窄带话音或者采样频率为 16 kHz 的宽带话音。

(3) T/F 编码器

使用时间-频率(Time-To-Frequency,T/F)技术。这是一种使用矢量量化(Vector Quantization,VQ)和线性预测的编码器,压缩之后输出的数据率大于 16 kbit/s,用于采样频率为 8 kHz 的声音信号。

**2. 合成声音**

MPEG-4 的译码器支持合成乐音和 TTS 声音。合成乐音通常叫做 MIDI(Musical Instrument Data Interface)乐音,这种声音是在乐谱文件或者描述文件控制下生成的声音,乐谱文件是按时间顺序组织的一系列调用乐器的命令,合成乐音传输的是乐谱而不是声音波形本身或者声音参数,因此它的数据率可以相当低。随着科学技术突飞猛进的发展,尤其是网络技术的迅速崛起和飞速发展,文-语转换 TTS(Text To Speech)系统在人类社会生活中有着越来越广泛的应用前景,已经逐渐变成相当普遍的接口,并且在各种多媒体应用领域开始扮演重要的角色。TTS 编码器的输入可以是文本或者带有韵律参数的文本,编码器的输出数据率可以在 0.2～1.2 kbit/s 范围里。

(1) MIDI 合成声音

MIDI 是 1983 年制定的乐器和计算机的标准语言,是一套指令即命令的约定,它指示乐器即 MIDI 设备要做什么和怎么做,如播放音符、加大音量、生成音响效果等。MIDI 不是声音信号,在 MIDI 电缆上传送的不是声音,而是发给 MIDI 设备或其他装置让它产生声音或执行某个动作的指令。由于 MIDI 具有控制设备的功能,因此它不仅用于乐器,而且越来越多的应用正在被发掘。

(2) 文-语转换

文-语转换 TTS(Text-To-Speech)是将文本形式的信息转换成自然语音的一种技术，其最终目标是使计算机输出清晰而又自然的声音，也就是说，要使计算机像人一样，根据文本的内容可带各种情调来朗读任意的文本。TTS是一个十分复杂的系统，涉及语言学、语音学、信号处理、人工智能等诸多的学科。

由于TTS系统具有巨大的应用潜力和商业价值，许多研究机构都在从事这方面的研究。目前的TTS系统一般能够较为准确清晰地朗读文本，但是不太自然。TTS系统最根本的问题便在于它的自然度，自然度是衡量一个TTS系统好坏的最重要指标。人们是无法忍受与自然语音相差甚远的语音，自然度问题已经成为严重阻碍TTS系统的推广和应用的桎梏。因此，研究更好的文语转换方法，提高合成语音的自然度就成为当务之急。

一个相当完整的TTS系统如图9-44所示。尽管现有的TTS系统结构各异，转换方法不同，但是基本上可以分成两个相对独立的部分。在图中，虚线左边的部分是文本分析部分，通过对输入文本进行词法分析、语法分析，甚至语义分析，从文本中抽取音素和韵律等发音信息。虚线右边的部分是语音合成部分，它使用从文本分析得到的发音信息去控制合成单元的谱特征(音色)和韵律特征(基频、时长和幅度)，送入声音合成器(软件或硬件)产生相应的语音输出。

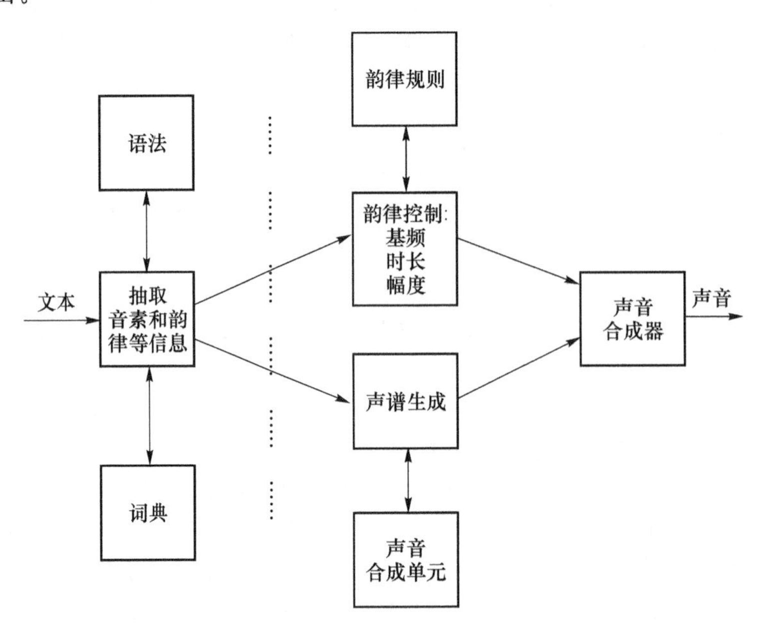


图 9-44　TTS系统框图

在汉语TTS系统中，汉语语音的传统分析方法是将一个汉语的音节分为声母和韵母两部分。声母是音节开头的辅音，韵母是音节中声母以外的部分。声母不等同于辅音，韵母不等同于元音。另外，音调具有辨义功能，这也是汉语语音的一大特点。可以说，声母、韵母和声调是汉语语音的三要素。

汉语的音节一般由声母、韵母和声调三部分组成。汉语有21个声母，39个韵母，4个声调。共能拼出400多个无调音节，1 200多个有调音节。除个别情况外，一个汉字就是一个音节，但是一个音节往往对应多个汉字，这就是汉语中的多音字现象。汉字到其发音的转换一般可以借助一张一一对应的表来实现，但对多音字的读音，一般要依据它所在的词来判

断，有的还要借助语法甚至语义分析，依据语义或者上下文来判断。在汉语 TTS 系统中，分词是基础，只有分词正确，才有可能正确地给多音字注音，正确地进行语法分析，获得正确的读音和韵律信息。

在我国，许多高等院校和科研单位先后开展了对汉语 TTS 系统的研究工作，并取得了可喜的成绩，但在合成声音的自然度方面还有一段漫长的路要走。清华大学计算机系“智能技术与系统国家重点实验室”在 20 世纪 90 年代末期也加强了对汉语 TTS 的研究工作，从语言学、语音学、信号处理和人工智能等方面进行综合研究，重点是提高汉语 TTS 系统输出的声音的自然度。

## 复习思考题

1. MPEG-1/2/4(包含 AVC)的视频压缩算法有什么不同？

答：MPEG-1 和 MPEG-2 采用的是相同的视频压缩方法，帧内采用的是 JPEG 静态图像编码，帧间则采用运动补偿算法。MPEG-4 视频算法的核心是支持基于内容(content-based)的编码和解码功能，也就是对场景中使用分割算法抽取的单独的视听对象进行编码和解码。

2. MPEG-Video 在空间和时间方向上分别采用的是什么压缩方法？

答：① 在空间上(帧内)，图像数据压缩采用 JPEG 压缩算法来去掉冗余信息。

② 在时间方向上(帧间)，视频数据压缩采用运动补偿(motion compensation)算法来去掉冗余信息。

3. MPEG 定义了哪三种图像？它们的含义各是什么？

答：MPEG 专家组为视频的帧系列定义了三种图像：帧内图像 I(Intra)，预测图像 P(Predicted)和双向插值图像 B(Bidirectionally interpolated)。

4. 宏块与 JPEG 中的分块有何不同？用在什么地方？

答：预测图像的编码是以图像宏块(macroblock)为基本编码单元，一个宏块定义为 $I\times J$ 像素的图像块，一般取为 16×16。

5. 预测图像 P 使用哪两类参数表示？

答：预测图像 P 用两种类型的参数来表示：一种是当前要编码的图像宏块与参考图像的宏块之间的差值，另一种是宏块的移动矢量(motion vector)。

6. 怎样求移动矢量 $d$？

答：在求两个宏块差值之前，需要找出编码图像中的预测图像编码宏块 $M_{PI}$ 相对于参考图像中的参考宏块 $M_{RJ}$ 所移动的距离和方向，这就是移动矢量。

7. 有哪些最佳宏块搜索法？给出其搜索策略。

答：

- 二维对数搜索法

二维对数搜索法(2D-logarithmic search)采用的匹配判据是 MSE 为最小，它的搜索策略是沿着最小失真方向搜索。如果最小失真在中央或在图像边界，就减少搜索点之间的距离。

- 三步搜索法

三步搜索法(three-stepsearch)与二维对数搜索法很接近。不过在开始搜索时，搜索点离$(i,j)$这个中心点有 3 个像素远，每一步测试周围的 8 个搜索点，然后减小搜索点的距离，三步完成，本例采用 MAD 作为匹配判据。

- 对偶搜索法

对偶搜索法(conjugate search)是一个很有效的搜索方法，采用先横向后纵向的单步搜索，该法使用 MAD 作为匹配判据，

8. 这几种最佳宏块搜索法有哪些共同的特点？

答：沿着最小失真方向，局部最匹配(在整个 MPEG 图像压缩过程中，寻找最佳匹配宏块要占据相当多的计算时间，匹配得越好，重构的图像质量越高)。

9. 那种最佳宏块搜索算法的质量最好？哪种的计算量最小？

答：对偶搜索法质量最好。三步搜索法计算量最小。

10. 这些宏块搜索法是最优的吗？使用不同的最佳宏块搜索法对解码(的算法和质量)有影响吗？

答：不是最优的。

编码时采用哪种具体的搜索方法，不会影响到解码过程，而只会影响编码时的速度和解码后的图像质量。

11. 视频的图像系列中的 I、P 和 B 帧的数目和位置是固定的吗？是如何排列的？

答：不固定。

I 图像、P 图像和 B 图像数目的选择主要是根据节目的内容。对于快速运动的图像，I 图像的频率可以选择高一些，B 图像的数目可以选择少一点；对于慢速运动的图像，帧内图像 I 的频率可以低一些，而 B 图像的数目可以选择多一点。此外，在实际应用中还要考虑媒体的播放速率。

一个典型的 I、P、B 图像安排如题图 9-1 所示。编码参数为：帧内图像 I 的距离为 $N=15$，预测图像(P)的距离为 $M=3$。

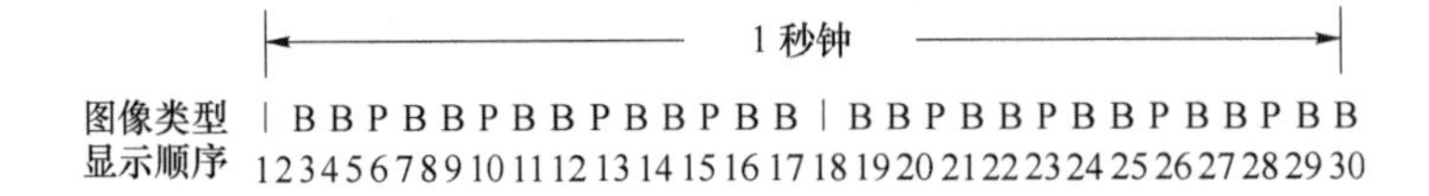


题图 9-1　MPEG 电视帧编排

12. MPEG-4 支持 MPEG-1/2 视频编码吗？支持其他视频编码吗？

答：MPEG-4 视频编码算法支持由 MPEG-1 和 MPEG-2 提供的所有功能，包括对各种输入格式下的标准矩形图像、帧速率、位速率和隔行扫描图像源的支持。

13. MPEG-4 的视频对象平面 VOP 与 MPEG-1/2 的分块有什么不同？

答：MPEG-4 视频验证模型，不像 MPEG-1/2 视频那样，把视频都认为是一个矩形区，而是假设每帧图像被分割成许多任意形状的图像区，每个图像区都有可能覆盖描述场景中感兴趣的物理对象或者内容，这种区被定义为视频对象平面(VOP)。

14. 视频对象平面 VOP、视频对象 VO 与视频对象层 VOL 之间是什么关系？

答：MPEG-4 可单独对属于相同视频对象(VO)的 VOP 的形状(shape)、移动(motion)和纹理(texture)信息进行编码和传送，或者把它们编码成一个单独的视频对象层(Video Object Layer，VOL)。VOP、VO 和 VOL 的关系如题图 9-2 所示。

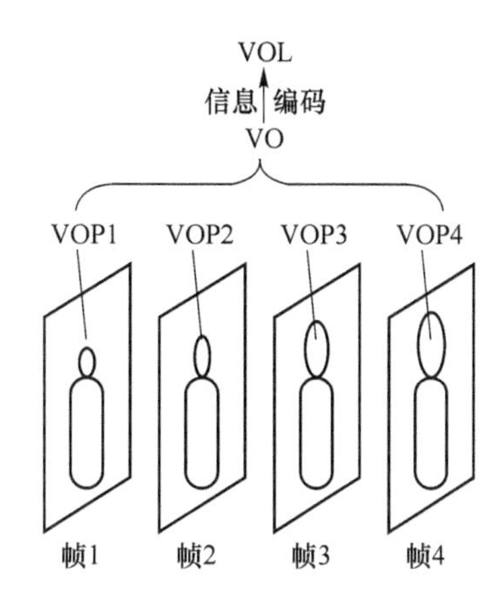


视频对象平面 VOP:视频帧场景中人们感兴趣的物理对象或内容之图像区
视频对象 VO:在视频帧序列中属于相同物理对象的 VOP 序列
视频对象层 VOL:属于同一 VO 的诸 VOP 的形状、移动和纹理等信息的编码

题图 9-2 VOP、VO 和 VOL 的关系图

15. MPEG-4 对 VOP 编码使用的压缩算法与 MPEG-1/2 有什么关系?MPEG-4 中也有 I、P 和 B 帧吗?

答:MPEG-4 视频验证模型对每个视频对象平面(VOP)进行编码使用的压缩算法是在 MPEG-1 和 MPEG-2 视频标准的基础上开发的,它也是以图像块为基础的混合 DPCM 和变换编码技术。MPEG-4 编码算法也定义了帧内视频对象平面(Intra-Frame VOP,I-VOP)编码方式和帧间视频对象平面预测(Inter-frame VOP prediction,P-VOP)编码方式,它也支持双向预测视频对象平面(B-directionally predicted VOP,B-VOP)方式。在对视频对象平面(VOP)的形状编码之后,颜色图像序列分割成宏块进行编码。

16. 视频分辨率的含义是什么?如何理解 MPEG-4 的分辨率可变特性?它与 MPEG-2 的分辨率可变有什么不同?

答:"视频分辨率"是指视频空间分辨率(spatial resolution)和时间分辨率(temporal resolution)。空间分辨率是指一帧图像包含的行数与每行显示的像素数之乘积,而时间分辨率是指每秒种显示或者传输的图像帧数。

MPEG-2 也有视频分辨率可变编码功能,但它是以图像的帧为基础进行编码。而 MPEG-4 视频分辨率可变编码是以任意形状的视频对象平面(VOP)为基础进行编码。对那些没有能力或者不愿意接收高分辨率图像的接收器,它可以接收分辨率比较低的视频,降低空间分辨率或者时间分辨率意味降低图像的质量。

17. 为什么需要子带编码?它与音感编码有什么关系?

答:MPEG-1 使用子带编码来达到既压缩声音数据又尽可能保留声音原有质量的目的。听觉系统有许多特性,子带编码的理论根据是听觉系统的掩蔽特性,并且主要是利用频域掩蔽特性。SBC 的基本想法就是在编码过程中保留信号的带宽而扔掉被掩蔽的信号,其结果是编码之后还原的声音,也就是解码或者叫做重构的声音信号与编码之前的声音信号不相同,但人的听觉系统很难感觉到它们之间的差别。这也就是说,对听觉系统来说这种压缩是"无损压缩"。

它是音感编码的一种。

18. 人类的听觉系统有哪些感知特性？它们是如何被音感编码所利用的？

答：心理声学模型中一个基本的概念就是听觉系统中存在一个听觉阈值电平，低于这个电平的声音信号就听不到，因此就可以把这部分信号去掉。听觉阈值的大小随声音频率的改变而改变，各个人的听觉阈值也不同。大多数人的听觉系统对 2～5 kHz 之间的声音最敏感。一个人是否能听到声音取决于声音的频率，以及声音的幅度是否高于这种频率下的听觉阈值。

心理声学模型中的另一个概念是听觉掩饰特性，意思是听觉阈值电平是自适应的，即听觉阈值电平会随听到的不同频率的声音而发生变化。声音压缩算法可以确立这种特性的模型来取消更多的冗余数据。

19. MP3 和 MP4 的含义是什么？

答：现在十分流行的 MP3 采用的就是 MPEG-1 Audio Layer Ⅲ 编码，而 MP4 采用的则是 MPEG-2 AAC 的音频编码(MP4 的另一个含义是 MPEG-4 视频编码)。

20. MPEG-1 Audio 的压缩算法被分为几层？它们各有什么特点？

答：MPEG 声音标准提供三个独立的压缩层次：层 1(Layer Ⅰ，)、层 2(Layer Ⅱ)和层 3(Layer Ⅲ)，用户对层次的选择可在复杂性和声音质量之间进行权衡。

- 层 1 的编码器最为简单，编码器的输出数据率为 384 kbit/s，主要用于小型数字盒式磁带(digital compact cassette，DCC)。
- 层 2 的编码器的复杂程度属中等，编码器的输出数据率为 256～192 kbit/s，其应用包括数字广播声音(digital broadcast audio，DBA)、数字音乐、CD-I(compact disc-interactive)和 VCD(video compact disc)等。
- 层 3 的编码器最为复杂，编码器的输出数据率为 64 kbit/s，主要应用于 ISDN 上的声音传输和 MP3 编码。

21. MPEG-2 定义了哪两种声音数据压缩格式？它们的区别在哪里？

答：MPEG-2 标准委员会定义了两种声音数据压缩格式，一种称为 MPEG-2 Audio，或者称为 MPEG-2 多通道(Multichannel)声音，因为它与 MPEG-1 Audio 是兼容的，所以又称为 MPEG-2 BC(Backward Compatible)。另一种称为 MPEG-2 AAC(Advanced Audio Coding)，因为它与 MPEG-1 声音格式不兼容，因此通常称为非后向兼容 MPEG-2 NBC(Non-Backward-Compatible)标准。

区别是：是否与 MPEG-1 Audio 兼容。

22. AAC 的英文原文和中文译文各是什么？它采用的是哪一类压缩算法？它有哪些优势？

答：MPEG-2 AAC(Advanced Audio Coding)，先进音频编码。

MPEG-2 AAC 是 MPEG-2 标准中的一种非常灵活的声音感知编码标准。就像所有感知编码一样，MPEG-2 AAC 主要使用听觉系统的掩蔽特性来减少声音的数据量，并且通过把量化噪声分散到各个子带中，用全局信号把噪声掩蔽掉。

AAC 支持的采用频率可从 8 kHz 到 96 kHz，AAC 编码器的音源可以是单声道的、立体声的和多声道的声音。AAC 标准可支持 48 个主声道、16 个低频音效加强通道 LFE(low frequency effects)、16 个配音声道(overdub channel)或者叫做多语言声道(multilingual channel)和 16 个数据流。MPEG-2 AAC 在压缩比为 11:1，即每个声道的数据率为(44.1×16 )/11=64 kbit/s，而 5 个声道的总数据率为 320 kbit/s 的情况下，很难区分还原后的声音

与原始声音之间的差别。与 MPEG 的层 2 相比，MPEG-2 AAC 的压缩率可提高 1 倍，而且质量更高，与 MPEG 的层 3 相比，在质量相同的条件下数据率是它的 70%。

23. MPEG-4 支持哪些种类的声音？有哪些音频编码？

答：MPEG-4 Audio 标准可集成从话音到高质量的多通道声音，从自然声音到合成声音，编码方法还包括参数编码（parametric coding），码激励线性预测（code excited linear predictive，CELP）编码，时间/频率 T/F（time/frequency）编码，结构化声音 SA（structured audio）编码和文本-语音 TTS（text-to-speech）系统的合成声音等。

## 作　业

大作业选题 1：MPEG-1 或 VCD 的编解码和播放。

大作业选题 2：MPEG-2 或 DVD 的编解码和播放。

大作业选题 3：MPEG-4 的编解码和播放。

大作业选题 4：MP3 或/和 MP4 的编解码。

# 第10章　H.264/AVC编码

H.264/AVC是ISO/IEC的运动图像专家组(Moving Picture Experts Group,MPEG)与ITU-T的视频编码专家组(Video Coding Experts Group,VCEG)共同成立的联合视频组(Joint Video Team,JVT)于2003年5月推出的一种新视频编码标准:ISO/IEC 14496-10 Advanced Video Coding(MPEG-4第10部分,先进视频编码,简称为AVC)和ITU-T H.264(它们是同一编码标准的两种编号),2004年9月28日和2005年12月12日又分别推出第二版和第三版,第四版已于2008年推出。H.264/AVC现在受到了业界的热烈追捧,已经得到了广泛的应用,如网络流媒体、蓝光存储、高清晰电视补充编码、MP4和IPTV等。

本章讨论H.264/AVC的具体编码算法。

## 10.1　H.264/AVC的特点与结构

H.264/AVC是一种新型的基于像素块的高压缩比视频压缩算法,与MPEG-4第2部分的基于对象的视频编码相比,它更加简单易行;与MPEG-4第2部分的基于矩形视频对象的视频编码和H.263/H.263+/H.263++等视频编码相比,它的选项更少易于实现;与MPEG-1/2的视频编码相比,它的压缩比更高,而且适合网络环境。总之,H.264/AVC返璞归真,抛弃了太超前的基于对象的编码,也不像H.263++那样有众多的选项,而是回归传统的DPCM加变换编码的混合编码方法,通过采用大量新型算法和技术,大大提高了压缩比(比MPEG-4和H.263的高1~2倍,比MPEG-1/2和H.261/262的高2~4倍)。

### 10.1.1　H.264/AVC技术特点

H.264/AVC标准的编码思想与传统的MPEG-1/2等视频编码一致——基于像素块的混合编码方法,但是它同时运用了众多的新技术,使得其编码性能远远优于其他标准。

**1. H.264/AVC保留的传统编码技术**

1) 将图像分成16×16像素的宏块来处理。

2) 利用帧间预测与运动补偿来消除时域相关性。

3) 对运动估值后的残差块进行变换、量化、扫描和熵编码,以消除空间和频域冗余。

4) 4∶2∶0亮度色差子采样、运动矢量、划分变换块的大小、分级量化和I/P/B帧等其他技术。

**2. H.264/AVC采用的新型编码技术**

1) 宏块分割与亚分割——16×16像素的宏块可分割成16×8、8×16、8×8的块,8×8像素块还可进一步亚分割成8×4、4×8和4×4的块。

2) 帧内预测——不仅采用传统的帧间预测,而且还新增加了帧内预测,以消除I帧编码中的空间冗余。利用当前像素块左边和上边的像素来对块内像素值进行预测,只对残差

进行编码。

3）多参考帧和小运动分块——在帧间预测中，可将宏块分割与亚分割成1）中所列的各种小运动分块，利用已经解码的多个参考帧来进行预测编码，运动补偿的残差值会更小。

4）4×4整数DCT——对运动补偿和帧内预测的残差块进行4×4的分块，再对4×4的残差块进行整数DCT。与传统的8×8块的浮点数DCT相比，4×4的整数DCT减小了分块效应和振铃效应(Ringing Effect)、计算快(只需整数加法与移位运算)、效果好(反变换不会出现失配等问题)、结合量化过程、保证运算精度和范围(16位)。

5）Hadamard变换——在量化之前，还对DC系数矩阵先进行Hadamard(哈达玛)变换，可消除相邻变换块的DC系数之间的相关性，以提高压缩比。

6）无扩展分级量化——对变换系数采用无扩展的分级量化来进行标量量化，量化的步长由量化参数决定。而且还将量化与变换中的比例伸缩部分(尺度矩阵乘法)融合在一起，有效地减少了编码的计算量。

7）场扫描顺序——除了传统的Z字型帧扫描顺序外，还增加了如图10-1所示的场扫描方式，用于场编码模式。

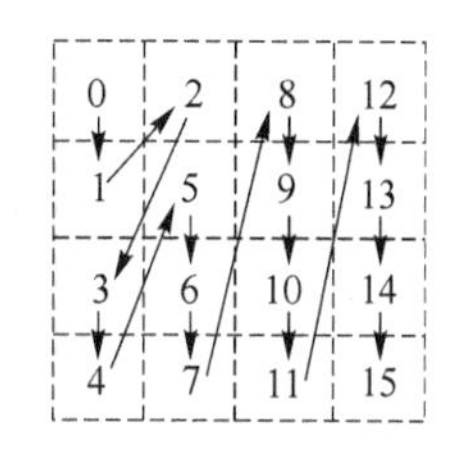


图10-1　场扫描顺序

8）抗块效应滤波器——为了消除分块编码中，由于块边界像素值的量化误差而形成的图像主观质量的“块效应”，引入了基于内容的抗块效应滤波器。当4×4块边界上两边的图像差较小时，使用滤波器“平滑”掉差别；若边界上的图像特征明显，则不使用滤波器。这样既可减弱块效应的影响，又能避免滤掉图像的内容。

9）新型熵编码——采用了基于上下文的自适应变长编码(Context-based Adaptive Variable Length Coding，CAVLC)和基于上下文的自适应二进制算术编码(Context-based Adaptive Binary Arithmetic Coding，CABAC)等新的熵编码方法，可以克服Huffman和算术编码等传统变长编码(Variable Length Code，VLC)的概率分布不符合实际情况、概率分布是静止的、忽略了符号的相关性、没有利用条件概率、码字必须为整数比特等缺点，提高压缩比。

10）新图片类型——新增加了支持码流切换的可转换片(slice，条带)类型转换预测(Switching Predicted，SP)和转换帧内(Switching Intra，SI)，使得解码器可以在有类似内容但是码率不同的码流之间快速切换，并同时支持随机访问和快速回放模式。SP片采用了帧间预测方法，并通过改变量化值的大小来实现在不同码率的图像流之间的转换；SI片则是SP片的一种近似，用于出现传输错误而无法采用帧间预测方法的情形。

11）场模式编码——可将一帧图像拆成两场图像，对其中一场采用帧内编码，对另一场则利用前一场的信息进行运动补偿编码，可提高压缩比。

12）分层算法结构——编码算法总体上分为两层：视频编码层(VCL)负责对视频内容的有效描述；网络抽象层(NAL)负责在不同网络上对视频数据进行打包传输；在VCL和NAL之间定义了一个基于分组方式的接口。VCL的设计目标是提高编码效率，而NAL的则是解决视频QoS(服务质量)与网络QoS的匹配。

13）面向IP和无线环境——为了提高压缩视频流在IP网络和移动通信等误码和丢包的多发环境中传输的稳健性，而且适应不同传输速率的需要，H.264/AVC标准中包含了消除传输差错、改变视频流码率的方法和工具。

a) 为了抵御传输差错，对视频流中的时间同步可以通过采用帧内图像刷新来完成，对空间同步可由片结构编码来支持。

b) 为了便于误码后的再同步，在一幅图像的视频数据中还提供了一定数量的重同步点。

c) 在帧内宏块刷新和多参考宏块中，允许编码器在选择宏块模式时，不仅考虑编码效率，还可以适应不同传输信道的特性。

d) 除了利用量化步长的改变来适应信道码率，还常利用数据分割方法来应对信道码率的变化。这里的数据分割是指，在编码器中生成具有不同优先级的视频数据以支持网络中的 QoS。

e) 在无线通信应用中，可通过改变一帧的量化精度或空间/时间分辨率，来支持无线信道较大的码率变化。与 MPEG-4 中采用的（效率较低的）精细可伸缩性（FGS）编码方法不同，H.264/AVC 采用流切换的 SP 帧来代替分级编码。

### 10.1.2 H.264/AVC 编码结构与格式

在 H.264/AVC 中，定义了编码的 3 种档次、4 种宏块和 5 种片，如图 10-2 所示。

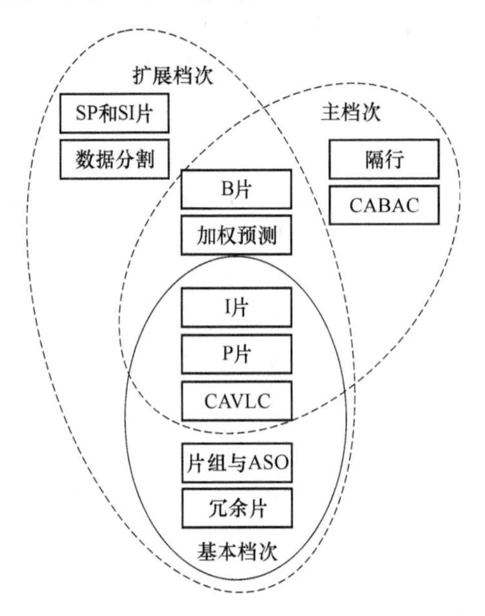


图 10-2　H.264/AVC 的档次

**1. 档次和级别**

H.264/AVC 标准规定了 3 种档次（Profile），每种档次支持一组特定的编码功能和应用。

(1) 基本档次（Baseline Profile）—— 利用 I 片和 P 片进行的帧内和帧间编码，使用 CAVLC 熵编码。主要应用于可视电话、视频会议和无线通信。

(2) 主档次（Main Profile）—— 支持隔行视频，利用 I 片、P 片和 B 片进行的帧内和帧间编码，使用 CABAC 熵编码。主要应用于数字电视广播和数字视频存储。

(3) 扩展档次（Extended Profile）—— 支持码流之间的有效切换（SP 和 SI 片），采用数据分割来改进错误恢复机制，但是不支持隔行视频和 CABAC。主要应用于流媒体领域。

对每种档次设置不同的(处理速率、图像尺寸、缓冲区大小、编码比特率等)参数,则得到对应编码器性能的不同级别(Level)。

在 H.264/AVC 标准中,共定义了 15 个级别,它们的各种限制如表 10-1 所示。

**表 10-1 级别限制**

| 级数 | 最大宏块处理速率(宏块/秒) | 最大帧大小(宏块[宽×高]) | 最大解码缓冲区(kB) | 最大视频比特率(kbit/s) | 最大 CPB 大小(kbit) | 垂直运动矢量分量范围(亮度帧样点) | 最小压缩比 | 每两个连续宏块的运动矢量最大数目 |
|---|---|---|---|---|---|---|---|---|
| 1 | 1 485 | 99[176×144] | 148.5 | 64 | 175 | [−64,+63.75] | 2 | — |
| 1.1 | 3 000 | 396[352×288] | 337.5 | 192 | 500 | [−128,+127.75] | 2 | — |
| 1.2 | 6 000 | 396[352×288] | 891.0 | 384 | 1 000 | [−128,+127.75] | 2 | — |
| 1.3 | 11 880 | 396[352×288] | 891.0 | 768 | 2 000 | [−128,+127.75] | 2 | — |
| 2 | 11 880 | 396[352×288] | 891.0 | 2 000 | 2 000 | [−128,+127.75] | 2 | — |
| 2.1 | 19 800 | 792[352×576] | 1 782.0 | 4 000 | 4 000 | [−256,+255.75] | 2 | — |
| 2.2 | 20 250 | 1 620[720×576] | 3 037.5 | 4 000 | 4 000 | [−256,+255.75] | 2 | — |
| 3 | 40 500 | 1 620[720×576] | 3 037.5 | 10 000 | 10 000 | [−256,+255.75] | 2 | 32 |
| 3.1 | 108 000 | 3 600[1 280×720] | 6 750.0 | 14 000 | 14 000 | [−512,+511.75] | 4 | 16 |
| 3.2 | 216 000 | 5 120[1 280×1 024] | 7 680.0 | 20 000 | 20 000 | [−512,+511.75] | 4 | 16 |
| 4 | 245 760 | 8 192[2 048×1 024] | 12 288.0 | 20 000 | 25 000 | [−512,+511.75] | 4 | 16 |
| 4.1 | 245 760 | 8 192[2 048×1 024] | 12 288.0 | 50 000 | 62 500 | [−512,+511.75] | 2 | 16 |
| 4.2 | 491 520 | 8 192[2 048×1 024] | 12 288.0 | 50 000 | 62 500 | [−512,+511.75] | 2 | 16 |
| 5 | 589 824 | 22 080[3 680×1 536] | 41 310.0 | 135 000 | 135 000 | [−512,+511.75] | 2 | 16 |
| 5.1 | 983 040 | 36 864[4 096×2 304] | 69 120.0 | 240 000 | 240 000 | [−512,+511.75] | 2 | 16 |

其中:CPB=Coded Picture Buffer(编码图像缓冲区)。

### 2. 宏块、片与片组

H.264/AVC 中的一个编码图像通常被划分为若干个宏块(macroblock,MB),一个宏块由一个 16×16 像素的亮度块和附加两个 8×8 像素的($C_b$ 和 $C_r$)色差块所组成。在每个图像中,若干宏块被排列成片(slice)的形式。

与 MPEG-1/2 中的 I、P、B 帧相对应,在 H.264/AVC 中也有 3 种采用不同类型编码的宏块,另外还增加了一种新的 SI 宏块类型。

- I 宏块 —— 利用当前片中已经解码的图像作为参考图像进行帧内预测编码(不能取其他片中的已解码像素作为参考进行帧内预测)。
- P 宏块 —— 利用前面已经解码的图像作为参考图像进行帧内预测编码(可取其他片中的已解码像素作为参考进行帧内预测),还可以对宏块进行分割与亚分割。
- B 宏块 —— 似 P 宏块,但是可利用双向(前面和后面的已经解码的)参考图像进行帧内预测编码。
- SI 宏块 —— 一种特殊类型的帧内编码宏块,似 I 宏块,也只使用同一片内的已编码样本来进行预测,用于编码流之间的快速切换。

一个视频图像可以编码成若干个片(slice),每个片可包含若干个宏块(MB),如图 10-3 所示。一个片中至少包含一个宏块,最多可包含整幅图像中的所有宏块。设置片的目的是为了限制误码的扩散和传播,编码时须保持片间的相互独立性。

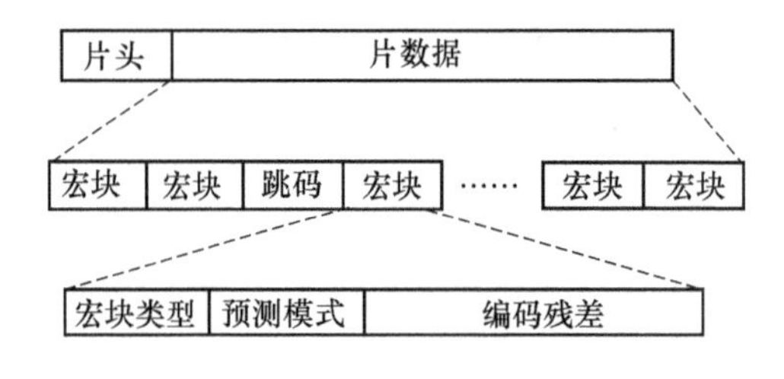


图 10-3　片的句法结构

H.264/AVC 中共有如下 5 种编码片类型。

- I 片 —— 只包含 I 宏块(在相同的片内由以前编码的数据来预测每个块和宏块),可用于所有档次。
- P 片 —— 可包含 P 宏块(由列表 list0 的参考图像来预测每个宏块或宏块分割)和/或 I 宏块,也可用于所有档次。
- B 片 —— 可包含 B 宏块(由列表 list0 和/或 list1 的参考图像来预测每个宏块或宏块分割)和/或 I 宏块,可用于主档次和扩展档次。
- SP 片 —— 使编码流之间容易切换,包含 P 宏块和/或 I 宏块,只能用于扩展档次。
- SI 片 —— 使编码流之间容易切换,包含 I 宏块和/或 SI 宏块,也只能用于扩展档次。

**3. 编码结构**

H.264/AVC 标准压缩系统由视频编码层(Video Coding Layer,VCL)和网络提取层(Network Abstraction Layer,NAL)两部分组成。VCL 中包括 VCL 编码器与 VCL 解码器,主要功能是视频数据压缩编码和解码,它包括运动补偿、变换编码、熵编码等压缩单元。NAL 则用于为 VCL 提供一个与网络无关的统一接口,它负责对视频数据进行封装打包后使其在网络中传送,它采用统一的数据格式,包括单个字节的包头信息、多个字节的视频数据与组帧、逻辑信道信令、定时信息、序列结束信号等。通过 NAL 单元,H.264 可以支持大部分基于包的网络。如图 10-4 所示。

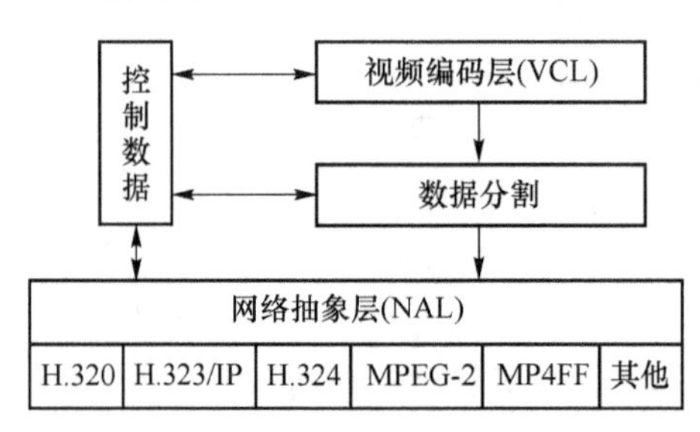


图 10-4　H.264/AVC 视频编码器结构

H.264/AVC 编码是基于像素块的,其中的 DCT 变换和量化基于 4×4 分块,但是帧间预测和运动补偿都是基于 16×16 的宏块及其(亚)分割,而且帧内和残差编码中的方块滤波

也是基于宏块的。如图 10-5 所示的是 H.264/AVC 宏块的基本视频编码结构。

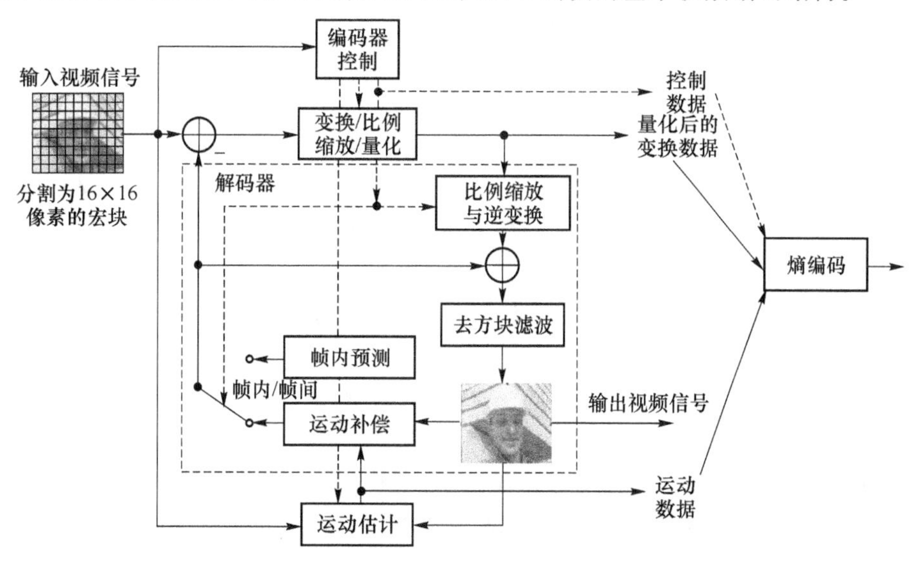


图 10-5 H.264/AVC 宏块的基本视频编码结构

为了适应 IP 网络和移动通信等不同传输速率与不同空间和时间分辨率的需要，H.264/AVC 采用了分层与可伸缩性编码，图 10-6 是其可伸缩性扩展的基本编码结构示意图。

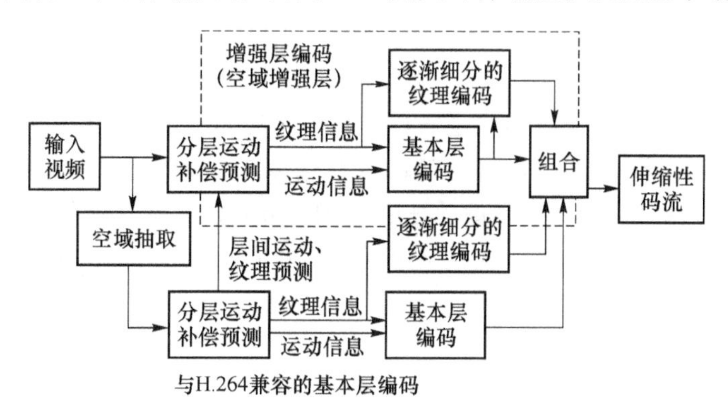


图 10-6 H.264/AVC 可伸缩性扩展的基本编码结构

H.264/AVC 编解码器的功能组成和主要过程如图 10-7 和图 10-8 所示。可见，它们与传统的 MPEG-1/2/4 编解码器相比，除了帧内预测外，其他并没有多大区别，主要的不同在于各个功能块的细节。如其中的变换编码和量化过程，与传统的视频编码相比，就有很大的不同。

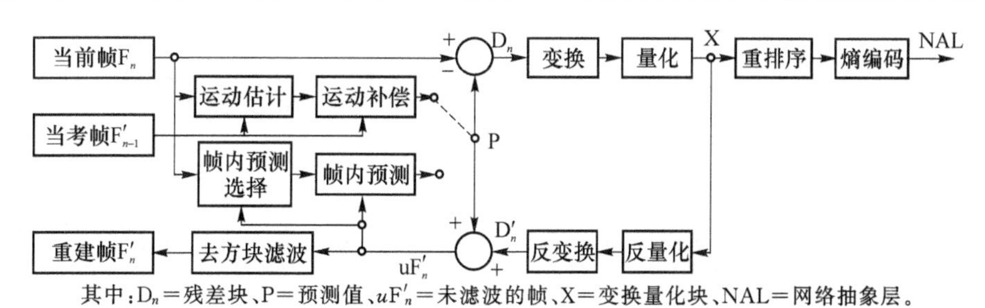


其中：$D_n$＝残差块、P＝预测值、$uF'_n$＝未滤波的帧、X＝变换量化块、NAL＝网络抽象层。

图 10-7 H.264/AVC 编码器

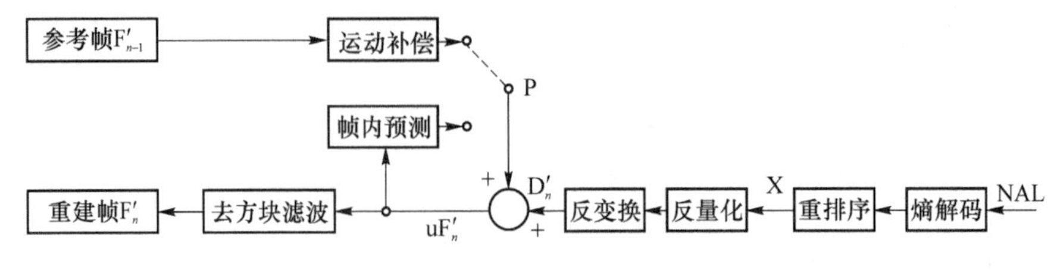


图 10-8　H.264/AVC 解码器

# 10.2　H.264/AVC 的预测编码

H.264/AVC 将预测引入帧内空间域的视频编码中，利用已编码块的邻近像素来进行帧内预测。而与传统 MPEG 编码相比，H.264/AVC 的帧间预测和运动补偿增加了图像帧的类型、使用多帧预测和树状结构的运动补偿、支持多种块结构的预测、且精确到 1/4 像素。这些都有效提高了 AVC 编码的压缩比，但同时也增加了其算法的复杂度。

## 10.2.1　H.264/AVC 帧内预测

帧内预测，可充分利用相邻像素间的相关性，只对实际值与预测值的差值(残差)进行编码，能减少表达帧内编码像素信息所需的比特数。

在 MPEG-1/2 的视频编码中没有帧内预测，在 MPEG-4 和 H.263＋中的视频编码在变换域中引入了帧内预测，而 H.264/AVC 则将帧内预测引入到空间域中。在 H.264/AVC 中，对帧内编码，利用参考块的左方或上方的已编码块的邻近像素来预测；对帧间编码，为了避免因参考块的运动补偿引起的误码扩散，通常选取帧内编码的邻近块来进行预测。在 H.264/AVC 中，对带有大量细节图像的亮度，采用 4×4 像素块的帧内预测；对平坦区域图像的亮度块，采用 16×16 像素宏块的帧内预测；对色度块则采用 8×8 像素宏块的帧内预测。

**1. 4×4 亮度块**

对 4×4 亮度块的帧内预测，利用当前像素块左边和上边的已编码重建的像素 A～M 对当前块中的待预测像素 a～p 进行预测，如图 10-9 所示。共有 9 种预测模式，其中除了第 2 种 DC(直流)模式是采用左边和上边像素的平均值外，其余模式都是按一定方向进行预测，如图 10-10～图 10-11 所示。预测时，对 9 种模式都进行计算，选取残差 SAE 最小的模式。

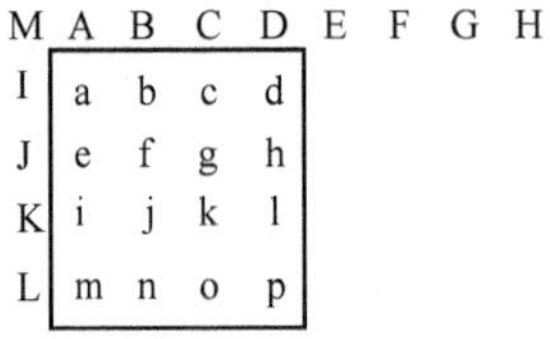

| M | A | B | C | D | E | F | G | H |
|---|---|---|---|---|---|---|---|---|
| I | a | b | c | d | | | | |
| J | e | f | g | h | | | | |
| K | i | j | k | l | | | | |
| L | m | n | o | p | | | | |

图 10-9　用像素 A～M 来对块中像素 a～p 进行帧内 4×4 预测

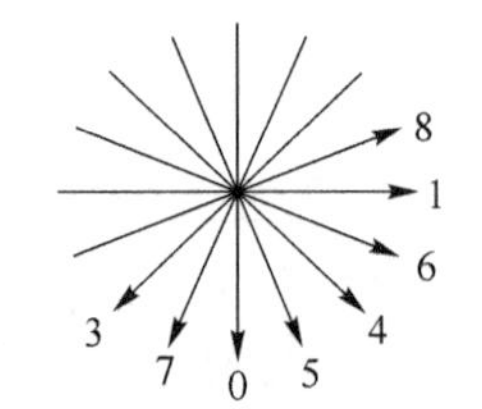


图 10-10　帧内 4×4 预测的 8 个预测方向

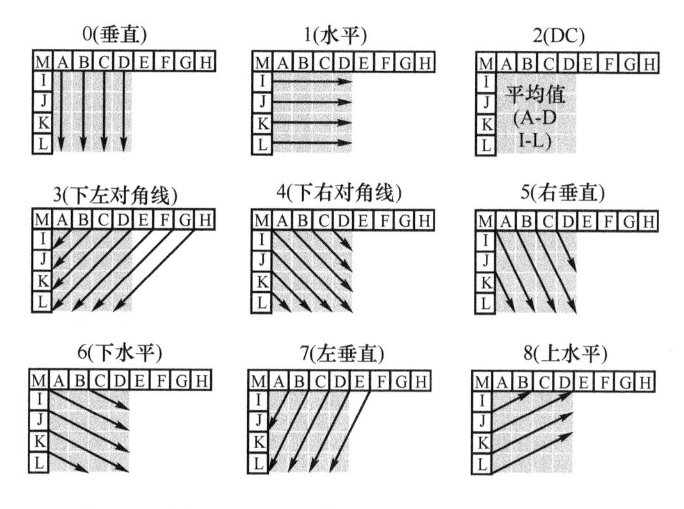


图 10-11　9 种帧内 4×4 预测模式

这里的绝对误差和(Sum of Absolute Errors,SAE)定义为：

$$\mathrm{SAE}=\sum_{x=1,y=1}^{B_x,B_y}\left|s(x,y)-p(x,y)\right|,\text{其中 } B_x,B_y=16,8,4$$

具体的预测方法如下(其中 round ()为舍入取整函数)：模式 2(DC 预测)中的 a～p=round ([A+B+C+D+I+J+K+L]/8)；模式 0(垂直预测)中的 a=e=i=m=A,b=f=j=n=B,c=g=k=o=C,d=h=l=p=D；模式 3(下左对角线预测)中的 a=round ([A+2B+C]/4),b=e=round ([B+2C+D]/4),c=f=i=round ([C+2D+E]/4),d=g=j=m=round ([D+2E+F]/4),h=k=n=round ([E+2F+G]/4),l=o=round ([F+2G+H]/4),p=round ([G+3H]/4)；其余模式的具体计算式类似可得，这里就不再一一介绍了。

**2. 16×16 亮度宏块**

对 16×16 亮度宏块，可以进行整体预测，有 4 种预测模式，如图 10-12 所示。

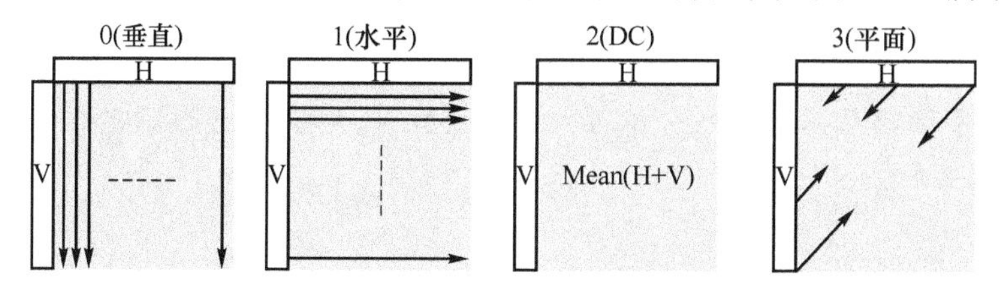


图 10-12　4 种帧内 16×16 预测模式

具体预测计算式如下：(其中 $P(i,-1)$ 和 $P(-1,j)$ 分别表示宏块上边和左边的相邻像素)

- 模式 0(垂直预测)：$\mathrm{Pred}(i,j)=P(i,-1),i,j=0,1,\cdots,15$
- 模式 1(水平预测)：$\mathrm{Pred}(i,j)=P(-1,j),i,j=0,1,\cdots,15$
- 模式 2(直流预测)：(其中 round ()为舍入取整函数)

$$\mathrm{Pred}(i,j)=\mathrm{round}\left(\frac{1}{32}\left[\sum_{i=0}^{15}P(i,-1)+\sum_{j=0}^{15}P(-1,j)\right]\right),\quad i,j=0,1,\cdots,15$$

- 模式 3(平面预测)：(其中 $\mathrm{clip}(x)$为裁减函数，作用是将 $x$ 限制在 0～255 之内)

$$\mathrm{Pred}(i,j)=\mathrm{clip}\left(\mathrm{round}\left(\frac{1}{32}[a+b(i-7)+c(j-7)]\right)\right),\quad i,j=0,1,\cdots,15$$

其中：

$$a = 16[P(-1,15) + P(15,-1)]$$

$$b(i) = \text{round}\left(\frac{5}{64}\sum_{i=1}^{8}[i \cdot P(7+i,-1) - P(7-i,-1)]\right)$$

$$c(j) = \text{round}\left(\frac{5}{64}\sum_{j=1}^{8}[j \cdot P(-1,7+j) - P(-1,7-j)]\right)$$

**3. 8×8 色度宏块**

因为色度在图像中是相对平坦的，所以只对 8×8 像素的色度宏块进行帧内预测，采用的预测模式也有 4 种，与 16×16 亮度宏块的一致。

具体预测计算式如下：(其中 $P(i,-1)$ 和 $P(-1,j)$ 分别表示宏块上边和左边的相邻像素)

- 模式 0(垂直预测)：$\text{Pred}(i,j) = P(i,-1),\quad i,j = 0,1,\cdots,7$
- 模式 1(水平预测)：$\text{Pred}(i,j) = P(-1,j),\quad i,j = 0,1,\cdots,7$
- 模式 2(直流预测)：(其中 round ()为舍入取整函数)

$$\text{Pred}(i,j) = \text{round}\left(\frac{1}{8}\left[\sum_{i=0}^{3}P(i,-1) + \sum_{j=0}^{3}P(-1,j)\right]\right),\quad i,j = 0,\cdots,3$$

$$\text{Pred}(i,j) = \text{round}\left(\frac{1}{4}\sum_{i=4}^{7}P(i,-1)\right)\text{或}$$

$$i = 4,\cdots,7, j = 0,\cdots,3$$

$$\text{Pred}(i,j) = \text{round}\left(\frac{1}{4}\sum_{j=0}^{3}P(-1,j)\right)$$

$$\text{Pred}(i,j) = \text{round}\left(\frac{1}{4}\sum_{i=0}^{3}P(i,-1)\right)\text{或}$$

$$i = 0,\cdots,3, j = 4,\cdots,7$$

$$\text{Pred}(i,j) = \text{round}\left(\frac{1}{4}\sum_{j=4}^{7}P(-1,j)\right)$$

$$\text{Pred}(i,j) = \text{round}\left(\frac{1}{8}\left[\sum_{i=4}^{7}P(i,-1) + \sum_{j=4}^{7}P(-1,j)\right]\right),\quad i,j = 4,\cdots,7$$

- 模式 3(平面预测)：(其中 $\text{clip}(x)$为裁减函数，作用是将 $x$ 限制在 0～255 之内)

$$\text{Pred}(i,j) = \text{clip}\left(\text{round}\left(\frac{1}{32}[a + b(i-3) + c(j-3)]\right)\right),\quad i,j = 0,1,\cdots,7$$

其中：

$$a = 16[P(-1,7) + P(7,-1)]$$

$$b(i) = \text{round}\left(\frac{17}{64}\sum_{i=0}^{3}[(i+1) \cdot P(4+i,-1) - P(2-i,-1)]\right)$$

$$c(j) = \text{round}\left(\frac{17}{64}\sum_{j=0}^{3}[(j+1) \cdot P(-1,4+j) - P(-1,2-j)]\right)$$

### 10.2.2 H.264/AVC 帧间预测与运动补偿

H.264/AVC 的帧间预测和运动补偿与传统的 MPEG 编码类似，最大的区别是：增加了图像帧的类型、使用多帧预测、支持多种块结构的预测且精确到 1/4 亮度像素。

**1. 图像帧新类型**

除了具有传统的 I、P 和 B 图片(Slice)类型外,H.264/AVC 还增加了支持码流切换的可转换图片类型转换预测(Switching Predicted,SP)和转换帧内(Switching Intra,SI),使得解码器可以在有类似内容但是码率不同的码流之间快速切换,并同时支持随机访问和快速回放模式。

SP 片的主要目的是用于不同码流的切换(Switch),此外也可用于码流的随机访问、快进快退和错误恢复。这里所说的不同码流是指在不同比特率限制下对同一信源进行编码所产生的码流。

设切换前传输码流中的最后一帧为 A1,切换后的目标码流第一帧为 B2(假设是 P 帧),由于 B2 的参考帧不存在,所以直接切换显然会导致很大的失真,而且这种失真会向后传递。一种简单的解决方法就是传输帧内编码的 B2,但是一般 I 帧的数据量很大,这种方法会造成传输码率的陡然增加。

根据前面的假设,由于是对同一信源进行编码,尽管比特率不同,但切换前后的两帧必然有相当大的相关性,所以编码器可以将 A1 作为 B2 的参考帧,对 B2 进行帧间预测,预测误差就是 SP 片,然后通过传递 SP 片完成码流的切换。与常规 P 帧不同的是,生成 SP 片所进行的预测是在 A1 和 B2 的变换域中进行的。SP 片要求切换后 B2 的图像应和直接传送目标码流时一样。显然,如果切换的目标是毫不相关的另一码流,SP 片就不适用了。如图 10-13 和图 10-14 所示。

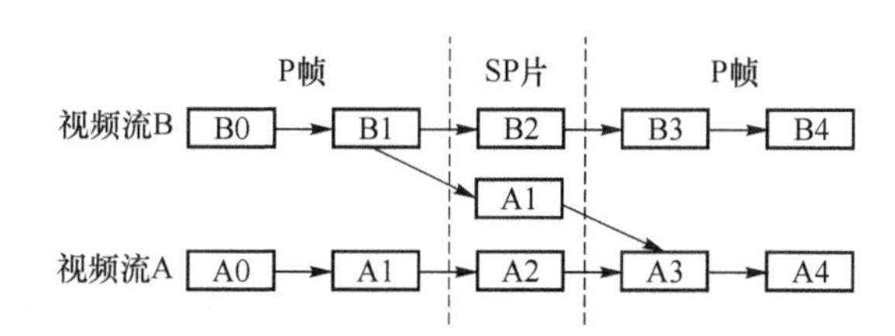


图 10-13 用 SP 片切换视频流

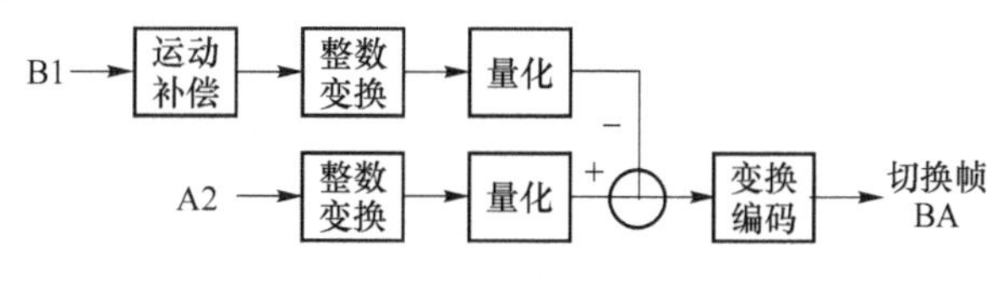


图 10-14 切换帧的获取

SP 片采用了帧间预测方法,并通过改变量化值的大小来实现在不同码率的图像流之间的转换;SI 片则是 SP 片的一种近似,不过 SI 片只使用同一片内的已编码样本来进行预测,用于出现传输错误而无法采用帧间预测方法的情形。

**2. 多帧预测**

与传统的 MPEG 视频编码中 P 帧图片只使用前面某一帧、而 I 帧图片也只使用前后各一帧来预测不同,H.264/AVC 可以利用多帧参考图片(最多前向和后向各 5 帧)来进行帧间预测和运动补偿。多帧预测可以对周期性运动、平移封闭运动以及在两个场景间不断切换的视频流有非常好的预测效果。

通过引入多参考帧图像,AVC 不仅能提高编码效率,同时还可以实现更好地码流误码恢复，不过这需要增加额外的时延和存储空间。实验证明，一般采用 2～5 帧作为参考帧，能得到较好的效果。例如，采用 5 帧预测，可比单帧预测，节省 5%～10%的编码比特率。

**3. 宏块划分**

在 MPEG-1/2 中，帧间预测和运动补偿都是针对整个 16×16 宏块进行的；在 MPEG-4 的矩形区域编码中，允许对一个宏块中的 4 个 4×4 块分别进行预测和补偿；而 H.264/AVC 则采用了 7 种不同大小和形状的宏块分割与亚分割方法，可以减小残差和提高预测精度。

在 H.264/AVC 中，一个 16×16 像素的亮度宏块，可以按照 16×16、16×8、8×16 和 8×8 进行分割，对 8×8 的分割块还可以按照 8×8、8×4、4×8 和 4×4 进行进一步的亚分割，如图 10-15 所示。利用各种大小的块进行运动补偿的方法，称为树状结构的运动补偿，每个分块都有自己独立的运动矢量。

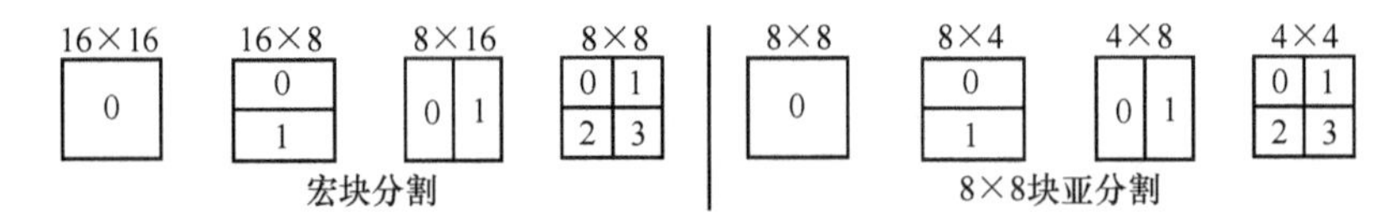


图 10-15　宏块的分割与亚分割

选用较大的块，可以减少表示运动矢量和区域选取的数据量，但是会增加运动补偿后的残差；选用较小的块，则可以减小残差和提高预测精度，但是却会增加表示运动矢量和区域选取的数据量。较大的块适用于帧间的同质区域，而较小的块则适用于帧间的细节部分。

因为在 H.264/AVC 中使用 4∶2∶0 采样，所以色差宏块为 8×8 像素，是亮度宏块大小的一半。对 8×8 色差宏块，也采用与 16×16 亮度宏块类似的方法进行分割与亚分割，只不过所有对应分割块的大小都需要除以 2。

**4. 1/2、1/4 和 1/8 像素精度**

为了提高帧间预测的准确性，在 H.264/AVC 中，对亮度分量采用了（通过内插而得的）1/2 和 1/4 像素的运动精度，内插过程先通过 6 抽头的滤波器来获得半像素精度，再用线性滤波器来获得 1/4 像素精度。对色差分量，则采用了对应的 1/4 和 1/8 像素精度。

对亮度分量，整数像素位置之间的半像素点，可利用一个 6 阶有限冲击响应滤波器，对 6 个相邻整数位置的像素值进行内插来得到，它们所对应的权重向量为（1/32，－5/32，5/8，5/8，－5/32，1/32）。

例如，图 10-16 中的半像素点 b 处的像素值，是由于其相邻的 6 个水平整数像素 E、F、G、H、I 和 J 的内插得到的：

$$b=\mathrm{round}\left(\frac{1}{32}[E-5F+20G+20H-5I+J]\right)$$

类似地，半像素点 h 处的像素值，是由于其相邻的 6 个垂直整数像素 A、C、G、M、R 和 T 的内插得到的：

$$h=\mathrm{round}\left(\frac{1}{32}[A-5C+20G+20M-5R+T]\right)$$

在所有的与整数像素在一条（水平或垂直）直线上半像素都被计算出来后，就可以用同样的方法来计算位于四个整数像素中央的半像素点的值。例如，图 10-16 中的 j 点的值可以通过 aa、bb、b、s、gg 和 hh 的垂直内插而获得，也可以通过 cc、dd、h、m、ee 和 ff 的水平内插而得到。这两个内插结果是一样的,但是其中的 b、s 和 h、m 都必须使用未经舍入的值。1/4 像素点处的值,由相邻的两个整数(或 1/2)和 1/2 像素的线性内插的到。如图 10-16 中的 $a=\text{round}\left(\frac{1}{2}[G+b]\right)$、$d=\text{round}\left(\frac{1}{2}[G+h]\right)$、$e=\text{round}\left(\frac{1}{2}[b+h]\right)$等。

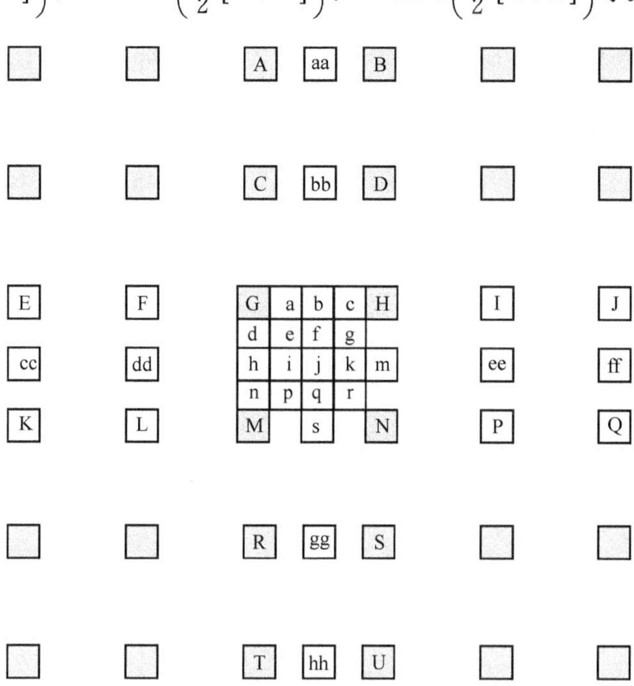


图 10-16　亮度分量的 1/2 和 1/4 像素精度的内插

对色差分量,与亮度的 1/2 像素精度所对应的是 1/4 像素精度,可直接使用对应亮度块的 1/4 像素运动矢量。与亮度的 1/4 像素精度所对应的,是色差的 1/8 像素精度。对 1/8 像素 $a$ 的值,可采用四周的整数位置像素 A、B、C 和 D 的加权平均来计算,如图 10-17 所示。

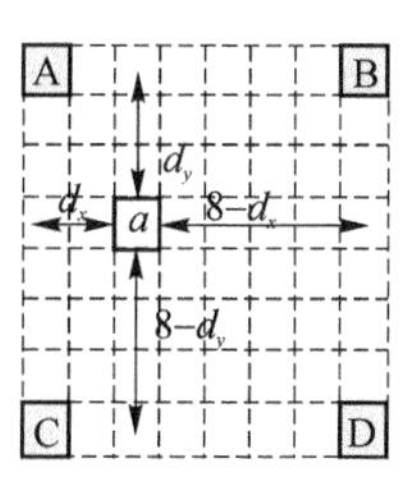


图 10-17　色差分量的 1/8 像素内插

$$a=\text{round}\left(\frac{1}{64}[(8-d_x)\cdot(8-d_y)\cdot A+d_x\cdot(8-d_y)\cdot B+(8-d_x)\cdot d_y\cdot C+d_x\cdot d_y\cdot D]\right)$$

例如,对图 10-16 中的 $a$,有 $d_x=2$、$d_y=3$,所以

$$\begin{aligned} a &= \text{round}\left(\frac{1}{64}[6\times 5\cdot A+2\times 5\cdot B+6\times 3\cdot C+2\times 3\cdot D]\right) \\ &= \text{round}\left(\frac{1}{64}[30A+10B+18C+6D]\right) \end{aligned}$$

# 10.3 H.264/AVC 的块编码

与传统 MPEG(JPEG)一样，H.264/AVC 的块编码也包括变换、量化和熵编码，如图 10-18 所示。但是，与传统 MPEG 不同的是，AVC 的变换编码采用了 4×4 整数 DCT 变换(替代传统的 8×8 浮点 DCT)、量化采用了与整数 DCT 结合紧密的分级量化(替代传统的均匀量化)、熵编码则采用了基于上下文的自适应变长编码 CAVLC(替代传统的霍夫曼编码)和基于上下文的自适应二进制算术编码 CABAC(替代传统的算术编码)。

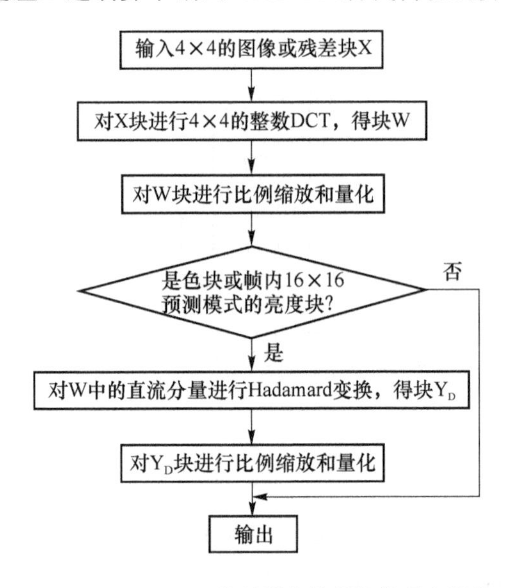


图 10-18　H.264/AVC 编码器中的变换编码和量化过程

## 10.3.1　4×4 整数 DCT

H.264/AVC 中对图像或残差也采用基于 DCT 的编码，但与普通 MPEG 编码中的 DCT 方法有若干不同：

(1) 分块大小不再是 8×8，而是 4×4；

(2) 采用的不是浮点数 DCT，而是整数 DCT。

进行整数 DCT 的好处有：

1. 所有操作都使用整数算法；
2. 不丢失解码精度；
3. 可实现编解码端的零匹配；
4. 变换的核心部分可仅用加法和移位操作来实现；
5. 变换中的部分尺度乘法运算可与量化器结合，减少了乘法次数；
6. 反量化和反变换一般可用 16 位乘法实现。

二维 DCT 的变换公式为：

$$\text{FDCT：}\ Y_{mn}=C_mC_n\sum_{i=0}^{N-1}\sum_{j=0}^{N-1}X_{ij}\cos\frac{(2i+1)m\pi}{2N}\cos\frac{(2j+1)n\pi}{2N}$$

$$\text{IDCT：}\ X_{ij}=\sum_{m=0}^{N-1}\sum_{n=0}^{N-1}C_mC_nY_{mn}\cos\frac{(2i+1)m\pi}{2N}\cos\frac{(2j+1)n\pi}{2N},\quad C_k=\begin{cases}\sqrt{\dfrac{1}{N}},k=0\\ \sqrt{\dfrac{2}{N}},k=1,2,\cdots,N-1\end{cases}$$

其中，$X_{ij}$ 是图像或残差块 $X$ 中第 $i$ 行第 $j$ 列的值，$Y_{mn}$ 是 DCT 变换结果矩阵 $Y$ 中第 $i$ 行第 $j$ 列的频率系数。

为了获得整数 DCT 的变换公式，我们将上述变换用下列矩阵乘法表示：

$$Y=AXA^{\mathrm{T}},X=A^{\mathrm{T}}YA$$

其中，$A=(A_{ij})_{N\times N}=\left(C_i\cos\dfrac{i(2j+1)\pi}{2N}\right)_{N\times N}$ 为 $N\times N$ 的 DCT 变换矩阵。

对 4×4 的块，对应的 DCT 变换矩阵为

$$A=\begin{pmatrix}\frac{1}{2}&\frac{1}{2}&\frac{1}{2}&\frac{1}{2}\\ \frac{1}{\sqrt{2}}\cos\frac{\pi}{8}&\frac{1}{\sqrt{2}}\cos\frac{3\pi}{8}&-\frac{1}{\sqrt{2}}\cos\frac{3\pi}{8}&-\frac{1}{\sqrt{2}}\cos\frac{\pi}{8}\\ \frac{1}{2}&\frac{1}{2}&\frac{1}{2}&\frac{1}{2}\\ \frac{1}{\sqrt{2}}\cos\frac{3\pi}{8}&-\frac{1}{\sqrt{2}}\cos\frac{\pi}{8}&\frac{1}{\sqrt{2}}\cos\frac{\pi}{8}&-\frac{1}{\sqrt{2}}\cos\frac{3\pi}{8}\end{pmatrix}$$

$$=\begin{pmatrix}a&a&a&a\\b&c&-c&-b\\a&-a&-a&a\\c&-b&b&-c\end{pmatrix}=\begin{pmatrix}a&0&0&0\\0&b&0&0\\0&0&a&0\\0&0&0&b\end{pmatrix}\begin{pmatrix}1&1&1&1\\1&d&-d&-1\\1&-1&-1&1\\d&-1&1&-d\end{pmatrix}$$

其中：$a=\dfrac{1}{2},b=\dfrac{1}{\sqrt{2}}\cos\dfrac{\pi}{8},c=\dfrac{1}{\sqrt{2}}\cos\dfrac{3\pi}{8},d=\dfrac{c}{b}$。令

$$B=\begin{pmatrix}a&0&0&0\\0&b&0&0\\0&0&a&0\\0&0&0&b\end{pmatrix},C=\begin{pmatrix}1&1&1&1\\1&d&-d&-1\\1&-1&-1&1\\d&-1&1&-d\end{pmatrix}$$

则 $A=BC$。代入矩阵变换式得(注意 $B^{\mathrm{T}}=B$)

$$Y=AXA^{\mathrm{T}}=(BC)X(BC)^{\mathrm{T}}=B(CXC^{\mathrm{T}})B^{\mathrm{T}}=B(CXC^{\mathrm{T}})B$$

两边同时左右乘 $B^{-1}=\begin{pmatrix}a^{-1}&0&0&0\\0&b^{-1}&0&0\\0&0&a^{-1}&0\\0&0&0&b^{-1}\end{pmatrix}$ 得 $B^{-1}YB^{-1}=CXC^{\mathrm{T}}$，其中

$$B^{-1}YB^{-1}=\begin{pmatrix}a^{-2}Y_{11}&(ab)^{-1}Y_{12}&a^{-2}Y_{13}&(ab)^{-1}Y_{14}\\(ab)^{-1}Y_{21}&b^{-2}Y_{22}&(ab)^{-1}Y_{23}&b^{-2}Y_{24}\\a^{-2}Y_{31}&(ab)^{-1}Y_{32}&a^{-2}Y_{33}&(ab)^{-1}Y_{34}\\(ab)^{-1}Y_{41}&b^{-2}Y_{42}&(ab)^{-1}Y_{43}&b^{-2}Y_{44}\end{pmatrix}$$

$$= Y \otimes \begin{pmatrix} a^{-2} & (ab)^{-1} & a^{-2} & (ab)^{-1} \\ (ab)^{-1} & b^{-2} & (ab)^{-1} & b^{-2} \\ a^{-2} & (ab)^{-1} & a^{-2} & (ab)^{-1} \\ (ab)^{-1} & b^{-2} & (ab)^{-1} & b^{-2} \end{pmatrix} = Y \otimes E_i$$

里面 $E_i = \begin{pmatrix} a^{-2} & (ab)^{-1} & a^{-2} & (ab)^{-1} \\ (ab)^{-1} & b^{-2} & (ab)^{-1} & b^{-2} \\ a^{-2} & (ab)^{-1} & a^{-2} & (ab)^{-1} \\ (ab)^{-1} & b^{-2} & (ab)^{-1} & b^{-2} \end{pmatrix}$，运算符号 $\otimes$ 表示两个矩阵每个对应位置上的元素相乘，也称为矩阵的尺度乘法(Scaling Multiplication)。

在 $Y \otimes E_i = B^{-1}YB^{-1} = CXC^{\mathrm{T}}$ 两边同时左右乘以 $E = \begin{pmatrix} a^2 & ab & a^2 & ab \\ ab & b^2 & ab & b^2 \\ a^2 & ab & a^2 & ab \\ ab & b^2 & ab & b^2 \end{pmatrix}$ 得

$$Y = (CXC^{\mathrm{T}}) \otimes E = \left[ \begin{pmatrix} 1 & 1 & 1 & 1 \\ 1 & d & -d & -1 \\ 1 & -1 & -1 & 1 \\ d & -1 & 1 & -d \end{pmatrix} X \begin{pmatrix} 1 & 1 & 1 & d \\ 1 & d & -1 & -1 \\ 1 & -d & -1 & 1 \\ 1 & -1 & 1 & -d \end{pmatrix} \right] \otimes \begin{pmatrix} a^2 & ab & a^2 & ab \\ ab & b^2 & ab & b^2 \\ a^2 & ab & a^2 & ab \\ ab & b^2 & ab & b^2 \end{pmatrix}$$

为了使变换矩阵 $C$ 整数化，可将 $d = \frac{c}{b} = \frac{\cos\frac{3\pi}{8}}{\cos\frac{\pi}{8}} = \sqrt{2} - 1 \approx 0.414\,2$ 简化为 $d = 0.5 = \frac{1}{2}$。代入上式得 $Y = = (C_i X C_i^{\mathrm{T}}) \otimes E$，其中，$C_i = \begin{pmatrix} 1 & 1 & 1 & 1 \\ 1 & \frac{1}{2} & -\frac{1}{2} & -1 \\ 1 & -1 & -1 & 1 \\ \frac{1}{2} & -1 & 1 & -\frac{1}{2} \end{pmatrix}$。

为了保持变换矩阵 $A$ 的标准正交性($AA^{\mathrm{T}} = I$)，必须同步修改 $b$ 值。原来

$$b = \frac{1}{\sqrt{2}} \cos\frac{\pi}{8} = \frac{1}{\sqrt{2}} \sqrt{\frac{1 + \cos\frac{\pi}{4}}{2}} = \frac{1}{2}\sqrt{1 + \frac{1}{\sqrt{2}}} \approx 0.653\,3\ ,$$

现在由 $A$ 的第二行的各元素平方和为 1：

$$1 = b^2 + c^2 + (-c)^2 + (-b)^2 = 2b^2(1 + d^2)$$

可得

$$b = \sqrt{\frac{1}{2(1 + d^2)}} = \sqrt{\frac{2}{5}} \approx 0.632\,4\ 。$$

为了去掉矩阵 $C$ 中第 2 行与 4 行和 $C^{\mathrm{T}}$ 中第 2 列与 4 列中元素 $d = 1/2$ 的分母 2，可以将对应行列中的分母 2 提出到矩阵 $E$ 中，得

$$Y = (C_f X C_f^{\mathrm{T}}) \otimes E_f$$

其中

$$C_f=\begin{pmatrix}1&1&1&1\\2&1&-1&-2\\1&-1&-1&1\\1&-2&2&-1\end{pmatrix},E_f=\begin{pmatrix}a^2&\frac{ab}{2}&a^2&\frac{ab}{2}\\\frac{ab}{2}&\frac{b^2}{4}&\frac{ab}{2}&\frac{b^2}{4}\\a^2&\frac{ab}{2}&a^2&\frac{ab}{2}\\\frac{ab}{2}&\frac{b^2}{4}&\frac{ab}{2}&\frac{b^2}{4}\end{pmatrix},$$

$E_f$ 里面的 $a=\frac{1}{2},b=\sqrt{\frac{2}{5}}$。

这是 4×4DCT 的一种近似。在 AVC 中,是将尺度乘法"$\otimes E_f$"融合到后面的量化过程中,所以实际的变换为整数型 DCT($Y=W\otimes E_f$):

$$W=C_fXC_f^{\mathrm{T}}。$$

该整数 DCT 变换,只需用到整数的加减运算(乘 2 可以用加法实现)。而且只要输入 $|X_{ij}|\leqslant 255$,则运算结果就肯定不会超过 16 位整数。

对应的反变换为

$$X=A^{\mathrm{T}}YA=(BC)^{\mathrm{T}}Y(BC)=C^{\mathrm{T}}(B^{\mathrm{T}}YB)C$$

因为 $B^T=B$,所以类似于 $B^{-1}YB^{-1}=Y\otimes E_i$ 可得 $BYB=Y\otimes E$,代入上式得

$$X=C^{\mathrm{T}}(Y\otimes E)C$$

也令 $d=\frac{1}{2}$ 及 $b=\sqrt{\frac{2}{5}}$,可得

$$X=C_i^{\mathrm{T}}(Y\otimes E)C_i$$

其中 $C_i^{\mathrm{T}}$ 和 $C_i$ 中的除以 2 运算,可以用右移 1 位的操作来实现。

## 10.3.2 量化

AVC 也是传统的标量量化(Scaling Quantisation)方法,但是为了避免除法和/或浮点运算,采用了与整数 DCT 结合紧密的分级量化方法。在 AVC 中,量化被分成 4×4 变换系数量化、4×4 亮度直流(DC)系数量化和 2×2 色差 DC 系数量化等三种,其中 4×4 变换系数的量化是基础。另外,在对 DC 系数量化之前,还需要先进行 Hadamard 变换。

**1. 变换系数量化**

在 AVC 中,对变换系数采用无扩展的分级量化来进行标量量化。其基本公式为:

$$Z=\mathrm{round}\left(\frac{Y}{Q_{\mathrm{step}}}\right)$$

其中,$Z$ 为 $Y$ 的量化值、$Y$ 为输入系数值、$Q_{\mathrm{step}}$ 为量化步长、round ()为舍入取整函数。

量化步长 $Q_{\mathrm{step}}$ 的取值与量化参数 $QP$ 有关,$QP$ 每增加 6,$Q_{\mathrm{step}}$ 就增加一倍。共有 52 种量化步长,对应的 $QP$ 取值为 0～51。如表 10-2 所示。

表 10-2 量化步长表

| $QP$ | 0 | 1 | 2 | 3 | 4 | 5 | 6 | 7 | 8 | 9 |
|---|---|---|---|---|---|---|---|---|---|---|
| $Q_{step}$ | 0.625 | 0.687 5 | 0.812 5 | 0.875 | 1 | 1.125 | 1.25 | 1.375 | 1.625 | 1.75 |
| $QP$ | 10 | 11 | 12 | … | 16 | … | 18 | … | 24 | … |
| $Q_{step}$ | 2 | 2.25 | 2.5 | … | 4 | … | 5 | … | 10 | … |
| $QP$ | 30 | … | 36 | … | 42 | … | 48 | … | 50 | 51 |
| $Q_{step}$ | 20 | … | 40 | … | 80 | … | 160 | … | 208 | 224 |

具体的计算公式为：(包含尺度乘法"$\otimes E_f$")

$$Z_{ij} = \text{round}\left(W_{ij}\frac{PF}{Q_{step}}\right)$$

其中，$W_{ij}$ 是矩阵 $W$ 中的元素，预引尺度因子(Prescaling Factor)$PF$ 是矩阵 $E_f$ 中的元素，其取值为：

$$PF = \begin{cases} a^2,(i,j) = (0,0),(0,2),(2,0),(2,2) \\ b^2/4,(i,j) = (1,1),(1,3),(3,1),(3,3) \\ ab/2,(i,j) = \text{其他} \end{cases}。$$

利用量化步长 $Q_{step}$ 随量化参数 $QP$ 每增加 6 而增加一倍的特性，可进一步简化计算。设

$$\text{qbits} = 15 + \text{floor}(QP/6)$$

其中 floor()为下取整函数。令乘法因子

$$MF = \frac{PF}{Q_{step}} 2^{\text{qbits}}$$

则量化式变成

$$Z_{ij} = \text{round}\left(W_{ij}\frac{MF}{2^{\text{qbits}}}\right)$$

表 10-3 为取整后的 $MF$ 取值表。

表 10-3 乘法因子 $MF$ 值

| 量化参数 | 样点位置 | | |
|---|---|---|---|
| $QP$ | (0,0) (0,2) (2,0) (2,2) | (1,1) (1,3) (3,1) (3,3) | 其他 |
| 0 | 13 107 | 5 243 | 8 066 |
| 1 | 11 916 | 4 660 | 7 490 |
| 2 | 10 082 | 4 194 | 6 554 |
| 3 | 9 362 | 3 647 | 5 825 |
| 4 | 8 192 | 3 355 | 5 243 |
| ≥5 | 7 282 | 2 893 | 4 559 |

量化的具体计算过程式为：

$$|Z_{ij}| = (|W_{ij}| \cdot MF + f) \gg \text{qbits}$$

$$\text{sign}(Z_{ij}) = \text{sign}(W_{ij})$$

其中，≫为右移位运算、sign ()为符号函数、$f$ 为偏移量。偏移量 $f$ 的作用是改善重构

图像的视觉效果，其取值一般为 $2^{\text{qbits}}/3$（帧内块）和 $2^{\text{qbits}}/6$（帧间块）。

反量化的基本操作是

$$Y'_{ij} = Z_{ij} Q_{\text{step}}$$

结合尺度参数 $PF$，并引入避免舍入误差的常数尺度因子 64（在反变换输出时再将其除去），则上式变成

$$W'_{ij} = Z_{ij} Q_{\text{step}} \cdot PF \cdot 64$$

对 $0 \leqslant QP \leqslant 5$ 定义尺度因子 $V = Q_{\text{step}} \cdot PF \cdot 64$，则

$$W'_{ij} = Z_{ij} V_{ij} \cdot 2^{\text{floor}(QP/6)}$$

其中，尺度因子 $V$ 的取值如表 10-4 所示。

**表 10-4 尺度因子 V**

| 量化参数 | 样点位置 | | |
|---|---|---|---|
| QP | (0,0) (0,2) (2,0) (2,2) | (1,1) (1,3) (3,1) (3,3) | 其他 |
| 0 | 10 | 16 | 13 |
| 1 | 11 | 18 | 14 |
| 2 | 13 | 20 | 16 |
| 3 | 14 | 23 | 18 |
| 4 | 16 | 25 | 20 |
| ≥5 | 18 | 29 | 23 |

**2. DC 系数的 Hadamard 变换和量化**

对图像宏块是色度块或帧内 16×16 预测模式的亮度块，可以将其 4×4 整数 DCT 系数矩阵 $\boldsymbol{W}$ 中的直流(DC)系数 $\boldsymbol{W}_{00}$，按其在原宏块中的排列顺序组成 DC 系数矩阵 $\boldsymbol{W}_D$。16×16 的亮度宏块中，有 4×4 个 4×4 变换块，所以对应的 $\boldsymbol{W}_D$ 为 4×4 矩阵；因为 AVC 采用 4∶2∶0的子采样，故 16×16 的图像宏块中，有 2×2 个 4×4 的 Cr 和 Cb 色度变换块，所以对应的 $\boldsymbol{W}_D$ 为 2×2 矩阵。

由于 DC 系数是图像块的平均能量，相邻块的 DC 系数具有较大的相关性，可采用对称正交的 Hadamard 矩阵 $\boldsymbol{H}_n$ 对其进行 Hadamard 变换，以消除这种相关性，从而提高编码的压缩比。其中 4 阶和 2 阶的 Hadamard 矩阵 $\boldsymbol{H}_n$ 定义为：

$$\boldsymbol{H}_4 = \begin{pmatrix} 1 & 1 & 1 & 1 \\ 1 & 1 & -1 & -1 \\ 1 & -1 & -1 & 1 \\ 1 & -1 & 1 & -1 \end{pmatrix}, \boldsymbol{H}_2 = \begin{pmatrix} 1 & 1 \\ 1 & -1 \end{pmatrix}$$

对 4×4 亮度块和 2×2 色度块的 DC 系数矩阵 $\boldsymbol{W}_D$ 的 Hadamard 变换为：

$$\boldsymbol{Y}_D = \frac{1}{2}(\boldsymbol{H}_n \boldsymbol{W}_D \boldsymbol{H}_n), n = 4, 2$$

然后再对 $\boldsymbol{Y}_D$ 进行量化，输出结果为 $Z_{D(i,j)}$：

$$|\boldsymbol{Z}_{D(i,j)}| = (|\boldsymbol{Y}_{D(i,j)}| \cdot MF_{(0,0)} + 2f) \gg (\text{qbits} + 1)$$
$$\text{sign}(\boldsymbol{Z}_{D(i,j)}) = \text{sign}(\boldsymbol{Y}_{D(i,j)})$$

### 10.3.3 CAVLC

在 H.264/AVC 标准中，对变换与量化后的数据，先使用传统的 Z 字形(Zig-Zag，锯齿形)编码将二维数据转换成一维数据，然后再采用 CAVLC 或 CABAC 进行熵编码，替代了传统 MPEG 和 H.26x 编码中的 RLE 或 UVLC、Huffman 编码或算术编码等。

**1. 思路与特点**

基于上下文的自适应变长编码(Context-based Adaptive Variable Length Coding，CAVLC)是一种针对变换量化数据的熵编码。变长编码(Variable Length Coding，VLC)的基本思想就是对出现频率大的符号使用较短的码字，而出现频率小的符号采用较长的码字。这样可以使得平均码长最小。在 CAVLC 中，H.264 采用若干 VLC 码表，不同的码表对应不同的概率模型。编码器能够根据上下文，如周围块的非零系数或系数的绝对值大小，在这些码表中自动地选择，最大可能地与当前数据的概率模型匹配，从而实现了上下文自适应的功能。

一维变换量化系数具有如下特点。

1. 大部分系数为 0，CAVLC 用游程编码来紧凑地表示 0 串。

2. 高频区的非零系数通常是±1，CAVLC 用一种紧凑方式表示高频±1 的个数。

3. 相邻块非零系数的个数是相关的，CAVLC 对其的编码使用查找表(表项的选择依赖于相邻块非零系数的个数)。

4. 系数开头(接近 DC 系数)的非零系数的幅度相对较大，而在高频区则较小。CAVLC 利用这一点，根据最近编码的幅度来选择参数的 VLC 查找表。

针对这些特点，H.264/AVC 设计了 CAVLC 算法，其变字长编码器可根据已经传输的变换系数的统计规律，在几个不同的既定码表之间进行自适应切换，使其能够更好地适应其后传输的变换系数的统计规律，从而提高变字长编码的压缩效率。

**2. 编码过程**

下面结合一个简单的例子来描述 CAVLC 算法的全过程。设有一个经变换和量化后的 4×4 系数块如表 10-5 所示，经 Z 字形扫描编码后形成一维系数序列：

0，3，0，1，−1，−1，0，1，0，0，0，0，0，0，0，0

具体的编码过程如下。

(1) 编码非零系数总数和拖尾±1 的个数

首先编码 4×4 系数块所对应的系数序列中的非零系数总数(TotalCoeffs)和拖尾±1(TrailingOnes，Tls)的个数，然后选择查找表后输出系数权标(coeff_token)所对应的码字。

其中，TotalCoeffs=0～16；Tls=0～3，当拖尾±1 的个数大于 3 时，只对最后的 3 个按拖尾±1 来处理，其余的则按正常非零系数处理。这实际上是将常见的数量不大于 3 的±1 子序列作为一个特殊编码单元进行处理。

对 coeff_token 编码时，可依据左上已编码块的非零系数个数 $n_L$ 和 $n_U$ 来预测当前块的非零系数个数 $n_C$，再由 $n_C$ 的取值范围来选择 5 个查找表中的一个，其中有 4 个变长编码(Variable Length Coding，VLC)表 VLC0～3 和 1 个定长编码(Fix Length Coding，FLC)表 FLC，如表 10-6 和表 10-7 所示。

表 10-5 4×4 系数块

| 0 | 3 | −1 | 0 |
|---|---|---|---|
| 0 | −1 | 1 | 0 |
| 1 | 0 | 0 | 0 |
| 0 | 0 | 0 | 0 |

表 10-6 coeff_token 查找表的选择

| $n_C$ | coeff_token 表 |
|---|---|
| 0,1 | VLC0 |
| 2,3 | VLC1 |
| 4～7 | VLC2 |
| ≥8 | FLC |
| −1 | VLC3 |

表 10-7 coeff_token 表 VLC0

| TotalCoeffs \ TrailingOnes | 0 | 1 | 2 | 3 |
|---|---|---|---|---|
| 0 | 1 | — | — | — |
| 1 | 0001 01 | 01 | — | — |
| 2 | 0000 0111 | 0001 00 | 001 | — |
| 3 | 0000 0011 1 | 0000 0110 | 0000 101 | 0001 1 |
| 4 | 0000 0001 11 | 0000 0011 0 | 0000 0101 | 0000 11 |
| 5 | 0000 0000 111 | 0000 0001 10 | 0000 0010 1 | 0000 100 |
| 6 | 0000 0000 0111 1 | 0000 0000 110 | 0000 0001 01 | 0000 0100 |
| 7 | 0000 0000 0101 1 | 0000 0000 0111 0 | 0000 0000 101 | 0000 0010 0 |
| 8 | 0000 0000 0100 0 | 0000 0000 0101 0 | 0000 0000 0110 1 | 0000 0001 00 |
| 9 | 0000 0000 0011 11 | 0000 0000 0011 10 | 0000 0000 0100 1 | 0000 0000 100 |
| 10 | 0000 0000 0010 11 | 0000 0000 0010 10 | 0000 0000 0011 01 | 0000 0000 0110 0 |
| 11 | 0000 0000 0001 111 | 0000 0000 0001 110 | 0000 0000 0010 01 | 0000 0000 0011 00 |
| 12 | 0000 0000 0001 011 | 0000 0000 0001 010 | 0000 0000 0001 101 | 0000 0000 0010 00 |
| 13 | 0000 0000 0000 1111 | 0000 0000 0000 001 | 0000 0000 0001 001 | 0000 0000 0001 100 |
| 14 | 0000 0000 0000 1011 | 0000 0000 0000 1110 | 0000 0000 0000 1101 | 0000 0000 0001 000 |
| 15 | 0000 0000 0000 0111 | 0000 0000 0000 1010 | 0000 0000 0000 1001 | 0000 0000 0000 1100 |
| 16 | 0000 0000 0000 0100 | 0000 0000 0000 0110 | 0000 0000 0000 0101 | 0000 0000 0000 1000 |

$n_C$ 可用下式计算：

$$n_C = \begin{cases} \text{round}\left(\dfrac{n_L + n_U}{2}\right), & \text{左上块都存在} \\ n_L, & \text{只有左块存在} \\ n_U, & \text{只有上块存在} \\ 0, & \text{左上块都不存在} \end{cases}$$

各个查找表对不同的 TotalCoeffs 取值范围进行了优化。如表 VLC0 适用于 TotalCoeffs 取值较小的情况，表中对较小的 TotalCoeffs 赋予较短的码字；表 VLC1 和 VLC2 适用于 TotalCoeffs 取值中等的情况，表中对取值中等的 TotalCoeffs 赋予较短的码字；表 FLC

适用于 TotalCoeffs 较大的情况，表中对较大的 TotalCoeff 赋予较短的码字。而表 VLC3 则对应于输入系数是色度直流系数的情形。这样细致的码表划分增强了变长编码的自适应性，使码表更接近实际码字的统计概率。

对本例，TotalCoeffs=5，Tls=3。若设 $n_C=0$，则查表 VLC0 得对应的 coeff_token 码字为 0000100。

(2) 编码每个 Tls 的符号

对 coeff_token 中的每个 TrailingOne 的符号，按 Z 字形扫描的反序(即从高频到低频)进行编码，用 0 表示+1，1 表示−1。对本例(+1，−1，−1)的输出为 011。

**3. 编码剩余非零系数的电平**

非零系数的电平(Level，幅度值)编码 levelCode，由前缀(level_prefix)和后缀(level_suffix)两部分组成。前缀 level_prefix 为(非零系数值−1)个 0 后跟一个 1 的二进制位串"0…01"；后缀 level_suffix 则为长度为 levelSuffixSize 位的 0 串"0…0"，若 levelSuffixSize=0 则无后缀。

一般 levelSuffixSize=suffixLength，但是有如下两种例外：

(1) 当 level=14 时，suffixLength=0，而 levelSuffixSize=4；

(2) 当 level=15 时，levelSuffixSize=12。

变量 suffixLength 是基于上下文模式自适应更新的：

(1) suffixLength 一般被初始化为 0，只有当 TotalCoeffs>10 且 T1s<3 时，才被初始化为 1；

(2) 按反向扫描顺序编码非零系数；

(3) 若已编码的非零系数值>预定义好的阈值(Threshold)(如表 10-8 所示)，则 suffixLength++。

**表 10-8 递增 suffixLength 的阈值**

| 当前 suffixLength | 阈值 |
|---|---|
| 0 | 0 |
| 1 | 3 |
| 2 | 6 |
| 3 | 12 |
| 4 | 24 |
| 5 | 48 |
| 6 | — |

这种方法主要是根据变换系数块内，越接近 DC 系数的非零系数的(绝对)值越大的特点而设计的。

如本例，对+1 编码：此时非零系数=1，故前缀 level_prefix 被编码为 1；而 suffixLength 被初始化为 0，此时为一般情形，故 levelSuffixSize=suffixLength=0，所以后缀 level_suffix 的位数被置为 0(无后缀)；故对应的电平输出码字 levelCode=1(前缀)=1。再对+3 进行编码：因为这时非零系数=3，故 level_prefix 被编码为 001；又因为 1 大于当前阈值 0，故 suffixLength=1；level_suffix 被编码为 0；所以对应的电平输出码字为 levelCode=001(前缀)0(后缀)=0010。

**4. 编码最后一个非零系数前零的总数**

计算(按正序的)最后一个非零系数前零的总数 TotalZeros，根据 TotalZeros 和 TotalCoeffs 的值查 total_zeros 表(如表 10-9 所示)，输出所对应的二进制编码串。

如本例的最后一个非零系数为 1，TotalZeros=3，TotalCoeffs=5，故输出为 111。

**表 10-9 total_zeros 表**

| Total Zeros | TotalCoeffs | | | | | | | | | | | | | | |
|---|---|---|---|---|---|---|---|---|---|---|---|---|---|---|---|
| | 1 | 2 | 3 | 4 | 5 | 6 | 7 | 8 | 9 | 10 | 11 | 12 | 13 | 14 | 15 |
| 0 | 1 | 111 | 0101 | 0001 1 | 0101 | 0000 01 | 0000 01 | 0000 01 | 0000 01 | 0000 1 | 0000 | 0000 | 000 | 00 | 0 |
| 1 | 011 | 110 | 111 | 111 | 0100 | 0000 1 | 0000 1 | 0001 | 0000 00 | 0000 0 | 0001 | 0001 | 001 | 01 | 1 |
| 2 | 010 | 101 | 110 | 0101 | 0011 | 111 | 101 | 0000 1 | 0001 | 001 | 001 | 01 | 1 | 1 | |
| 3 | 0011 | 100 | 101 | 0100 | 111 | 110 | 100 | 011 | 11 | 11 | 010 | 1 | 01 | | |
| 4 | 0010 | 011 | 0100 | 110 | 110 | 101 | 011 | 11 | 10 | 10 | 1 | 001 | | | |
| 5 | 0001 1 | 0101 | 0011 | 101 | 101 | 100 | 11 | 10 | 001 | 01 | 011 | | | | |
| 6 | 0001 0 | 0100 | 100 | 100 | 100 | 011 | 010 | 010 | 01 | 0001 | | | | | |
| 7 | 0000 11 | 0011 | 011 | 0011 | 011 | 010 | 0001 | 001 | 0000 1 | | | | | | |
| 8 | 0000 10 | 0010 | 0010 | 011 | 0010 | 0001 | 001 | 0000 00 | | | | | | | |
| 9 | 0000 011 | 0001 1 | 0001 1 | 0010 | 0000 1 | 001 | 0000 00 | | | | | | | | |
| 10 | 0000 010 | 0001 0 | 0001 0 | 0001 0 | 0001 | 0000 00 | | | | | | | | | |
| 11 | 0000 0011 | 0000 11 | 0000 01 | 0000 1 | 0000 0 | | | | | | | | | | |
| 12 | 0000 0010 | 0000 10 | 0000 1 | 0000 0 | | | | | | | | | | | |
| 13 | 0000 0001 1 | 0000 01 | 0000 00 | | | | | | | | | | | | |
| 14 | 0000 0001 0 | 0000 00 | | | | | | | | | | | | | |
| 15 | 0000 0000 1 | | | | | | | | | | | | | | |

### 5. 编码每个零游程

对每个非零系数前零的个数 RunBefore 按反序进行编码。从最高频开始，对每个非零系数编码一个 RunBefore。但对如下两个例外情况不必进行 RunBefore 编码：

(1) 最后一个(低频处)非零系数；

(2) 没有剩余的零需要编码时，即$\sum$RunBefore＝TotalZeros。

RunBefore 的编码依赖于当前非零系数左边的左右零的个数 ZerosLeft。ZerosLeft 的初始值＝TotalZeros，随着 RunBefore 编码的进行，ZerosLeft 的值会不断更新。这样，可根据剩余零的个数，来决定 RunBefore 编码所需要的位数，有助于进一步压缩编码位数。如 ZerosLeft＝1 时，RunBefore＝0 或 1，只需一个编码位即可。如表 10-10 所示。

**表 10-10 RunBefore 表**

| Run Before | ZerosLeft | | | | | | |
|---|---|---|---|---|---|---|---|
| | 1 | 2 | 3 | 4 | 5 | 6 | ＞6 |
| 0 | 1 | 1 | 11 | 11 | 11 | 11 | 111 |
| 1 | 0 | 01 | 10 | 10 | 10 | 000 | 110 |
| 2 | — | 00 | 01 | 01 | 011 | 001 | 101 |
| 3 | — | — | 00 | 001 | 010 | 011 | 100 |
| 4 | — | — | — | 000 | 001 | 010 | 011 |
| 5 | — | — | — | — | 000 | 101 | 010 |
| 6 | — | — | — | — | — | 100 | 001 |
| 7 | — | — | — | — | — | — | 0001 |

续表

| Run Before | ZerosLeft | | | | | | |
|---|---|---|---|---|---|---|---|
| | 1 | 2 | 3 | 4 | 5 | 6 | >6 |
| 8 | — | — | — | — | — | — | 0000 1 |
| 9 | — | — | — | — | — | — | 0000 01 |
| 10 | — | — | — | — | — | — | 0000 001 |
| 11 | — | — | — | — | — | — | 0000 0001 |
| 12 | — | — | — | — | — | — | 0000 0000 1 |
| 13 | — | — | — | — | — | — | 0000 0000 01 |
| 14 | — | — | — | — | — | — | 0000 0000 001 |

对本例，诸非零系数的 RunBefore 编码如表 10-11 所示。

**表 10-11 RunBefore 编码例**

| 元素 | ZerosLeft | RunBefore | 码字 |
|---|---|---|---|
| 1 | 3 | 1 | 10 |
| −1 | 2 | 0 | 1 |
| −1 | 2 | 0 | 1 |
| 1 | 2 | 1 | 01 |
| 3 | 1 | 1 | — |

以上是 CAVLC 算法的编码过程，由于篇幅所限，这里就不再介绍具体的解码过程。图 10-19 是 CAVLC 算法的编解码过程及示例。

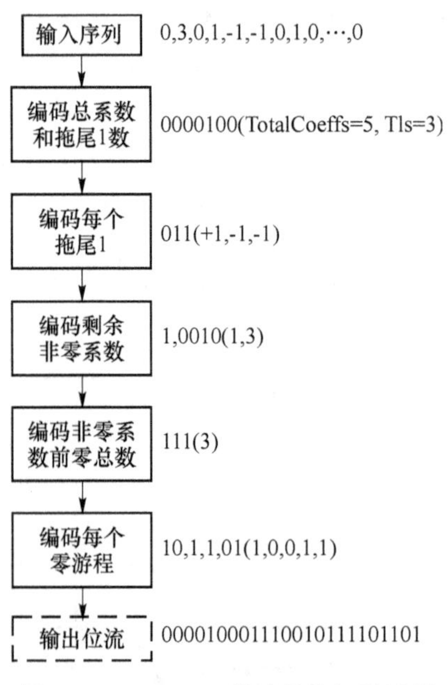


图 10-19 CAVLC 算法的编解码过程

### 10.3.4 CABAC

基于上下文的自适应二进制算术编码(Context-based Adaptive Binary Arithmetic Coding,CABAC)是一种改进的算术编码,它根据相邻块的情况进行当前块的编码,充分考虑编码符号间的相关性,可以获得更好的编码效率。

算术编码(在JPEG/MPEG-1编码标准中就曾使用过),是一种高效的熵编码方案,其每个符号所对应的码长被认为是分数。由于对每一个符号的编码都与以前编码的结果有关,所以它考虑的是信源符号序列整体的概率特性,而不是单个符号的概率特性,因而它能够更大程度地逼近信源的极限熵,降低码率。

为了绕开算术编码中无限精度小数的表示问题以及对信源符号概率进行估计,CABAC等现代的算术编码多以有限状态机的方式实现。在CABAC中,每编码一个二进制符号,编码器就会自动调整对信源概率模型(用一个“状态”来表示)的估计,随后的二进制符号就在这个更新了的概率模型基础上进行编码。这样的编码器不需要信源统计特性的先验知识,而是在编码过程中自适应地估计。显然,与CAVLC编码中预先设定好若干概率模型的方法比较起来,CABAC有更大的灵活性,可获得更好的编码性能,大约能降低10 %的编码率。

**1. 二进制算术编码**

(1) 算术编码

算术编码的基本原理是将编码的消息表示成实数0和1之间的一个区间,消息越长,编码表示它的区间就越小,表示这一区间所需的二进制位就越多。算术编码机制由两个数区间下界和区间范围进行界定。区间下界和区间范围的确定方法如下。

新子区间的下界=前子区间的下界+当前符号的区间累计概率×前子区间的宽度

新子区间的宽度 $R'=R\times P$($R$ 是前子区间的宽度,$P$ 是当前符号的概率)

对每一符号,算术编码器按如下步骤(A)和(B)进行处理:

A. 编码器将“当前子区间”分为子区间,每一个符号一个。

B. 子区间的大小与下一个将出现的事件的概率成比例,编码器选择子区间对应于下一个确切发生的事件,并使它成为新的“当前区间”。

多次重复上述步骤,最后输出的“当前子区间”的下界就是该给定符号序列的算术编码。

(2) 基于表的二进制算术编码

算术编码理论是基于包含有乘法运算的递归区间划分,在实际应用时的主要瓶颈正是用于进行每次区间划分的公式中包含有乘法运算。为加快运算速度,降低计算复杂度,方便软件和硬件实现,H.264/AVC中采用没有乘法运算的方法。基本思想是把区间宽度 $R$ 的合理范围$[R_{\min}, R_{\max}]$和符号概率 $P$ 分别设计成一系列代表值 $Q=\{Q_0, Q_1, \cdots, Q_{K-1}\}$ 和 $P=\{P_0, P_1, \cdots, P_{N-1}\}$,这里基于当代表值个数足够多时能被一系列代表值所代替。

为进一步降低分析难度,假设最小可能符号(Least Probable Symbol,LPS)的概率 $P_{\text{LPS}}\in(0, 0.5]$,最大可能符号(Most Probable Symbol,MPS)的概率则为 $P_{\text{MPS}}=1-P_{\text{LPS}}\in[0.5, 1)$,最小可能符号区间则为 $R_{\text{LPS}}=R\times P_{\text{LPS}}$。因此,符号的概率范围$\in(0, 1)$可为实际表中概率范围$\in(0, 0.5)$所表示,此时LPS概率代表值 $P_\sigma$ 与概率状态指数 $\sigma$ 的关系如图10-20所示,也可用关系式 $P_\sigma=\alpha\cdot P_{\sigma-1}$,($\sigma=1, \cdots, 63$,$\alpha=(0.01875/0.5)^{1/63}$,$P_0=0.5$)来表示。

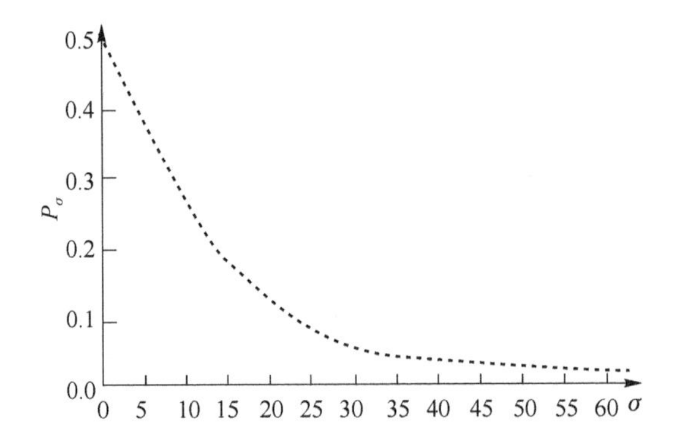


图 10-20 LPS 概率代表值 $P_\sigma$ 与概率状态指数 $\sigma$ 的关系

实际计算机的精度不可能无限长，运算中出现溢出是一个明显的问题。区间范围 $R$ 必须在合理范围$[2^8, 2^9]$之间，如区间划分后 $R$ 不在此范围，则进行重整。用量化值 $Q(R)$ 把整个范围 $2^8 \leqslant R \leqslant 2^9$ 使用等分的方法大致分成四个部分，用量化指数 $\rho$ 表示。其中，$\rho$ 的定义为：

$$\rho = (R \gg 7) \& 3$$

这样公式 $R_{LPS} = R \times P_{LPS}$ 的右边部分就可以用一张事先计算好的值 $Q_\rho \cdot P_\sigma$ 构成的二维表来近似计算，即实际应用时 $R_{LPS} = \text{TabRangeLPS}[\sigma, \rho]$，根据已知的 $\sigma$、$\rho$ 通过查表得到 $R_{LPS}$。这里表 TabRangeLPS 用 8 比特精度表示包括 $64 \times 4$ 个 $Q_\rho \cdot P_\sigma$ 值（$0 \leqslant \sigma \leqslant 63$，$0 \leqslant \rho \leqslant 3$）。从而达到不用在线进行乘法运算，降低计算复杂度的目的。

（3）上下文模型

自适应算术编码在对符号序列进行扫描的过程中根据恰当的概率估计模型和当前符号序列中各符号出现的频率，自适应地调整各符号的概率估计值，同时完成编码。基于当时统计性能调整可能的估值，可以获得很好的压缩。

要按照语法元素内容实时地为每个语法元素选择可能的模型，需要先建立上下文模型。上下文模型是符号为"1"或"0"的概率估计。一个上下文模型是一个或多个二进制符号的可能模型。

H.264/AVC 的 CABAC 中有四类上下文模型类型。第一类包含一个上下文模板，这个上下文模板由当前语法元素 C 的两个相邻的已编码语法元素 A、B(A、B 分别为当前语法元素左边、上面的语法元素)组成。第二类仅限于宏块类型和块类型语法元素，这一类的上下文模型中，对一个给定指数为 $i$ 的二值数它前面的 $i$ 个已编码的二值数位（$b_0$，$b_1$，…，$b_{i-1}$）的值均用于选择它的上下文模型。第三、四类仅用于残差数据元素，这两类取决于不同块类型的内容种类，而且第三类不依赖于前面的已编码数据，仅与所处扫描路径的位置有关。

H.264/AVC 将一个片内可能出现的数据划分为 399 个上下文模型，对应于 399 个概率表。每个上下文模型都独立地使用对应的表来维护概率的状态，可在概率模型内部进行概率的查找和更新。这些模型的划分精确到比特，几乎大多数的比特都和它们相邻的比特处于不同的上下文模型中。

**2. CABAC 的编码步骤**

CABAC 编码实现如图 10-21 所示，包括以下几个基本步骤：

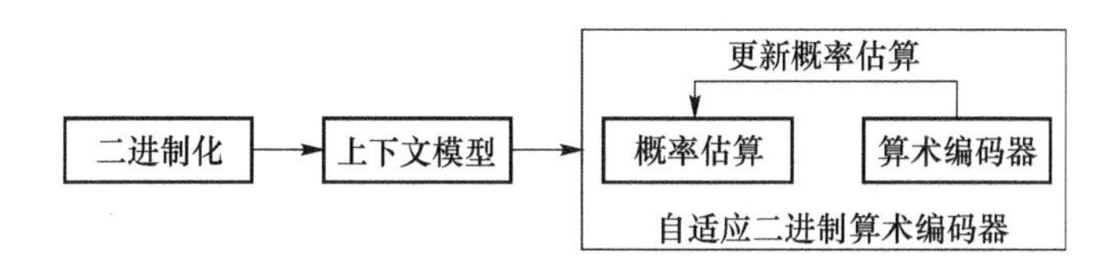


图 10-21 CABAC 编码框图

(1) 二值化

CABAC 使用二进制算术编码,这种编码意味着只有二进制数(1 或者 0)才能编码。因此二值化是针对非二值的语法元素进行的。非二值的语法元素分两类,第一类包括与宏块类型、子宏块类型、空间和时间预测模式及基于片和基于宏块的控制信息等有关的语法元素;第二类是所有残差数据元素,即所有与转换系数编码有关的语法元素。

采用与哈夫曼编码不同的编码树结构,能在不需要存储表的情况下简化所有编码字的在线计算。以运动矢量差值(Motion Vector Difference,MVD)为进行说明。当|MVD|<9 时,二值化编码树如图 10-22 及对应的编码表如表 1 进行。当|MVD|≥9 时,如 MVD 是负值,则用|MVD|-9 的二进制数前面加一位“1”;如 MVD 是正值,则用|MVD|-9 的二进制数前面加一位“0”。

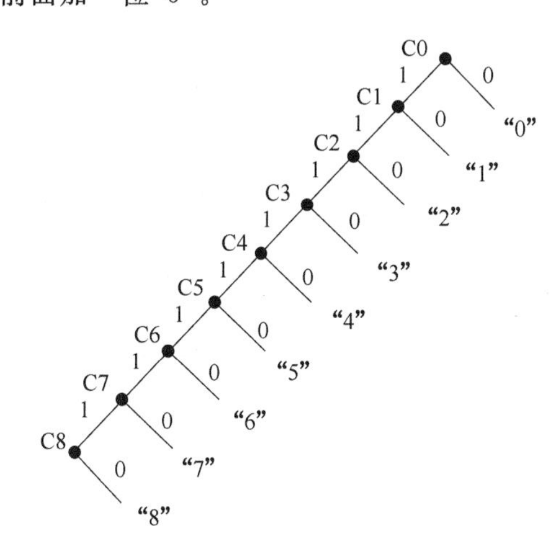


图 10-22 MVD 二值化编码树

**表 10-12 |MVD|的二值化编码**

| [MVD] | 二进制数 |
|---|---|
| 0 | 0 |
| 1 | 10 |
| 2 | 110 |
| 3 | 1110 |
| 4 | 11110 |
| 5 | 111110 |
| 6 | 1111110 |
| 7 | 11111110 |
| 8 | 111111110 |

(2) 上下文模型选择

一个上下文模型是一个或多个二进制符号的可能模型。按照语法元素内容为每个语法元素选择可能的模型,它将根据最近编码数据符号的概率从可用模型中选择。这样可以获得很好的压缩,它是基于当时统计性能调整可能的估值。

**表 10-13 上下文模型与 $e_k$ 的关系**

| $e_1$ | 上下文模型 |
|---|---|
| $e_1<3$ | 模型 0 |
| $3\leqslant e_1\leqslant 32$ | 模型 1 |
| $e_1>32$ | 模型 2 |

对运动矢量差值来说,应用第一类的上下文模型类型,有三个上下文模型可用。如表 10-13 所示,表中 $e_k=|MVD_A|+|MVD_B|$。对每个当前 MVDC 语法元素,可以根据 $e_k$ 选择一个上下文模型。每一个被选的上下文模型都提供两个概率估计:二进制数位包含“1”的概率和二进制数位包含“0”的概率。

(3) 二进制算术编码

H.264/AVC 的二进制算术编码机制包括两个分机制，一个是采用自适应概率模型的常规编码模式，另一个是为进行快速编码的辅助编码模式。

A. 常规编码模式：当前待编码语法元素的二值数和选定上下文模型的概率估计决定算术编码器用于编码每一个二进制数位的下子区间。也即决定 $\rho$ 和 $\sigma$ 的值，通过查表得出 $R_{\mathrm{LPS}}$ 值。进一步按以下方法得到区间下界 codILow 和区间范围 codIRange：

a) 当 binVal ！＝valMPS 时，codIRange＝codI2Range－codIRangeLPS，codILow＝codILow ＋ codIRange；

b) 当 binVal ！≠ valMPS 时，codIRange＝codIRangeLPS，codILow＝codILow。

从而得出编码结果。

B. 辅助编码模式：假设 $R_{\mathrm{LPS}}=R/2$，即区间细分时按把区间划分为两个等长的子区间的方法进行，这样也避免了乘法的递归运算。

(4) 概率状态更新

前面的上下文模型是自适应模型，在每个符号被编码结束后，必须根据编码结果更新概率估计。更新方法为：

$$P_{\text{新}}=\begin{cases}\max(\alpha-P_{\text{老}},P_{62}), & \text{当出现一个 } MPS \text{ 时}\\ \alpha\cdot P_{\text{老}}+(1-\alpha), & \text{当出现一个 } LPS \text{ 时}\end{cases}$$

其中，$\alpha=(0.01875/0.5)^{1/63}$ 为，$P_{62}$ 为概率表中可用的最小值(注：LPS 的最小概率值 $P_{63}$ 并没有纳入 CABAC 的概率估计和更新的范围，而是被用作特殊场合，如表示当前流结束)。

CABAC 熵编码方法是 H.264/AVC 主类的一部分，是该标准的重要工具，也是 H.264/AVC 能有效提高编码效率的一项关键技术。这项技术在以前的视频编码标准 MPEG-1/2/4 和 H.263 中是没有的，首次为 H.264/AVC 标准所采用。它有三个优点：上下文模型提供了对编码字符条件概率的估计、算术编码允许使用非整数比特来表示每个字符、自适应算术编码允许熵编码器自适应于非平稳的字符流。

## 复习思考题

1. H.264 标准与 MPEG-4 有什么关系？
2. H.264/AVC 编码有哪些技术特点？
3. H.264/AVC 标准规定了几种档次(profile)，它们的区别在哪里？
4. H.264/AVC 的编码结构含几个层？它们的功能各是什么？
5. 给出 H.264/AVC 编解码器的功能组成和主要过程？
6. H.264/AVC 编码是如何划分宏块的？
7. 为什么要设置片(slice，条带)？有哪些片类型？
8. 在 H.264/AVC 标准中定义了多少个级别？所支持的最低和最高图像分辨率各是多少？

9. H.264/AVC 中的预测编码与 MPEG-1/2 的有哪些不同？

10. 4×4 亮度块、16×16 亮度宏块和 8×8 色度宏块的帧内预测各有几种预测模式？

11. H.264/AVC 的帧间预测和运动补偿与传统的 MPEG 编码的区别有哪些？

12. 为什么 H.264/AVC 编码要对 16×16 宏块和 8×8 块进行分割和亚分割？

13. 如何计算 1/2、1/4 和 1/8 像素精度的值？

14. H.264/AVC 中的 DCT 编码与普通 MPEG 编码中的方法有什么不同？

15. 整数 DCT 的好处有哪些？

16. 如何构造整数 DCT？

17. 在 H.264/AVC 编码中是如何对变换系数进行量化的？

18. 给出 CAVLC 和 CABAC 的英文原文和中文译文。

19. 与传统的 JPEG/MPEG 中使用的熵编码相比，CAVLC 和 CABAC 有哪些优势？

20. 给出 CAVLC 的编码思路和步骤。

21. 给出 CABAC 的编码思路和步骤。

## 作　业

大作业选题 1：H.264/AVC 的研究或/和编解码与应用。

# 第11章　AVS标准

AVS(Audio Video coding Standard,音视频编码标准)是中国自主制订的数字电视、IPTV等音视频系统的基础性标准。AVS标准(GB/T 20090)包括系统、视频、音频、一致性测试、参考软件、数字版权管理、移动视频、用IP网络传输AVS、文件格式等9个部分,规定了数字音视频的压缩、解压缩、处理和表示的技术方案,适用于高分辨率和标准分辨率数字电视广播、激光数字存储媒体、互联网宽带流媒体、多媒体通信等应用。

AVS标准的第2部分"视频"(AVS-P2)已于2006年2月22日正式公布——GB/T 20090.2-2006:《信息技术先进音视频编码第2部分:视频》,主要针对高清晰度数字电视广播和高密度存储媒体应用。该部分规定了多种比特率、分辨率和质量的视频压缩方法,适用于数字电视广播、交互式存储媒体、直播卫星视频业务、多媒体邮件、分组网络的多媒体业务、实时通信业务、远程视频监控等应用,并且规定了解码过程。

与视频编码有关的还有AVS的第7部分"移动视频"(AVS-P7),主要针对低码率、低复杂度、较低图像分辨率的移动媒体应用。

相比于MPEG-2标准,AVS的视频编码效率提高2～3倍,并且实现方案简洁。AVS的算法与H.264/AVC的类似,但是做了许多简化和修订,目的是为了规避国外的各种高收费专利、降低编解码器等硬件的生产成本,从而促进国内相关产业和应用的快速发展。

本章先介绍AVS标准的一些基本情况,主要讨论AVS第2部分"视频"的编码技术,以及AVS视频与MPEG-1/2及H.264/AVC编码方法的对比,最后简要介绍AVS的第7部分"移动视频"的编码技术。

## 11.1　AVS标准简介

AVS标准由AVS工作组(Audio Video Coding Standard Workgroup of China,数字音视频编解码技术标准工作组,网址http://www.avs.org.cn/)负责制定。该工作组由国家信息产业部科学技术公司于2002年6月批准成立,成员包括国内外从事数字音视频编码技术和产品研究开发的机构和企业。工作组分为:需求组、系统组、视频组、音频组、实现组、测试组、安全与版权组等专题组开展工作。

本节先给出制订AVS标准的原则和AVS及其视频编码的特点,再列出AVS标准的9个组成部分,最后介绍AVS的产业链和结构。

### 11.1.1　AVS标准原则与特点

下面依次列出AVS标准的制订原则、AVS的三大特点和AVS视频编码的若干主要特点。

• AVS标准制订的原则:

(1) 先进性——标准中所选择的技术应该代表国际前沿水平，通过国际联合等方式共享必需的知识产权；

(2) 现实性——标准中采用算法的实现成本必须是市场和用户可接受的；

(3) 兼容性——采用主流技术方案，制定的标准能够适应已经建设的节目制作、数字传输等系统；

(4) 独立性——标准是独立制定的，在专利等知识产权上不受制于人。

• AVS标准的三大特点：

(1) 先进——我国牵头制定的、技术先进的第二代信源编码标准；

(2) 自主——领导国际潮流的专利池管理方案，完备的标准工作组法律文件；

(3) 开放——制定过程开放、国际化。

• AVS视频编码的主要特点：

(1) 高性能——编码效率是MPEG-2的2倍以上，与H.264/AVC的编码效率处于同一水平；

(2) 低复杂度——算法复杂度比H.264/AVC明显低，软硬件实现成本都低于H.264/AVC；

(3) 自主知识产权——专利授权模式简单，费用低。

从这些原则和特点可以看出，AVS标准是能够支撑国家数字音视频产业发展的重要标准。

### 11.1.2 AVS标准系列

AVS国家标准有9个组成部分，目前已经公布的标准只有其中的第2部分“视频”，其余部分都已进入审批阶段，有望在近期陆续发布。

AVS国家推荐标准系列(GB/T 20090—信息技术先进音视频编码)包含如下9个部分：

第1部分：系统(GB/T 20090.1)，已于2008年1月24日送审

第2部分：视频(GB/T 20090.2-2006)，已于2006年2月22日公布

墨线图(GB/T 20090.2墨线图)，已于2006年6月8日报批

第3部分：音频(GB/T 20090.3)，已于2007年12月5日报批

第4部分：一致性测试(GB/T 20090.4)，已于2008年1月24日送审

第5部分：参考软件(GB/T 20090.5)，已于2008年1月24日送审

第6部分：数字版权管理(GB/T 20090.6)，已于2008年1月24日送审

第7部分：移动视频(GB/T 20090.7)，已于2006年8月29日报批

第8部分：用IP网络传输AVS(GB/T 20090.8)，已于2006年3月送审

第9部分：文件格式(GB/T 20090.9)，已于2006年3月送审

到目前为止，已经公布的AVS国家标准只有第2部分“视频”。参加该部分起草的单位有：中国科学院计算技术研究所、清华大学、浙江大学、华中科技大学、北京工业大学、中山大学、华为技术有限公司、上海广电(集团)有限公司中央研究院、北京长信嘉信息技术有限公司等。

### 11.1.3 AVS产业

AVS视频标准已经为IPTV,数字电视广播等应用做好了充分的技术准备。同时,AVS标准具有专利许可方式简洁、相关标准配套的优势。这将为中国的IPTV、数字电视广播等重大信息产业应用及民族IT产业发展起到积极的推动作用。

AVS产业化的主要产品形态包括:

(1) 芯片:高清晰度/标准清晰度AVS解码芯片和编码芯片,国内需求量在未来十多年的时间内年均将达到4 000多万片。

(2) 软件:AVS节目制作与管理系统,Linux和Window平台上基于AVS标准的流媒体播出、点播、回放软件;

(3) 整机:AVS机顶盒、AVS硬盘播出服务器、AVS编码器、AVS高清晰度激光视盘机、AVS高清晰度数字电视机顶盒和接收机、AVS手机、AVS便携式数码产品等。

简言之,AVS最直接的产业化成果是未来10年我国需要的3亿~5亿颗解码芯片,最直接效益是节省超过10亿美元的专利费,AVS最大的应用价值是利用面向标清的数字电视传输系统能够直接提供高清业务、利用当前的光盘技术制造出新一代高清晰度激光视盘机,从而为我国数字音视频产业的跨越发展提供了难得契机。AVS将在标准工作组的基础上,联合家电、IT、广电、电信、音响等领域的芯片、软件、整机、媒体运营方面的强势企业,共同打造中国数字音视频产业的光辉未来。

技术研发、专利申请、标准制定、芯片与软件开发、整机与系统制造、数字媒体运营与文化产业等,如图11-1所示。

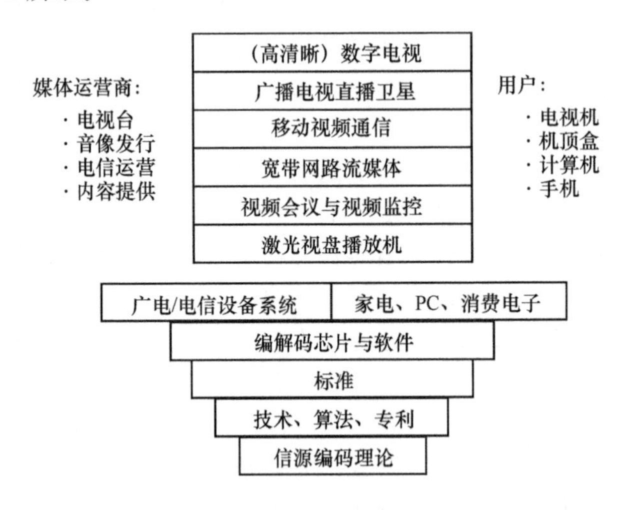


图11-1 AVS产业链示意图

AVS产业由技术研发、知识产权管理和产品开发与产业应用三大部分构成,如图11-2所示。

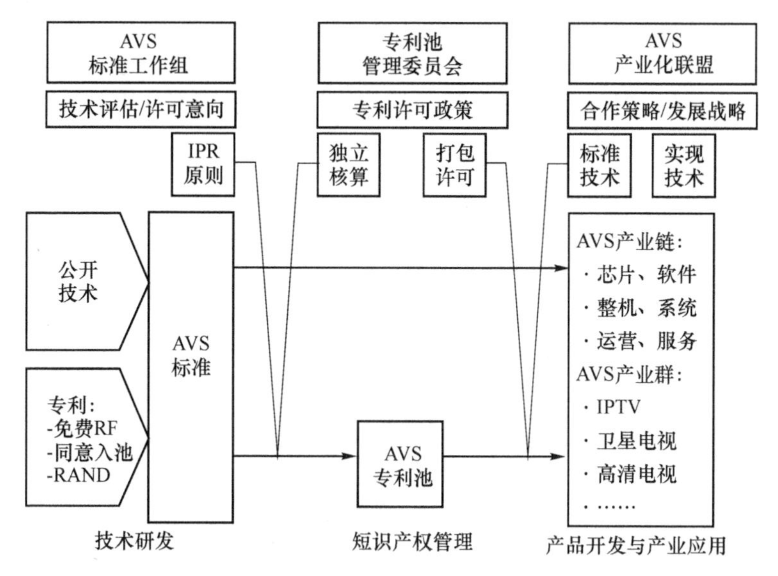


图 11-2 AVS 产业结构

其中:RF(Royalty Free,无偿许可)、IPR(Intellectual Property Rights,知识产权)、RAND(Reasonable And Non Discriminatory,公平合理非歧视)

# 11.2 AVS 视频编码技术

本节先介绍 AVS 视频的编码框架,再从与 MPEG-1/2 和 H.264/AVC 对比的角度,介绍 AVS 视频编码的若干关键技术。

由于 AVS 视频编码是从 H.264/AVC 演变和简化而来,许多编码算法和技术都是类似的,为了避免和第 10 章的内容重复,这里只对 AVS 视频编码作简要的介绍,重点是比较其与 MPEG-1/2 和 H.264/AVC 的异同。

## 11.2.1 AVS 编码框架

AVS 视频与 MPEG 标准都采用混合编码框架(如图 11-3 所示),包括变换、量化、熵编码、帧内预测、帧间预测、环路滤波等技术模块,这是当前主流的技术路线。

AVS 的主要创新在于提出了一批具体的优化技术,在较低的复杂度下实现了与国际标准相当的技术性能,但并未使用国际标准背后的大量复杂的专利。

AVS-视频当中具有特征性的核心技术包括:8×8 整数变换、量化、帧内预测、1/4 精度像素插值、特殊的帧间预测运动补偿、二维熵编码、去块效应环内滤波等。

在图 11-3 所示框架下,视频编码的基本流程为:将视频序列的每一帧划分为固定大小的宏块,通常为 16×16 像素的亮度分量及 2 个 8×8 像素的色度分量(对于 4:2:0 格式视频),之后以宏块为单位进行编码。

对视频序列的第一帧及场景切换帧或者随机读取帧采用 I 帧编码方式,I 帧编码只利用当前帧内的像素作空间预测,类似于 JPEG 图像编码方式。其大致过程为,利用帧内先前已编码块中的像素对当前块内的像素值作出预测(对应图 11-3 中的帧内预测模块),将预测值与原始视频信号作差运算得到预测残差，再对预测残差进行变换、量化及熵编码形成编码码流。对其余帧采用帧间编码方式，包括前向预测 P 帧和双向预测 B 帧，帧间编码是对当前帧内的块在先前已编码帧中寻找最相似块（运动估计）作为当前块的预测值（运动补偿），之后如 I 帧的编码过程对预测残差进行编码。

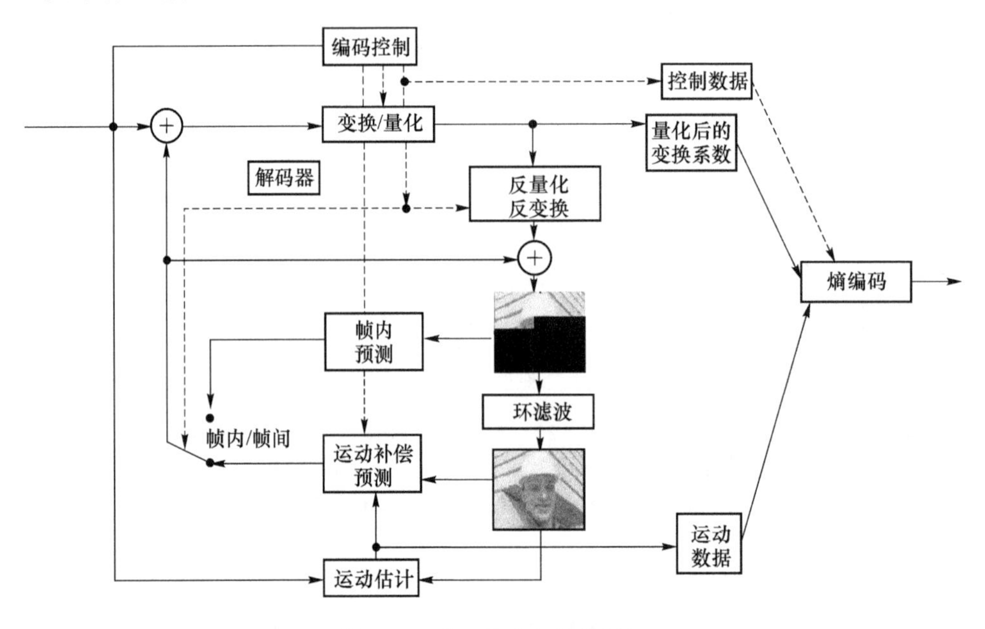


图 11-3　典型的视频编码框架

编码器中还内含一个解码器。该内嵌解码器模拟解码过程，以获得解码重构图像，作为编码下一帧或下一块的预测参考。解码步骤包括对变换量化后的系数进行反量化、反变换，得到预测残差，之后预测残差与预测值相加，经滤波去除块效应后得到解码重构图像。

## 11.2.2　AVS 关键技术

AVS 编码包含如下关键技术（如图 11-4 所示）。

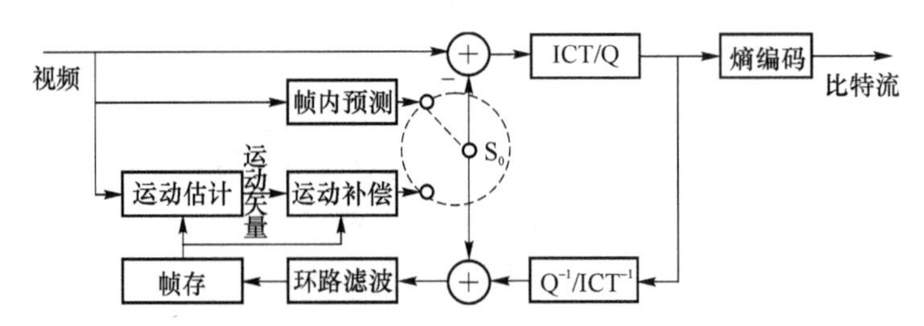


其中，ICT：Integer Cosine Transform（整数余弦变换）、Q：Quantisation（量化）

图 11-4　AVS 编码器框图

- 帧内预测
- 多参考帧预测
- 变块大小运动补偿
- 1/4 像素插值
- 整数变换量化

- 高效 B 帧编码模式
- 熵编码
- 环路滤波

下面从与 MPEG-1/2 和 H.264/AVC 相比较的角度出发，逐个简介 AVS 的这些关键技术。

**1. 帧内预测**

AVS 视频标准采用空域内的多方向帧内预测技术。以往的编码标准都是在频域内进行帧内预测，如 MPEG-1/2 的直流系数(DC)差分预测、MPEG-4 的 DC 及高频系数(AC)预测。基于空域多方向的帧内预测提高了预测精度，从而提高了编码效率。

H.264/AVC 标准也采用了这一技术，其预测块大小为 4×4 及 16×16，其中 4×4 帧内预测时有 9 种模式，16×16 帧内预测时有 4 种模式。AVS 视频标准的帧内预测基于 8×8 块大小，亮度分量只有 5 种预测模式，大大降低了帧内预测模式决策的计算复杂度，但性能与 H.264/AVC 十分接近。除了预测块尺寸及模式种类的不同外，AVS 视频的帧内预测还对相邻像素进行了滤波处理来去除噪声。

**2. 变块大小运动补偿**

变块大小运动补偿是提高运动预测精确度的重要手段之一，对提高编码效率起重要作用。在以前的编码标准 MPEG-1/2 中，运动预测都是基于 16×16 的宏块进行的(MPEG-2 隔行编码支持 16×8 划分)，在 MPEG-4 中添加了 8×8 块划分模式，而在 H.264/AVC 中则进一步添加了 16×8、8×16、8×4、4×8、4×4 等划分模式。但实验数据表明小于 8×8 块的划分模式对低分辨率编码效率影响较大，而对于高分辨率编码则影响甚微。在高清序列上的大量实验数据表明，去掉 8×8 以下大小块的运动预测模式，整体性能降低 2%～4%，但其编码复杂度则可降低 30%～40%。因此在 AVS-P2 中将最小宏块划分限制为 8×8，这一限制大大降低了编解码器的复杂度。

**3. 多参考帧预测**

多参考帧预测使得当前块可以从前面几帧图像中寻找更好的匹配，因此能够提高编码效率。但一般来讲 2～3 个参考帧基本上能达到最高的性能，更多的参考图像对性能提升影响甚微，复杂度却会成倍增加。H.264/AVC 最多可采用 16 个参考帧，并且为了支持灵活的参考图像引用，采用了复杂的参考图像缓冲区管理机制，实现较烦琐。而 AVS 视频标准限定最多采用两个参考帧，其优点在于：在没有增大缓冲区的条件下提高了编码效率，因为 B 帧本身也需要两个参考图像的缓冲区。

**4. 1/4 像素插值**

MPEG-2 标准采用 1/2 像素精度运动补偿，相比于整像素精度提高约 1.5 dB 编码效率；H.264/AVC 采用 1/4 像素精度补偿，比 1/2 精度提高约 0.6 dB 的编码效率，因此运动矢量的精度是提高预测准确度的重要手段之一。影响高精度运动补偿性能的一个核心技术是插值滤波器的选择。H.264/AVC 亚像素插值半像素位置采用 6 拍滤波，这个方案对低分辨率图像效果显著。由于高清视频的特性，AVS 视频标准对 1/2 像素位置插值采用 4 拍滤波器，其效果与 6 拍滤波器相同，优点是大大降低了访问存取带宽，是一个对硬件实现非常有价值的特性。

**5. B帧宏块编码模式**

在H.264/AVC标准中，时域直接模式与空域直接模式是相互独立的。而AVS视频标准采用了更加高效的空域/时域相结合的直接模式，并在此基础上使用了运动矢量舍入控制技术，AVS标准B帧的性能比H.264/AVC中B帧性能有所提高。此外，AVS标准还提出了对称模式，即只编码前向运动矢量，后向运动矢量通过前向运动矢量导出，从而实现双向预测。此方案与编码双向运动矢量效率相当。

**6. 整数变换与量化**

类似于H.264/AVC，AVS视频标准也采用整数变换代替了传统的浮点离散余弦变换(DCT)。整数变换具有复杂度低、完全匹配等优点。由于AVS-P2中最小块预测是基于8×8块大小的，因此采用了8×8整数DCT变换矩阵。8×8变换比4×4变换的去相关性能强，在变换模块，AVS标准编码效率相比H.264/AVC提高2%(约0.1 dB)。同时与H.264/AVC中的变换相比，AVS标准中的变换有自身的优点，即由于变换矩阵每行的模比较接近，可以将变换矩阵的归一化在编码端完成，从而节省解码反变换所需的缩放表，降低了解码器的复杂度。

量化是编码过程中唯一带来损失的模块。以前典型的量化机制有两种，一种是H.263中的量化方法，一种是MPEG-2中的加权矩阵量化形式。与以前的量化方法相比，AVS标准中的量化与变换归一化相结合，同时可以通过乘法和移位来实现，对于量化步长的设计，量化参数每增加8，相应的量化步长扩大1倍。由于AVS标准中变换矩阵每行的模比较接近，变换矩阵的归一化可以在编码端完成，从而解码端反量化表不再与变换系数位置相关。

**7. 熵编码**

熵编码是视频编码器的重要组成部分，用于去除数据的统计冗余。AVS视频标准采用基于上下文的自适应变长编码器(CAVLC)对变换量化后预测残差进行编码。其具体策略为，系数经过"之"字形扫描后，形成多个(Run，Level)数对，其中Run表示非零系数前连续值为零的系数个数，Level表示一个非零系数；之后采用多个变长码表对这些数对进行编码，编码过程中进行码表的自适应切换来匹配数对的局部概率分布，从而提高编码效率。编码顺序为逆向扫描顺序，这样易于局部概率分布变化的识别。变长码采用指数哥伦布码，这样可降低多码表的存储空间。此方法与H.264/AVC用于编码4×4变换系数的基于上下文的自适应变长编码器(CAVLC)具有相当的编码效率。相比于H.264/AVC的算术编码方案CABAC，AVS的CAVL熵编码方法编码效率低0.5 dB，但AVC的算术编码器计算复杂，硬件实现代价很高。

**8. 环路滤波**

起源于H.263++的环路滤波技术的特点在于把去块效应滤波放在编码的闭环内，而此前去块效应滤波都是作为后处理来进行的，如在MPEG-4中。在AVS视频标准中，由于最小预测块和变换都是基于8×8的，环路滤波也只在8×8块边缘进行，与H.264/AVC对4×4块进行滤波相比，其滤波边数变为H.264/AVC的1/4。同时由于AVS视频滤波点数、滤波强度分类数都比H.264/AVC中的少，大大减少了判断、计算的次数。环路滤波在解码端占有很大的计算量，因此降低环路滤波的计算复杂度十分重要。

# 11.3 AVS视频编码与MPEG-2及H.264/AVC的比较

下面分别从编码技术、计算复杂度和编码效率三个方面，将AVS视频编码与MPEG-2和H.264/AVC进行对比分析。

## 11.3.1 编码技术的比较

AVS标准的开发路线是基于可以合法免费使用的开放技术和自主研发的专利技术相结合。在具体实现上，AVS-P2主要采用H.264/AVC作为模版。因此，二者的框架是大致相同，但是在技术实现细节上却有较大差异。

下面主要从技术实现方面对AVS-P2和H.264/AVC标准进行比较。

**1. 变换和量化**

H.264/AVC和AVS-P2都采用了经典的基于块的变换和量化方法，但是在具体实现上有下面几个主要差别：

① 变换块尺寸——H.264/AVC采用4×4的整数离散余弦变换(ICT)，后来在其高精度拓展FRExt中又引入了8×8的ICT，并且可以根据图像的具体内容在4×4和8×8的ICT之间自适应地切换。但是由于4×4的ICT的块尺寸小，会在编码数据中引入较多的附加开销，并且4×4块的去相关性不足，还需要对变换后的直流系数做Hadamard变换。所以，AVS-P2最终决定采用8×8的ICT，从表11-1可以看出，在高分辨率情况下，8×8的ICT的性能比4×4的ICT更优越。

**表11-1 8×8块和4×4块在高分辨率情况下编码性能比较**

| 分辨率 | 高清晰度(1280×720) | | | |
|---|---|---|---|---|
| 测试序列 | Crew | Spin&Calendar | Harbour | 平均值 |
| ΔPSNR(dB) | 0.27 | 0.046 | 0.46 | 0.202 |
| Δ比特率(%) | −9.12 | −3.050 | −12.80 | −6.564 |

② 缩放——为了减少总的乘法次数，H.264/AVC和AVS-P2都将变换部分的乘法(缩放)放到量化部分考虑，不同的是在H.264/AVC中编码器只进行正向的缩放，反向缩放在解码器中进行，而AVS-P2则将正向和反向缩放均放在编码器中进行，解码器只需进行反量化，从而减少了解码器的复杂度，降低了解码终端的成本；

③ 量化参数——H.264/AVC中量化参数(QP)每增加6，量化步长增加1倍，而在AVS-P2中，QP每增加8，量化步长才增加1倍。

**2. 熵编码**

H.264/AVC标准的熵编码准则为：对变换系数、基本档次(Baseline Profile)和扩展档次(Extended Profile)采用基于上下文的自适应变长编码(CAVLC)，主档次(Main Profile)采用基于上下文的自适应二进制算术编码(CABAC)；对其他语法元素采用指数哥伦布码。AVS-P2则对所有可变分布的语法元素均使用指数哥伦布码，采用二维可变长编码(2D2VLC)的方法，而对均匀分布的语法元素采用定长编码。

**3. 帧内预测**

H.264/AVC 和 AVS-P2 均采用空间域帧内预测，即在空间域中利用当前块的临近像素直接对每个系数做预测，然后对残差进行熵编码。H.264/AVC 的帧内预测定义了 9 种 4×4 亮度块模式，4 种 16×16 亮度块模式和 4 种 8×8 色度块模式；AVS-P2 的帧内预测以 8×8 亮度块和色度块为单位，定义了 5 种 8×8 亮度块模式和 4 种 8×8 色度块模式，大大减化了帧内预测的复杂度。在这些预测模式中，AVS-P2 改进较大的是 DC 模式，如图 11-5 所示。每个像素用其水平和(或)垂直方向的 3 个相应参考像素值来预测，而 H.264/AVC 则用预测像素的平均值作为所有待预测像素的预测值。

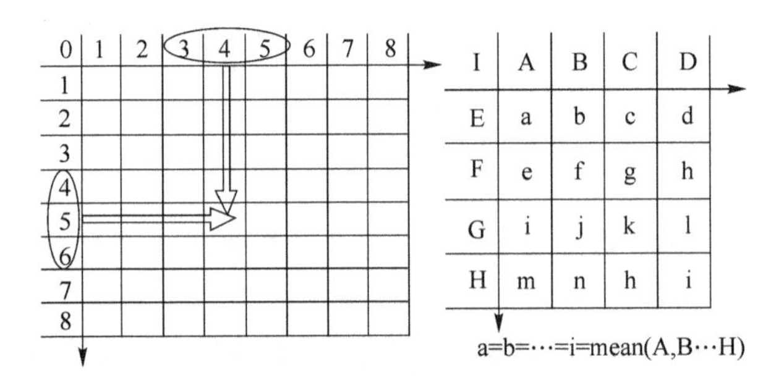


图 11-5　AVS-P2(左)和 H.264/AVC(右)帧内预测 DC 模式比较

与 H.264/AVC 相比，AVS-P2 采用的较大的帧内预测块，增加了待预测块和样本块之间的距离，从而减弱了相关性，降低了预测精度。为了克服这个问题，AVS-P2 在使用 DC、Diagonal Down Left 和 Diagonal Down Right 三种预测模式之前，先用 3 抽头低通滤波器(1,2,1)对参考样本滤波。

**4. 帧间预测**

AVS-P2 和 H.264/AVC 在帧间预测技术上的差异可以归纳为如下几点。

① 预测块尺寸——H.264/AVC 的帧间预测编码中，块的尺寸按照“宽×高”的格式可以分为 16×16、16×8、8×16、8×8、8×4、4×8 和 4×4；AVS-P2 每个宏块只有 4 种划分类型：16×16、16×8、8×16 和 8×8。

② 亚像素插值——H.264/AVC 和 AVS-P2 都支持 1/4 像素(亮度)和 1/8 像素(色度)精度的运动矢量，但是二者采用的插值方法大不相同。H.264/AVC 采用基于维纳插值滤波器结构，滤波器抽头较多(6 个)，空间计算复杂度较高；AVS 采用二阶 4 抽头插值滤波器，在降低空间复杂度的同时，保持了较高的准确度。

③ 参考帧——H.264/AVC 在帧间预测中使用的参考帧较多，最多可以达到 31 帧，通常使用 3～5 帧，这样就对编解码器的存储容量和计算能力要求很高。另外，在 H.264/AVC 中 B 帧也可以作为参考帧使用。AVS-P2 在帧间预测中最多使用两个 I 或 P 帧作为参考帧，对 P 帧使用其前面已解码的连续的两帧作参考，对 B 帧使用其前后各一帧作为参考，若采用场编码模式，先解码的场还可以作为后解码场的参考。

④ B 帧预测编码——H.264/AVC 的 B 片(Slice)预测的模式有 4 种，AVS-P2 的 B 帧预测模式有 3 种，如表 11-2 所示。可见，AVS-P2 最多只需要传送一个运动矢量，节省了码流开销。

**表 11-2 H.264/AVC 和 AVS-P2B 帧预测模式比较**

| 标准 | B片预测模式 | 说明 |
|---|---|---|
| H.264/AVC | 直接模式<br>利用 list0 的运动补偿模式<br>利用 list1 的运动补偿模式<br>双向运动补偿模式 | 不传送运动矢量<br>传送基于 list0 的运动矢量<br>传送基于 list1 的运动矢量<br>传送基于 list0 和 list1 的 2 个运动矢量 |
| AVS-P2 | 直接模式<br>对称模式<br>跳过模式 | 不传送运动矢量<br>只传送前向运动矢量<br>不传送运动矢量 |

⑤ 环路滤波器——H.264/AVC 和 AVS-P2 都在运动补偿预测的过程中使用了环路滤波器，不同的是 H.264/AVC 使用每个 4×4 块的边界两边各 4 个像素值作为判断的依据，而 AVS-P2 只使用了 8×8 块的边界两边各 3 个像素值，降低了实现复杂度。

表 11-3 列出了 AVS 视频编码与 MPEG-2 和 H.264/AVC 所使用技术的简要对比，以及 AVS 视频与 H.264/AVC 性能差异的估计。

**表 11-3 AVS 与 MPEG-2 和 H.264/AVC 使用的技术对比和性能差异估计**

| 视频编码标准 | MPEG-2 视频 | H.264/AVC | AVS 视频 | AVS 视频与 H.264/AVC 性能差异估计 |
|---|---|---|---|---|
| 帧内预测 | 只在频域内进行 DC 系数差分预测 | 基于 4×4 块，9 种亮度预测模式，4 种色度预测模式 | 基于 8×8 块，5 种亮度预测模式，4 种色度预测模式 | 基本相当 |
| 参考帧预测 | 只有 1 帧 | 最多 16 帧 | 最多 2 帧 | 都采用两帧时相当，帧数增加性能提高不明显 |
| 变块大小运动补偿 | 16×16、16×8(场编码) | 16×16、16×8、8×16、8×8、8×4、4×8、4×4 | 16×16、16×8、8×16、8×8 | 降低约 0.1 dB (2%～4%) |
| B帧宏块直接编码模式 | 无 | 独立的空域或时域预测模式，若后向参考帧中用于导出运动矢量的块为帧内编码时只是视其运动矢量为 0，依然用于预测 | 时域空域相结合，当时域内后向参考帧中用于导出运动矢量的块为帧内编码时，使用空域相邻块的运动矢量进行预测 | 提高 0.2-0.3 dB (5%) |
| B帧宏块双向预测模式 | 编码前后两个运动矢量 | 编码前后两个运动矢量 | 称为对称预测模式，只编码一个前向运动矢量，后向运动矢量由前向导出 | 基本相当 |
| 1/4 像素运动补偿 | 仅在半像素位置进行双线性插值 | 1/2 像素位置采用 6 拍滤波，1/4 像素位置线性插值 | 1/2 像素位置采用 4 拍滤波，1/4 像素位置采用 4 拍滤波、线性插值 | 基本相当 |

续 表

| 视频编码标准 | MPEG-2 视频 | H.264/AVC | AVS 视频 | AVS 视频与 H.264/AVC 性能差异估计 |
| --- | --- | --- | --- | --- |
| 变换与量化 | 8×8 浮点 DCT 变换，除法量化 | 4×4 整数变换，编解码端都需要归一化，量化与变换归一化相结合，通过乘法、移位实现 | 8×8 整数变换，编码端进行变换归一化，量化与变换归一化相结合，通过乘法、移位实现 | 提高约 0.1 dB(2%) |
| 熵编码 | 单一 VLC 表，适应性差 | CAVLC：与周围块相关性高，实现较复杂<br>CABAC：计算较复杂 | 上下文自适应 2D-VLC，编码块系数过程中进行多码表切换 | 降低约 0.5 dB (10-15%) |
| 环路滤波 | 无 | 基于 4×4 块边缘进行，滤波强度分类繁多，计算复杂 | 基于 8×8 块边缘进行，简单的滤波强度分类，滤波较少的像素，计算复杂度低 | — |
| 容错编码 | 简单的条带划分 | 数据分割、复杂的 FMO/ASO 等宏块、条带组织机制、强制 Intra 块刷新编码、约束性帧内预测等 | 简单的条带划分机制足以满足广播应用中的错误隐藏、恢复需求 | — |

其中，性能差异估计采用信噪比 dB 估算，括号内的百分比为码率差异。

VLC(Variable Length Coding)：变长编码 。

FMO(Flexible Macroblock Ordering)：灵活的宏块排序。

ASO(Arbitrary Slice Ordering)：任意条带排列。

## 11.3.2 计算复杂性的对比

一般认为 H.264/AVC 的编码器大概比 MPEG-2 复杂 9 倍，而 AVS 视频标准则由于编码模块中的各项技术复杂度都有所降低，其编码器复杂度大致为 MPEG-2 的 6 倍，即比 H.264/AVC 的复杂度低 1/3 左右。但编码高清序列 AVS 视频标准仍具有与 H.264/AVC 相近的编码效率。

表 11-4 对 AVS 视频与 H.264/AVC 的计算实现复杂性进行了扼要对比，通过大致估算，AVS 视频解码的复杂度相当于 H.264/AVC 的 30%左右，AVS 视频编码的复杂度相当于 H.264/AVC 的 70%左右。

**表 11-4 AVS 与 H.264/AVC 计算复杂性对比**

| 技术模块 | AVS 视频 | H.264/AVC | 复杂性分析 |
| --- | --- | --- | --- |
| 帧内预测 | 基于 8×8 块，5 种亮度预测模式，4 种色度预测模式 | 基于 4×4 块，9 种亮度预测模式，4 种色度预测模式 | 降低约 50% |
| 多参考帧预测 | 最多 2 帧 | 最多 16 帧，复杂的缓冲区管理机制 | 存储节省 50% 以上 |

续 表

| 技术模块 | AVS 视频 | H.264/AVC | 复杂性分析 |
|---|---|---|---|
| 变块大小运动补偿 | 16×16、16×8、8×16、8×8 块运动搜索 | 16×16、16×8、8×16、8×8、8×4、4×8、4×4 块运动搜索 | 节省 30%～40% |
| B 帧宏块对称模式 | 只搜索前向运动矢量 | 双向搜索 | 最大降低 50% |
| 1/4 像素运动补偿 | 1/2 像素位置采用 4 拍滤波<br>1/4 像素位置采用 4 拍滤波、线性插值 | 1/2 像素位置采用 6 拍滤波<br>1/4 像素位置线性插值 | 降低 1/3 存储器的访问量 |
| 变换与量化 | 解码端归一化在编码端完成，降低解码复杂性 | 编解码端都需进行归一化 | 解码器降低 |
| 熵编码 | 上下文自适应 2D-VLC，Exp-Golomb 码降低计算及存储复杂性 | CAVLC：与周围块相关性高，实现较复杂<br>CABAC：硬件实现特别复杂 | 相比 CABAC 降低 30%以上 |
| 环路滤波 | 基于 8×8 块边缘进行，简单的滤波强度分类，滤波较少的像素 | 基于 4×4 块边缘进行，滤波强度分类繁多，滤波边缘多 | 降低 50% |
| Interlace 编码 | PAFF 帧级帧场自适应 | MBAFF 宏块级帧场自适应 | 降低 30% |
| 容错编码 | 简单的条带划分机制足以满足广播应用中的错误隐藏、恢复需求 | 数据分割、复杂的 FMO/ASO 等宏块、条带组织机制、强制 Intra 块刷新编码、约束性帧内预测等，实现特别复杂 | 大大降低 |

## 11.3.3 编码效率对比

从 11.3.2 小节不难看出，AVS 视频标准对每项技术都进行了复杂性与效率的权衡，为所面向的应用提供了很好的解决方案，努力降低复杂度，并保证高的编码效率。

表 11-5 给出了 2005 年 8 月中国国家广电总局广播电视规划院主持完成的 AVS-P2 视频标准测试结果，整体结论为性能优良。考虑到目前使用 MPEG-2 标准实施高清电视广播时，一般使用 20 Mbit/s 的码率；使用 MPEG-2 标准实施标清电视广播时，一般使用 5～6 Mbit/s 的码率。对照测试结果可以得知，AVS 视频码率为 MPEG-2 标准的一半时，无论是标准清晰度还是高清晰度，编码质量都达到优秀。码率不到其三分之一时，也达到良好到优秀。因此在比 MPEG-2 视频编码效率提高 2～3 倍的前提下，AVS 视频质量完全达到大范围应用所需的“良好”要求。

**表 11-5 AVS-P2 视频标准主观测试结果**

| 视频类型 | 标清 | 标清 | 高清 | 高清 |
|---|---|---|---|---|
| AVS 测试码率(Mbit/s) | 3 | 1.5 | 10 | 6 |
| 测试结果 | 优秀 | 良好 | 优秀 | 优良 |

表 11-6 给出了 AVS-P2 与 MPEG-2 标准以及 AVS-P2 与 H.264/AVC 标准主要档次的客观编码性能对比，结果为相同码率条件下 PSNR(Peak Signal to Noise Ratio，峰值信噪比)的增益(Δ)。可以看出，AVS-P2 相对于 MPEG-2 标准编码效率平均提高 2.56 dB，相比于 H.264 标准编码效率略低，但平均只有 0.11 dB 的损失。

**表 11-6 AVS-P2 与 MPEG-2 及 H.264/AVC 标准主要档次客观编码效率比较**

| 档次 | | 高清逐行系列 | | | 标清隔行系列 | |
|---|---|---|---|---|---|---|
| | | pedestrain | station2 | rushhour | hourseriding | Zy |
| ΔPSNR(dB) | MPEG-2 | +2.53 | +1.75 | +1.39 | +4.59 | +2.55 |
| | AVC | -0.07 | 0.17 | -0.18 | −0.28 | −0.17 |

# 11.4 AVS-P7 概述

AVS-P7“移动视频”针对的是移动设备上的视频应用。由于移动视频设备的计算能力差、存储空间有限、而且图像的分辨率低，所以在视频编码的技术上与主要应用于高清晰视频的广播和存储的 AVS-P2 有很大的不同。在低分辨率的移动应用中，AVS-P7 的性能与 H.264/AVC 的基线档次(baseline profile)相当。但在获得同等压缩性能的前提下，由于 AVS 中的压缩技术都经过针对性的优化，使得 AVS-P7 的计算复杂度、存储器和存储带宽资源的占用都明显低于 H.264/AVC 的相应档次。

本节简要介绍 AVS-P7 的基本内容，包括系统结构和主要技术，重点放在对 AVS-P7 编码技术的分析和讨论上。

## 11.4.1 AVS-P7 系统结构

AVS-P7 也是基于预测、变换和熵编码的混合编码系统，框架与 AVS-P2 的相同。AVS-P7 的主要目标是以较低的运算和存储代价实现在移动设备上的视频应用。

AVS-P7 码流结构语法层次与 AVS-P2 类似。不同的是 AVS-P7 的条带是由以扫描顺序连续的若干宏块组成，而并不要求是完整的宏块行，这样便于视频流的打包传输。图像类型只有 I、P 两种。目前，AVS-P7 已定义了一个档次(即基本档次)和 9 个级别。

## 11.4.2 AVS-P7 主要技术

AVS-P7 的编码技术，主要包括块划分和变换、帧内预测、帧间预测、环路滤波、熵编码等方面，下面逐个进行介绍。

**1. 4×4 块大小和 4×4 变换**

与高分辨率图像的压缩相反，在低分辨率情况下，变换和预测补偿的单元越小，性能越好。因此，AVS-P7 采用 4×4 的块大小作为变换、预测补偿的基本单位。4×4 变换仍然采用预伸缩整数变换(Pre-Scaled Integer Transform，PIT)以降低实现复杂度。

**2. 帧内预测**

亮度帧内预测有 9 种基于 4×4 的模式，色度有 X 种基于 4×4 的模式。

为了降低复杂度，在 AVS-P7 中新引入的工具主要有 I 帧中的直接帧内预测(Direct Intra Prediction,DIP)模式,像素扩展方法以及简化的色度帧内预测。

在I帧中,对纹理一致性较好的区域采用DIP模式,即宏块中所有16个4×4块都按Most_Probably_Mode(最可能模式)编码。用DIP取代H.264/AVC中的16×16帧内预测模式,优点在于不再需要DC Hardmard变换、变换系数重排序和相应的一套熵编码方法。而引入的压缩性能PSNR损失仅有0.02 dB。

像素扩展是参考像素的产生方法。如图11-6中的$r_5 \sim r_8$由$r_4$扩展而成,$c_5 \sim c_8$由$c_4$扩展而成,这样省去了获取相邻块数据的步骤。

色度帧内预测只采用3种模式,即DC模式、垂直模式和水平模式。U和V分量总共8个4×4块均采用相同的帧内预测模式。

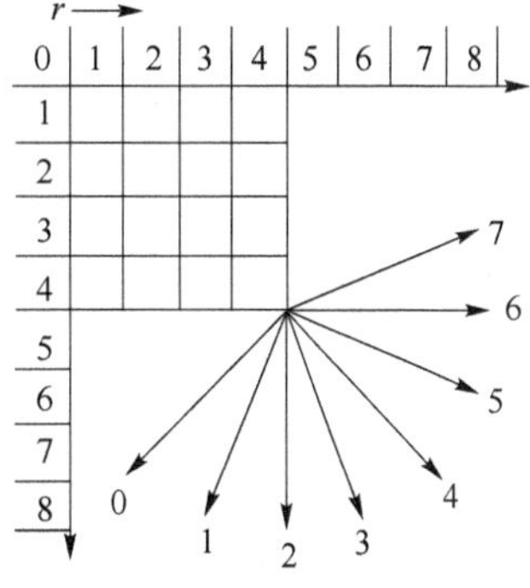


图11-6　4×4帧内预测

### 3. 帧间预测

AVS-P7中的帧间预测帧只有P帧类型,没有B帧,这一点与H.264/AVC的基线档次一样,但是AVS-P7中的最大参考帧数为1帧,而不是16帧,因此更为实际可行。P帧分为两类,分别为可做参考的P帧和不可做参考的B帧。这样既简化了操作,又保证了码流的可伸缩性。帧间运动补偿的块大小可以为:16×16、16×8、8×16、8×8、8×4、4×8、4×4。帧间运动补偿的精度最高为1/4像素。1/2像素插值#水平和垂直方向分别采用8抽头和4抽头滤波器。1/4像素插值均采用2抽头滤波器。

为了便于实现,AVS-P7中将运动矢量范围限制在图像边界外16个像素以内。竖直方向运动矢量分量的取值范围对CIF格式是[-32,31.75],而非H.264/AVC的[-128,127.75],范围大小减少了3/4。

### 4. 环路滤波

采用一种特别简化的环路滤波方法。首先,滤波的强度是在宏块级而非块级确定,即当前宏块的类型(Intra、Skip或non-ski PIntra)和当前宏块的量化参数(Quantisation Parameter,QP)值确定了此宏块的滤波强度,从而大大减少了判断的次数。此外,滤波过程仅涉及边界两边各两个像素点,且滤波最多仅修改边界两边各两个像素点,这样同一方向每条块边界的滤波不相关,适合于实施并行处理。

### 5. 熵编码

与AVS-P2相似,AVS-P7变换系数也采用基于上下文的2D-VLC编码。精心设计的码表和码表的切换方法更适应于4×4变换块的(level,run)分布。一般用最近编码的level值来选择2D-VLC码表;当最近编码的level值等于1时,用最近编码的run值来选择2D-VLC码表。

### 6. 其他

AVS-P7中还包含虚拟参考解码器、网络适配层和补充增强信息等工具,从而有较好的网络友好性和一定的抗差错能力。

由于篇幅所限,这里就不再一一介绍了。

# 复习思考题

1. AVS 标准由哪些部分构成？已经公布的标准是哪一部分？是在什么时间公布的？
2. 给出 AVS 标准规定的内容和适用领域。
3. 给出 AVS-P2 所规定的内容和适用领域。
4. AVS 标准的制订原则有哪些？
5. AVS 标准的三大特点是什么？
6. AVS 视频编码有哪些主要特点？
7. AVS 视频采用的是什么样的编码框架？它与 MPEG 标准有什么异同？
8. AVS 视频编码包含哪些关键技术？
9. 在技术实现方面 AVS 视频编码与 H.264/AVC 有哪些差别？
10. H.264/AVC 和 AVS 的视频压缩比是 MPEG-2 的多少倍？
11. H.264/AVC 和 AVS 的视频编码器的复杂度分别是 MPEG-2 的多少倍？
12. AVS 视频解码的复杂度相当于 H.264/AVC 的百分之多少？

# 作　业

大作业选题 1：AVS 的研究或/和视频编解码与应用。

大作业选题 2：AVS 视频编码与 H.264/AVC 的对比研究。

# 第四篇

# 数字视频技术应用

视频技术的数字化是数字媒体产业发展的必然趋势，也是视频网络化的前提和必要条件，它与传统的模拟视频技术相比产生了质的飞跃。

数字视频技术应用主要包括数字视频会议系统、IP可视电话和数字视频广播等。本章先介绍数字视频会议系统，包括广泛数字视频会议系统使用的H.320系列标准，重点介绍H.324终端及其实现。

IP可视电话终端编码方法，将在第14章“基于H.324协议的IP可视电话终端”中介绍。数字视频广播技术，则在第15章“DVB技术简介”中介绍。

本篇分为如下5章：

- 第12章　数字视频会议系统
- 第13章　H.324终端及其实现
- 第14章　基于H.324协议的IP可视电话终端
- 第15章　DVB技术简介

# 第12章　数字视频会议系统

## 12.1　视频会议系统概述

### 12.1.1　视频会议系统的定义

定义:利用电视技术设备通过传输信道在两地或多个地点进行开会的一种通信系统。会议电视系统也叫做视听多媒体通信系统,包括可视电话和视听会议两种应用系统。可视电话泛指在通信网中任意两个用户之间的具有声、像或数据的多媒体通信业务。会议电视通常指一种专门的多点多媒体通信业务。

### 12.1.2　视频会议系统的优点

优点:具有方便性、即时性、交互性的特点。

① 方便性:节约旅费,时间;灵活选择参加会议代表。

② 即时性:及时、快速召开会议,特别是及时了解情况和发布决策命令。

③ 交互性:讨论时,传输、修改文件、资料共享。

### 12.1.3　视频会议系统的应用

① 政府级行政会议。

② 商业领域:会晤、谈判、业务管理。

③ 紧急救援、抗灾防洪。

④ 远程医疗。

⑤ 远程教学。

⑥ 保安系统(视频监控)。

⑦ 国防军事:侦察、可视指挥等。

⑧ 办公自动化。

## 12.2　视频会议系统的基本组成

### 12.2.1　视频会议系统组成

**1. 会议电视系统组成**

(1) 方框图

会议电视系统组成框图如图12-1所示。

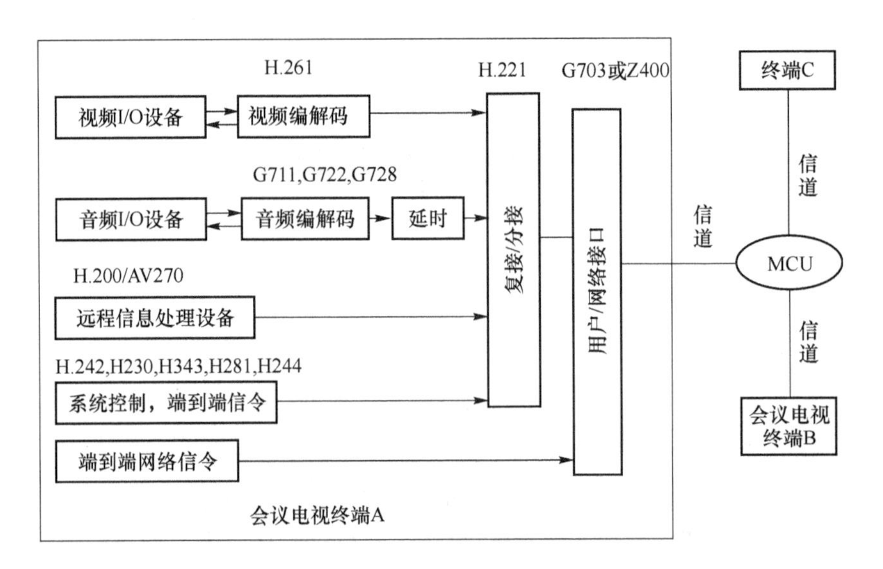


图 12-1　会议电视系统组成框图

主要由终端设备，传输信道（网络）和网络节点的 MCU 等组成。

（2）网络拓扑结构

A. 星形结构

所有的终端都接到一个 MCU 上。如图 12-2 所示。

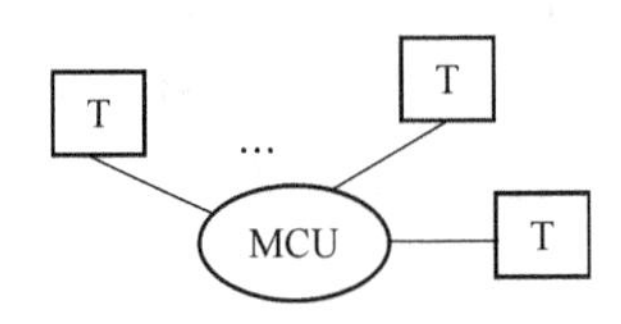


图 12-2　会议电视星形结构拓扑结构

B. 哑铃形结构

终端被连接到两个 MCU 上，这两个 MCU 互相连结在一起。如图 12-3 所示。

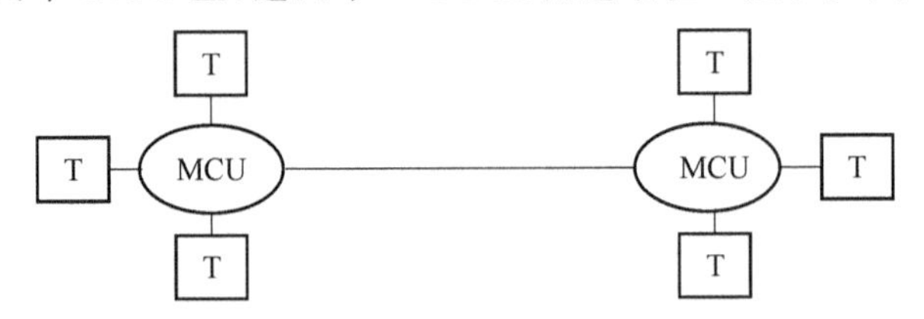


图 12-3　会议电视哑铃形结构拓扑结构

C. MCU 星形结构

多个 MCU 组成星形结构，终端接到 MCU 上。如图 12-4 所示。

D. 分层结构

多个 MCU 组成分层网络，终端连接到 MCU 上。如图 12-5 所示。

图 12-5 中：M. MCU 表示主 MCU；MCU R1，MCU R2，MCU R3 分别表示第一级 MCU，第二级 MCU，第三级 MCU；T 表示会议终端。

以 MCU 设备为主构成多种网络拓扑结构，为会议电视系统提供了灵活多变的应用方式。

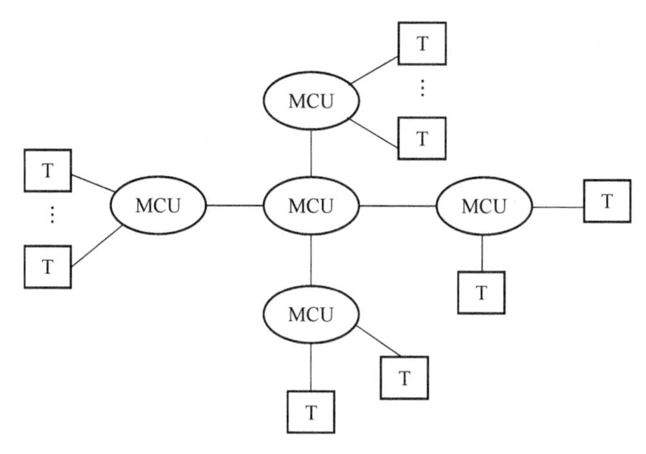


图 12-4　会议电视 MCU 星形结构拓扑结构

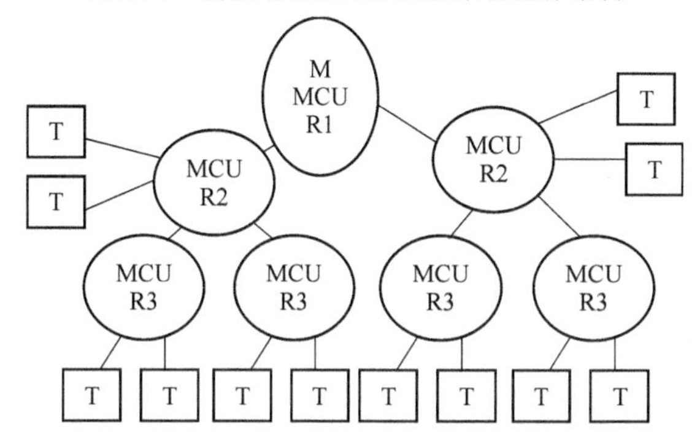


图 12-5　会议电视分层结构拓扑结构

(3) 典型会议电视网组成。

图 12-6 为我国会议电视骨干网的组成。

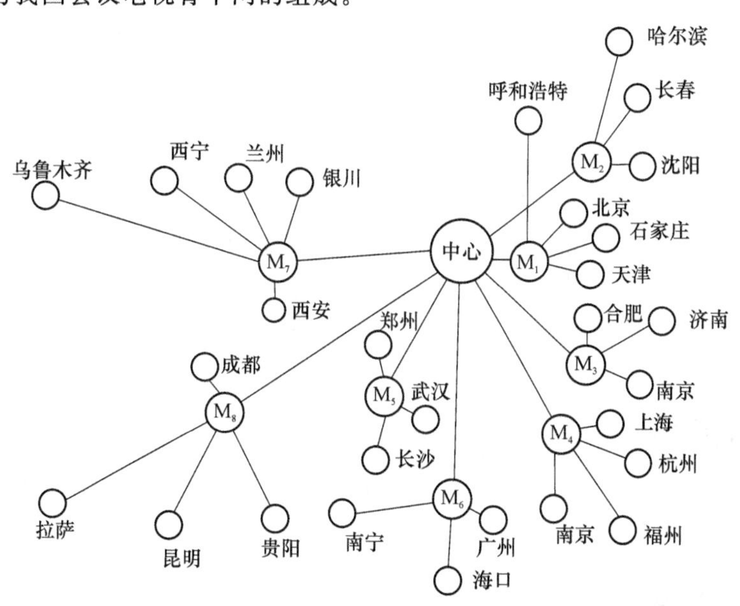


图 12-6　我国会议电视骨干网组成

### 12.2.2　视频会议系统终端设备

**1. 视频输入/输出设备**

A. 视频输入

摄像机(主、辅助,图文摄像机)、录像机、传真机等。

B. 视频输出

监视器、投影机、打印机、传真机、电视墙、分画面视频处理器等。

**2. 视频编解码器**

将不同电视制式的电视信号加以处理、数字化、压缩编解码,它支持 MCU 进行多点切换控制。

**3. 音频输入/输出设备**

**4. 音频编解码器**

对 0.05～3.4 kHz 或 0.05～7 kHz 模拟音频信号数字化,以 PCM、ADPCM 或 LD-CELP 方式编码。速率可以为 16 kbit/s、48 kbit/s、56 kbit/s、64 kbit/s 等 4 种。

**5. 远程信息处理设备(数据,通信设备)**

包括电子白板,书写电话等。

白板:通过 PC 机操作系统完成。供本会场与会人员与对方会场人员进行讨论问题时写字画图用,可对白板上的图形、文字进行删改,实现屏幕共享功能。

**6. 复接/分接设备**

将视频、音频、数据、信令等各种数字信号组合成 64～1 920 kbit/s 的数字码流,成为用户/网络接口相兼容的信号格式。

**7. 用户/网络接口**

用户/网络接口是终端设备与网络信道的连接点。它的任务是把终端输出的数字信号可靠地传送到目的地以及接收来自其他终端的信号。

该接口为数字电路接口。在与 PCM 信道连接的情况下,接口的物理与电气特性应满足 TG.703 建议,进入 PCM 信道的会议电视信号的时隙(TS)的配置应符合 TG.704 建议的信道帧结构。

在 N-ISDN 信道中采用 TI.400 系列标准。

**8. 系统控制**

终端与终端之间的互通是依据一定的步骤和规程通过系统控制来实现的。这些步骤是通过表示这种步骤的信令信号来完成的。

系统控制包括:互通规程,端—端信令。完成上述几部分的管理控制和通信协议的处理(其通信协议符合 H.242,H.243)。

### 12.2.3　多点控制设备

多点控制设备是数字处理单元;设置在网路节点(汇接局)处,可供多个地点的会议同时进行相互通信。实现音频、视频、数据、信令的混合和切换,对会议进行控制。

### 12.2.4　传输网络

1. N-ISDNB-ISDN

2. LAN
3. PSTN
4. PSDN
5. INTERNET
6. 专用网

## 12.3　视频会议系统的分类

**1. 按开会方式(按终端类型)**

① 会议室型会议电视系统

a) 每个终端有专门的大会议室。

b) 参加人数多。

c) 视频输入设备多。

d) 显示:大屏幕。

e) 专用网。

f) 政府级等行政会议。

② 桌面会议电视系统

a) 每一终端以计算机作为工作平台组成。

b) 计算机+摄像机+硬件(视频捕捉卡,视、音频编解码器、复用/解复用等)+会议软件。

**2. 按标准**

(1) 非标准

(2) 标准(基于 H.300 系列标准)

a)基于 H.320 标准:P * 64 kbit/s,视听系统的框架性建议(窄带电视电话系统和终端设备)。

b) H.321 标准:有关 B-ISDN 环境下,H.320 终端设备适配标准。

H.321 建议是有关 B-ISDN 环境下 H.320 终端设备适配的标准,它描述了将窄带视听多媒体终端(H.320 终端)适配入 ATM 环境(B-ISDN)描述规范。

c) H.322,H.323 标准:H.322 提供保证服务质量的局域网的可视电话系统和终端设备;H.323 提供非保证服务质量的局域网的可视电话系统和终端设备。所谓服务质量:指数据的差错率,丢失特性及传输延时。

d) 基于 H.324 标准:基于 PSTN 的可视电话的系列标准。

e) H.310:宽带视听通信和终端。

**3. 按传输网络分**

a) N-ISDN:H.320。

b) PSTN:H.324。

c) LAN:H.323,H.322。

d) B-ISDN:H.310(H.321)。

e) 专用网。

**4. 分类图示**

会议电视系统分类如图 12-7 所示。

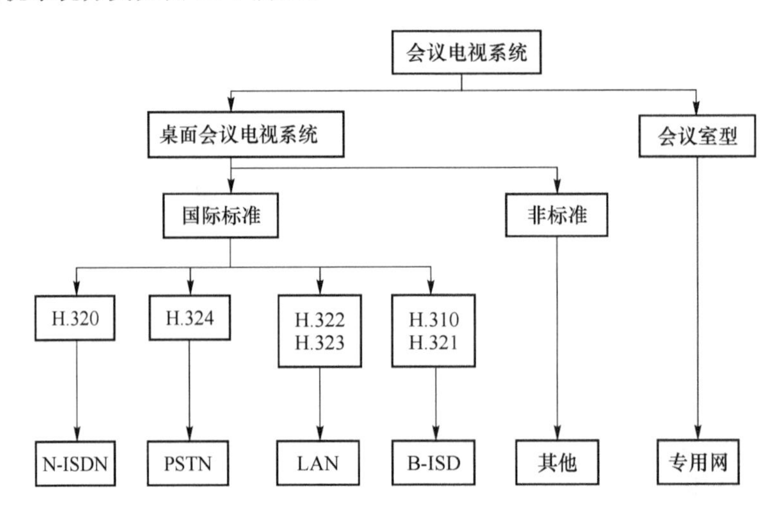


图 12-7　会议电视系统分类

H. 320 系列建议所指是“视听业务”(Audiovidual　Service),以活动图像为主,它是在 H. 320 这个框架性标准范围之内的一些标准。T. 120 系列是针对“声像业务”(Audiographic Service),是传递静止图像会议,作为发展过程的标准,近两年来逐步纳入 H. 320 框架之内。只有对这些标准的主要方面的内容有一个粗略了解,才能对会议电视“通信”的面貌有所认识。

会议电视业务通信为多个地点通信,必须保障会议电视通信网的各个终端,通过汇接局的交换设备(即 MCU)协调工作,实现互通、互控。因此,终端编解码算法、传输数据码流的格式和结构、终端之间的相互控制的通信规程、为实现这些规程而采用的信令、MCU 与终端交换方式等均需遵循统一的标准(这些标准由国际电信联盟标准部门—ITU-T 制定)。

## 12.4　视频会议主要国际标准

| 网络 | 系统 | 视频 | 音频 | 复用 | 控制 |
|---|---|---|---|---|---|
| PSTN | H. 324 | H. 161/3 | G. 723. 1 | H. 223 | H. 245 |
| N-ISDN | H. 320 | H. 261 | G. 7 不×× | H. 221 | H. 242 |
| B-ISDN | H. 321<br>H. 310 | H. 261<br>H. 261/2 | G. 7××<br>G. 7××/MPEG | H. 211<br>H. 222. 0/1 | Q. 2931<br>H. 245 |
| QoS LAN | H. 322 | H. 261/3 | G. 7×× | H. 221 | H. 242 |
| Non-QoS LAN | H. 323 | H. 261 | G. 7×× | H. 225 | H. 245 |

PSTN:公共电话交换网。

N-ISDN:窄带综合数字业务网(P×64 kbit/s)。

B-ISDN：宽带 ISDN：ATM，7 异步传输模式。

H.262 等价 MPEG-2 视频。

G.7XX 代表 G.711，G.722 和 E.728。

## 12.4.1　H.320 系列标准

H.320 系列标准主要包括以下几个。

A）H.320：会议电视及可视电话系统的框架性建议。

B）H.261：P　64 kbit/s 视频编解码器。

C）H.221：（会议电视业务中 64～1 920 kbit/s）信道的帧结构。

D）H.233：加密系统。

E）H.230：帧同步控制和指示信号。

F）H.231：直到 2 Mbit/s 数字信道多点控制单元。

G）H.242：直到 2 Mbit/s 数字信道，端到端之间的互通规程。

H）H.243：直到 2 Mbit/s 数字信道，多个端点与 MCU 之间的通信规程。

I）H.281：远程摄像机控制规程（它利用 H.224 才能实现）。

K）H.224：利用 H.221 的 LSD/HSD/MLP 信道单工应用实时控制规程。

L）G.703：PCM 信道网络数字接口参数（物理与电气特性）。

M）G.704：有关 PCM（30 路）帧结构。

N）G.711：音频编码，脉冲编码调制。

O）G.722：音频编码，自适应差分脉冲编码。

P）G.728：音频编码，短时延码本激励线性预测编码。

下面介绍 H.221 标准（复用标准）。

H.221 是针对 N-ISDN 信道的会议电视信道帧结构。以时分复用将音频、视频、数据、控制信号以一定的顺序结构在收、发端同步地进行传送。

**1. 单路 B(64 kbit/s)信道帧结构**

(1) 帧结构图

H.211 单路 B(64 kbit/s)信道帧结构如图 12-8 所示。

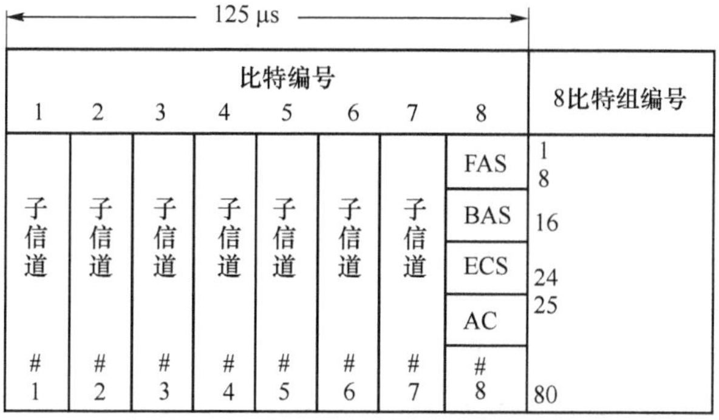

125 μs

| 比特编号 | | | | | | | | 8比特组编号 |
|---|---|---|---|---|---|---|---|---|
| 1 | 2 | 3 | 4 | 5 | 6 | 7 | 8 | |
| 子信道 | 子信道 | 子信道 | 子信道 | 子信道 | 子信道 | 子信道 | FAS | 1<br>8 |
| | | | | | | | BAS | 16 |
| | | | | | | | ECS | 24 |
| | | | | | | | AC | 25 |
| #1 | #2 | #3 | #4 | #5 | #6 | #7 | #8 | 80 |

图 12-8　H.211 单路 B(64kbit/s)信道帧结构

① 一个单路 64 kbit/s 信道，称为时隙 Ts。

② 由速率为 8 kHz(或 125 μs 的周期)的 8 比特组组成。每一行从左到右为一个 8 比特，组成一个 8 比特组。

③ 从上到下共 80 个比特组。

④ 子信道：每一个比特从上到下构成一个子信道。

下面是子信道用途分配。

A) 1～7 子信道作为音、视或数据信道。

从第 1 比特开始填充音频数据，作为音频通道。

同步用户数据通道占用最后 1 个比特位。

其余全部填充视频数据作为视频通道。

B) 第 8 子通道作为公务信道(SC)，主要包括：

- FAS：帧定位信号(8 bit1～8)。
- BAS：比特率分配信号(8 bit9～16)。
- ECS：加密控制信号(8 bit17～24)，不用时可以被其他信息占用。
- AC：辅助数据信道(56 bit25～80)。携带有关远程或遥控信息，不用时，可以被其他信息占用。用于传输最高速率为 5.6 kbit/s 的异步用户数据不传输数据时，可用于音、视频信号。

⑤ 具有 SC 子信道的 64 kbit/s 时隙称为"I"信道。

(2) 帧定位信号 FAS(Frame alignment Signal)

- 在 SC 信道占用 1～8 bit。
- 帧，由上到下 1～80 比特组。
- 复帧：16 帧组成 1 个复帧。
- 子复帧：由 I 帧组成子复帧。

① 帧定位字：

奇帧(FAS0＝×1××××××B)

偶帧(FASe＝×0011011B)

② 帧定位规则：第一次在 FAS 位置出现×0011011B，在下一帧 FAS 位置出现×1××××××B，第三帧的 FAS 位置出现×0011011B。

③ 失帧(帧同步丢失)规则：连续收到三个帧定位字有错，则规定帧同步丢失。

(3)比特率分配信号(BAS)(Bit-rate allocation signal)

① 作用：表示终端性能：传输速率，视频格式。

信道容量配置：B，2B，3B 等。

控制信号和指示信号：例如某一种终端发送一控制信号给另一终端，使它的活动图像冻结。

② 为了保证其传输的可靠性，采用纠错编码。

8 bit 的 BAS 安排在偶数帧，与它相配合起纠错作用的 8 bit，安排在相同的 8 bit 组编号为奇数帧中。

③ BAS8 bit 的安排：前三个比特对 BAS 码进行分类，共有 8 类，为笼统的性能或指令；后五个比特对每类进行具体定义(32 个定义)，为具体性能和指示。

BAS 三个比特分类如表 12-1 所示。

**表 12-1 BAS 码 $b_0b_1b_2$ 分类的含义**

| $b_0$ | $b_1$ | $b_2$ | 含义 |
|---|---|---|---|
| 0 | 0 | 0 | 音频指令 |
| 0 | 0 | 1 | 传输速率指令 |
| 0 | 1 | 0 | 视频和其他指令 |
| 0 | 1 | 1 | 数据指示 |
| 1 | 0 | 0 | 音频性能传输和速率性能 |
| 1 | 0 | 1 | 数据性能和视频性能 |
| 1 | 1 | 0 | 保留 |
| 1 | 1 | 1 | 换码 |

例如：(a) $b_0b_1b_2$ 为“000”，其后 $b_3 \sim b_7$ 为“00100”，则表示该音频为 PCM 编码方式 $\mu$ 律，即 G. 711 标准音频信号，而不是 H. 722。

(b) $b_0b_1b_2$ 为“010”，视频和其他指令；$b_3 \sim b_7$ 为“10000”凝固图像指令。

(4) 加密信号 ECS

① 占 SC 信道的 17-24 比特。在需要时才选用。

② 传送控制信息给解密单元，以便响应该标志而完成对加密数据的解密。除此外，还可传递初始向量，用于数据加密和解密同步。

**2. 单 $H_0$(384 kbit/s)、$H_{11}$(1 536 kbit/s)、$H_{12}$(1 920 kbit/s)信道帧结构**

(1) 结构图

单 $H_0$(384 kbit/s)、$H_{11}$(1 536 kbit/s)、$H_{12}$(1 920 kbit/s)信道帧结构如图 12-9 所示。

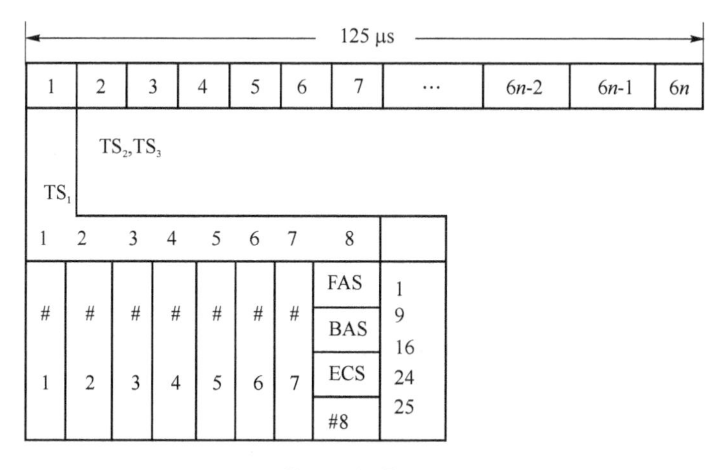


图 12-9 单 $H_0$(384 kbit/s)，$H_{11}$(1 536 kbit/s)，$H_{12}$(1 920 kbit/s)信道帧结构

(2) $n=1$，$H_0$(384 kbit/s)

① 6×64 kbit/s(此信道由 6 个 64 kbit/s 信道组成)只在 $TS_1$ 中含有 SC 信道

② 对于多 $H_0$，例如 3 个 $H_0$，在每个 $H_0$ 的 $TS_1$ 中含有 SC 信道。

(3) $n=4$，$H_{11}$(1 536 kbit/s)(p=24，24×64 kbit/s)

24×64 kbit/s，即 24 个 TS 组成。

只在 $TS_1$ 中含有 SC 信道。

(4) $n=5$，$H_{12}$(1 920 kbit/s)(p=30，30×64 kbit/s)

30×64 kbit/s，即 30 个 TS 组成。

只在 $TS_1$ 中含有 SC 信道。

**3. 不同传速率情况下的某种信道结构的例子**

(1) 参数：传输速率 128 kbit/s(2B 信道→2×64 kbit/s=128 kbit/s)。

音频 16 kbit/s，数据 4.8 kbit/s，控制信号 FAS，BAS，ECS2.4 kbit/s，视频 104.8 kbit/s。

(2) 帧结构图如图 12-10 所示。

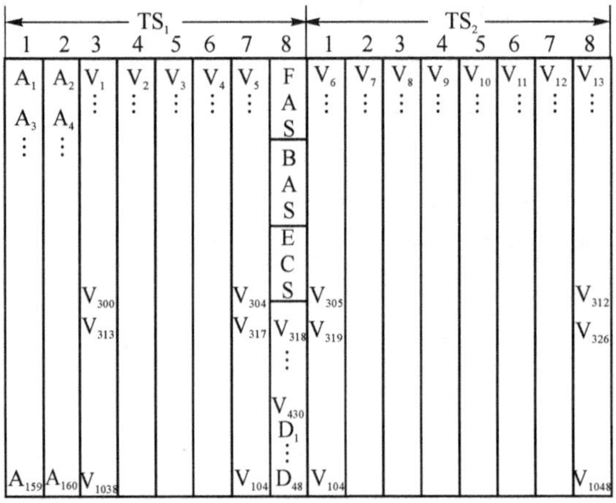

| $TS_1$ | | | | | | | | $TS_2$ | | | | | | | |
|---|---|---|---|---|---|---|---|---|---|---|---|---|---|---|---|
| 1 | 2 | 3 | 4 | 5 | 6 | 7 | 8 | 1 | 2 | 3 | 4 | 5 | 6 | 7 | 8 |
| $A_1$<br>$A_3$<br>⋮<br>$A_{159}$ | $A_2$<br>$A_4$<br>⋮<br>$A_{160}$ | $V_1$<br>⋮<br>$V_{300}$<br>$V_{313}$<br>$V_{1038}$ | $V_2$<br>⋮ | $V_3$<br>⋮ | $V_4$<br>⋮ | $V_5$<br>⋮<br>$V_{304}$<br>$V_{317}$<br>$V_{104}$ | FAS<br>BAS<br>ECS<br>$V_{318}$<br>⋮<br>$V_{430}$<br>$D_1$<br>⋮<br>$D_{48}$ | $V_6$<br>⋮<br>$V_{305}$<br>$V_{319}$<br>$V_{104}$ | $V_7$<br>⋮ | $V_8$<br>⋮ | $V_9$<br>⋮ | $V_{10}$<br>⋮ | $V_{11}$<br>⋮ | $V_{12}$<br>⋮ | $V_{13}$<br>⋮<br>$V_{312}$<br>$V_{326}$<br>$V_{1048}$ |

图 12-10 例子帧结构图

(3) 第 1，2 子信道为音频，以“A”表示(每个子信道为 8 kbit/s)。

(4) 每个控制信号 8 bit，为 0.8 kbit/s，三个信号则为 2.4 kbit/s。

(5) 数据信号占用 SC 信道的 AC 信道的最后 48 比特，用“D”表示，6×0.8 kbit/s=4.8 kbit/s。

(6) 视频。

$TS_1$：3，4，5，6 子信道，5×8 kbit/s=40 kbit/s。

$TS_1$：SC 中的余下的 0.8 kbit/s。

$TS_2$：全部 8×8kb/s=64 kbit/s。

总占：40+64+0.8=104.8 kbit/s。

### 12.4.2　H.324系列标准

H.324建议是有关工作在PSTN(公用电话网)上的多媒体可视电话系列标准。ITU于1996年3月正式批准。

(1)主要包括以下标准

A) H.324低比特率多媒体通信终端。

B) H.263低比特率通信视频编解码器(<64 kbit/s)。

C) H.223用于低比特率多媒体通信的复用协议。

D) H.245通信控制协议。

E) G.723.1用于5.3 kbit/s及6.3 kbit/s的多媒体电信传输双速率的语音编解码器。

F) V.34调制解调器。

G)数据协议:T.120,实时声像会议,T.84简单点对点的静止图像文件传送,T.343简单点对点文件传送等。

(2) 系统方框图

H.324系列可视电视系列标准系统框图如图12-11所示。

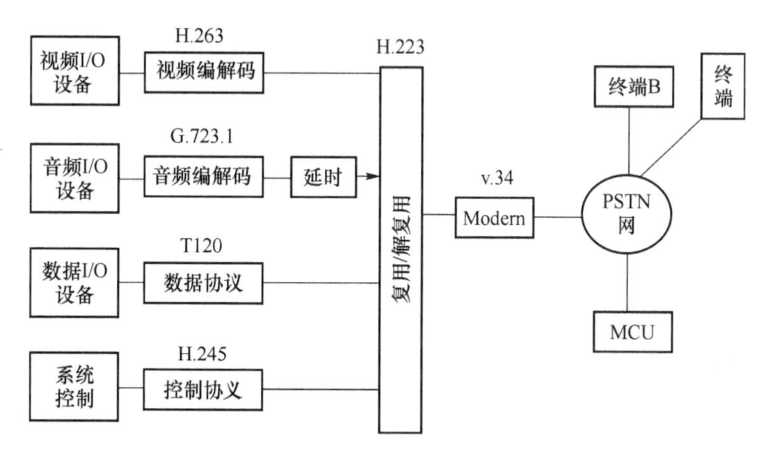


图12-11　H.324系列可视电视系列标准系统框图

(3) 基本特点

A) 支持与模拟电话机的互操作。

B) 可通过互连适配器与ISDN、LAN上的终端互连。

C) 与H.320的主要区别。

a. 工作网络不同(H.320工作在ISDN上,H.324工作在PSTN上)。

b. 增加了数据通信接口。

H.320主要用于电视会议。

H.324则主要用于多媒体通信中。除视、音频信息外,还要传输各种计算机数据,数据通信接口支持各种数据库操作。例如电子白板,静止图像传送,文件交换,数据库访问等。

c. 视频编解码(参考H.263标准)。

(1)在H.261编码算法的基础上增加了四种编码方法的选择法。

Ⅰ. 不限制运动矢量补偿模式

当画面边缘处有运动内容时，该标准允许运动矢量位于画面边缘，并采用边缘的像素来进行最佳预测。这种扩大了运动矢量范围模式，对图像主观质量有较好提高。

Ⅱ. 高级预测模式

用 4×4 或者 8×8 代替 16×16 运动预测，有效减少了方块效应，提高了图像质量。

Ⅲ. 语义基算术编码模式

其特点是充分利用了图像的先验知识。根据所确定的图像物体内容，如某人的头-肩像，在解码器中有一个相同的与物体相对应的三维模型，而语义基编解码过程是对图像中的运动物体的状态进行语义的描述和再现，该描述是以物体运动的参数来表示，图像信息的传输实质上就是这些参数的传送。

Ⅳ. PB 帧模式

① 采用 5 种图像格式

采用的图像格式如表 12-2 所示。

**表 12-2　5 种图像格式**

| 图像格式 | 亮度像素/行 | 亮度行/帧 | 色度像素/行 | 色度行/帧 |
|---|---|---|---|---|
| S-QCIF | 128 | 96 | 64 | 48 |
| QCIF | 176 | 144 | 88 | 72 |
| CIF | 352 | 288 | 176 | 144 |
| 4CIF | 704 | 576 | 352 | 288 |
| 16CIF | 1 408 | 1 152 | 704 | 576 |

② H.321 标准

该建议是有关 B-ISDN 环境下 H.320 终端设备的适配标准。

描述了将 H.320 终端适配入 B-ISDN 环境下的技术标准。

③ H.322 标准

提供“保证服务质量的局域网的可视电话系统和终端设备”的一个标准。

④ H.323 标准

提供“非保证服务质量局域网的可视电话系统和终端”的一个标准。

⑤ H.310 标准

宽带视听通信和终端标准。

# 12.5　多点控制单元 MCU

## 12.5.1　MCU 的作用

MCU 是进行多点电视会议必配的关键设备。

它相当于一个交换机的作用，但不是完全相同，MCU 有处理、会议控制功能。

## 12.5.2 MCU的基本组成

MCU 的基本组成方框图如图 12-12 所示。

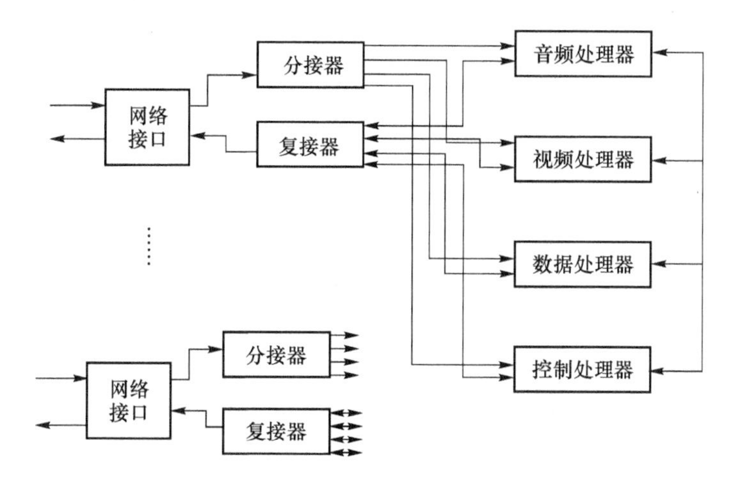


图 12-12 MCU 的基本组成方框

**1. 网络接口模块**

(1) 输入方向

对输入的数据流定位，取出 BAS，分解出视频，音频，数据等，并将它们送入相应的处理器。

(2) 输出方向

插入所需 BAS 码和相关信令，形成信道帧。

**2. 音频处理器**

代码转换器(ATC)和语音混合模块组成。解码、处理混合、编码插入信道。

**3. 视频处理器**

目前的 MCU 产品，只对视频信号进行切换，以便插入信道帧后分配到各个会场。

当一个会场需同时看各个会场的图像(同屏或分屏显示)时，MCU 的视频处理器才对多路视频信号进行混合处理。

**4. 数据处理器**

该部分为可选单元。完成非话语音处理。

**5. 控制处理器**

它负责路由选择，混合和切换音频、视频、数据信号，并负责会议控制。

总之 MCU 的功能是把各个终端送到的信号进行分离，抽取出音频、视频、数据和信令信号，分别送到相应的单元，进行语音混合式切换、视频切换、数据广播和确定路由、定时和处理会议控制。处理后的信号由复用器按 H.221 格式组成帧，送到相应的端口。

## 12.5.3 二级形式电视会议网络

**1. 结构图**

二级形式电视会议网结构图如图 12-13 所示。

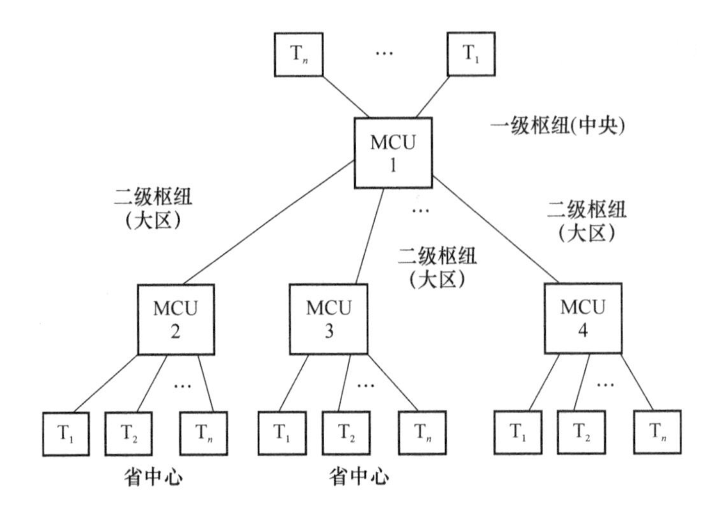


图 12-13　二级形式电视会议网结构图

**2. 主、从 MCU**

汇接中心的 MCU 为主 MCU，它以星形结构通过二级枢纽的 MCU 与各省中心的分会场连接。

### 12.5.4　MCU 的三种控制方式

**1. 语音控制模式**

语音控制采用全自动工作方式。当有多个会场在同时要求发言时，MCU 选择出最高的音频信号，将最响亮的语音发言人的图像与声音信号广播到其他会场。

**2. 强制显像控制模式**

强制显像控制模式为演讲人控制模式，准备发言的人向 MCU 请求发言如按按钮等，终端便给 MCU 一个请求信号(多点强制显像命令)，如果 MCU 认可，将它的图语音信号插放到所有与 MCU 相连接的会场终端。

同时 MCU 给发言人会场终端一个已"播放"的指示 MIV(多点显像指示)。使发言人知道它的图像、语音已被其他会场收到。当发言者讲完毕，MCU 将自动恢复到语音控制。

以上两种方式仅用于参加会议会场不多的情况。

**3. 主席控制模式**

(1) 主会场主席行使会议控制权

a. 有优先发言权。

可打断某他会场发言。将自己的图像、语音广播到某他会场。

b. 点名某分会场发言。

MCU 将被点名会场的图像、语音广播到某他会场。

c. 点名某会场退出会议。

MCU 拆除与该终端的连接。

d. 分会场发言须经主席同意。

e. 决定会议结束。

(2) 主席终端令牌

a. 掌握了表征主席权力“令牌”的终端才能成为“主席”。

b. “令牌”的获取。

被指定为主会场的终端,向 MCU 发出“主控索取命令(CCA)”索取表征主席权力的令牌(CIT)。

MCU 向该终端发送“主控令牌指示”信令,该终端收到此信令后,便获得令牌。

c. “令牌”释放

主席终端向 MCU 发送“主控停止令牌使用指示(CIS)”MCU 收到 CIS 信令后向该终端发送“主控释放(CCR)”命令,以确定令牌回收。

(3) 在多 MCU 的情况下,上述过程要经主 MCU 传送信令。

## 12.5.5 图像显示方式

### 1. 单一画面显示方法

设备简单,与会人员少(每人的图像小),如图 12-14 所示。

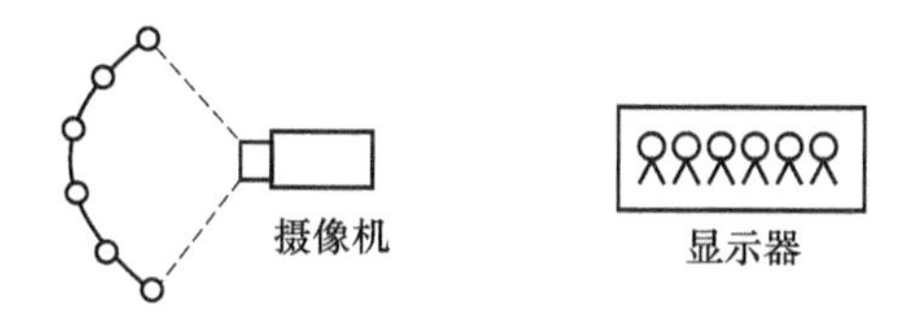


图 12-14 单一画面显示方法

### 2. 画面切换方式

与会人员多;画面切换控制复杂,画面变化不自然。如图 12-15 所示。

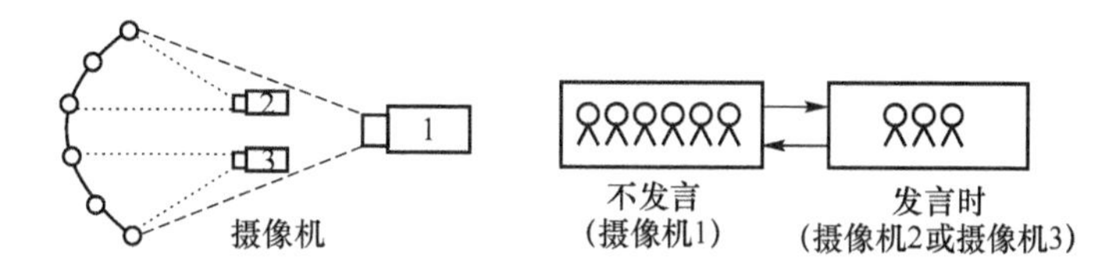


图 12-15 画面切换方式

### 3. 并列显示方式

人员多,需两条线路,如图 12-16 所示。

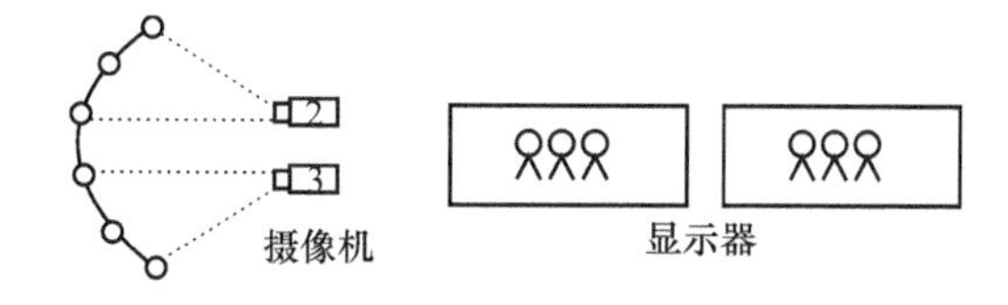


图 12-16 并列显示方式

### 4. 画面分割并列显示方式

同一条线路,如图 12-17 所示。

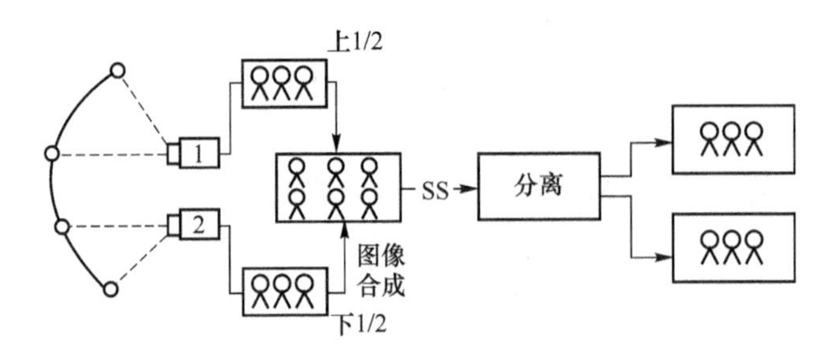


图 12-17　画面分割并列显示方式

**5. 静止图像同时显示方式**

在传送活动图像的过程中,在某些给规定的时段插入一幅高质量的静止图像在同一条线路上传输。

接收端识别出来存入帧存储器,经反复读出显示静止图像。活动图像可中断若干帧。如图 12-18 所示。

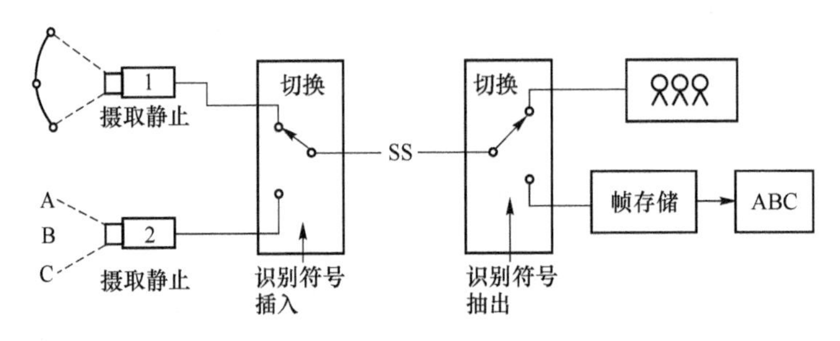


图 12-18　静止图像同时显示方式

# 第 13 章　H. 324 终端及其实现

## 13.1　H. 324 终端的构成

**1. 方框图**

H. 324 标准可视电话系统构成如图 13-1 所示。

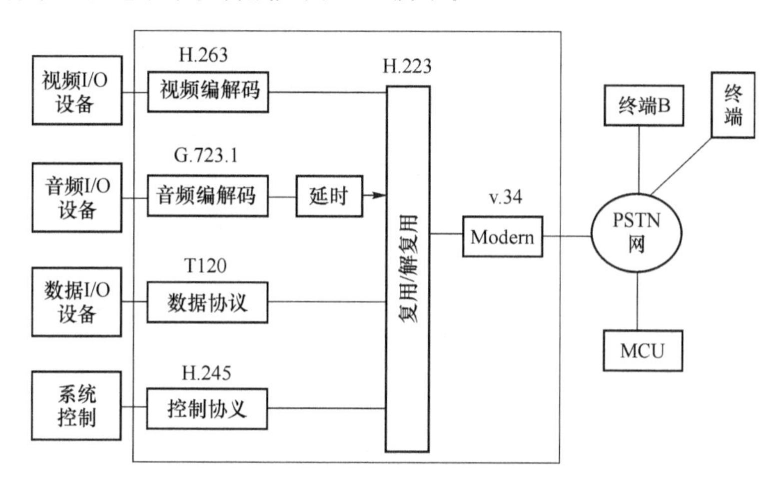


图 13-1　H. 324 系统构成

**2. 主要构件**

H. 324 标准可视电话系统主要构件包括终端 I/O 设备、Modem、PSTN 网、MCU 和其他系统操作实体，H. 324 的实现中并不要求每一功能元素都必备。

**3. 主要标准**

(1) H. 263：视频编解码。

(2) H. 223：信道复用、解复用。

(3) H. 245：系统控制。

(4) G. 723. 1 音频编解码。

(5) T120：数据协议。

(6) V3. 4 调制解调器。

**4. 信息流**

H. 324 终端中多媒体信息流分为视频、音频、数据和控制流几个部分。

(1) 视频流：是传输彩色活动图像的连续的码流。分配给视频的比特应尽可能高，可以提高图像质量。在传输过程中，视频流的比特率要根据音频和数据信道的需求而变化。

(2) 音频流：是实时的，但在接收端处理时可能进行适当的延迟以维持和视频流的同步。

(3) 数据流:可以表示静止图像、传真、文献、计算机文件、未定义的用户文件和其他数据流。这类数据只在需要时才偶尔出现。

(4) 控制流:在对等端之间传送控制命令和指示。终端到 Modem 的控制服从 V.25ter 建议(使用外部 Modem 通过一个单独的物理接口相连)。终端到终端的控制服从 H.245 建议。

## 13.2 H.324 终端的实现

**1. 主要方法**

实现 H.324 终端主要有以下两种方法。

(1) 基于 PC 机支持的可视电话终端

PC 机+摄像头+视频捕获卡+内置或外置 MODEM+软件

(2) 独立机型

将显示器、摄像头、普通电话集成一体,形成一台独立的小型可视电话机。

A. 专用集成电路。根据 H.324 标准设计专用电路,这种方式具有处理速度快,应用方便等特点,但是这种方式具有很大的局限性。因为一种专用电路只能针对特定的功能设计,具有开发成本高,不易改进功能等缺点。

B. 可编程数字信号处理器来实现,或是将两种方式结合起来开发实现 H.324 系统。

**2. 基于 W90K 系列芯片的 H.324 终端**

(1) 原理框图

本例是利用 W90K 系列芯片实现 H.324 终端的,即采用可编程的数字信号处理器来实现。图 13-2 是基于 W90210 的终端原理框图。

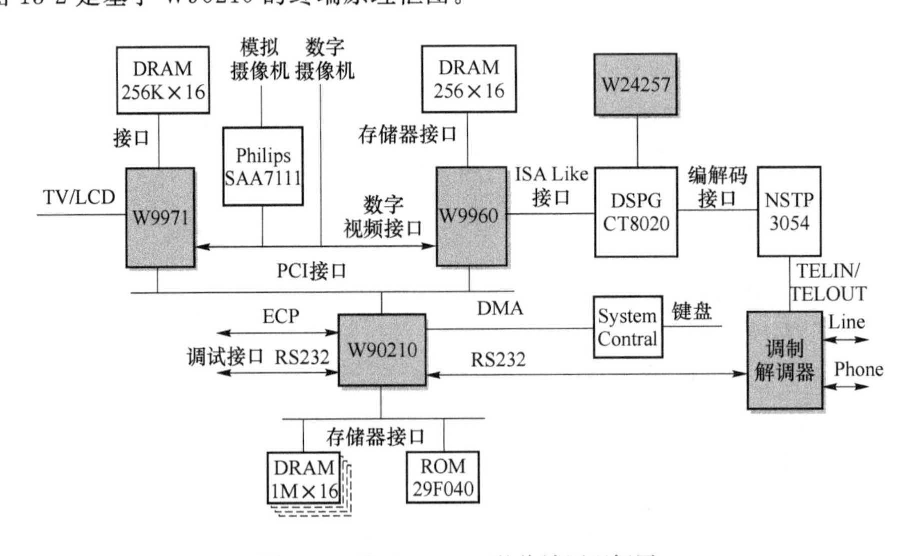


图 13-2 基于 W90210 的终端原理框图

(2) 主要组成

该系统分为视频编解码模块、音频编解码模块、码流复用及系统控制模块、视频显示模

块、调制解调器模块。

A. 视频编解码芯片 W9960：该芯片主要完成视频编解码功能。该芯片适于完成 H.261/H.263功能，能完成 CIF、QCIF、SQCIF 等格式的编码。固化在该芯片中的是标准的 H.324 视频编解码程序。系统中的复用控制芯片控制该编解码器的启动、停止以及编解码模式转换。W9960 有数字视频接口，可以支持数字摄像机输入。另外该芯片还有 PCI 接口用于和系统板主 CPU 与显示模块交换数据。

B. 音频编解码芯片 CT8020：该芯片完成音频编解码功能。它可以将音频原始数据(16 bit，8 kHz)编码成为 G.723.1 数据帧，并可以将 G.723.1 数据帧解码成音频原始数据。以 CT8020 为核心的音频编解码模块及其外围设备可以接收语音输入编码并接收 G.723.1 码流解码后回放。该模块输出码流可以工作在 6.3 kbit、5.3 kbit。

C. 视频显示模块：该模块主要由 W9971 及其外围设备组成。该模块接收输入的数字化图像信号以显示本地图像，或是接收 W9960 解码后的数据以显示远端图像。W9971 芯片还可以管理显示模式，如图像的大小、位置、色调、对比度等。

D. 视频输入模块：该模块主要由数字摄像机或是由模拟摄像机和 SA7111 芯片组成。SA7111 的功能是将模拟摄像机的输入图像信号转换为数字图像信号，该信号输入到视频显示模块用于显示本地图像，同时该信号也输入到视频编解码模块，该信号被编码后经复用传输到远端。

E. 调制解调器模块：该模块主要是完成码流输入、输出的调制和解调功能。

F. 复用控制模块：该模块是整个终端的核心，主要由芯片 W90210 及其存储器组成。该模块的主要功能是完成板上各个功能模块的初始化，接收音频编解码模块输出的码流以及视频编解码模块输出的码流，并将这些码流及系统控制信息根据 H.223 标准复用后经调制解调器调制后在 PSTN 网络上传输。该模块更为重要的功能是控制整个板上各个功能模块的运行，H.324 系统中规范的 H.223 及 H.245 协议的功能也在本模块中实现。

(3) 终端软件

本终端是在嵌入式实时操作系统 Supertask 下开发实现的。

A. 软件与硬件的关系

硬件和操作系统以及开发的应用程序的关系如图 13-3 所示。

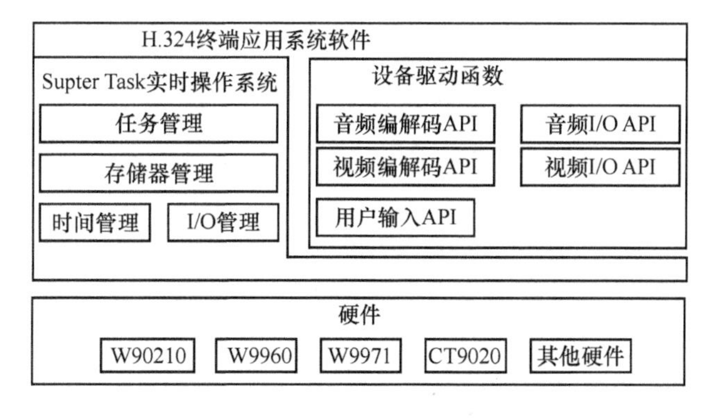


图 13-3 终端软硬件关系

开发硬件平台的系列硬件处于系统的底层，Supertask 实时操作系统对其管理。在操作系统的基础上开发了硬件的驱动函数，如音频和视频编解码器的驱动函数以及输入/输出模块的驱动函数，这些函数可供开发应用系统实时调用。

B. 软件任务模块及其关系

终端应用系统软件，在 Supertask 实时操作系统中，将 H.324 终端系统从功能上划分为几个独立的任务，从整体上将各个任务连接成为一个完整的系统。图 13-4 是各个任务的关系。

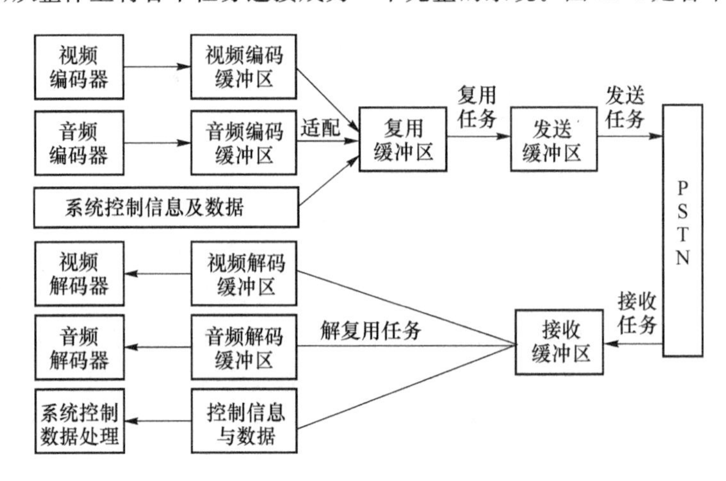


图 13-4　各任务及缓冲区之间的关系

**3. 基于 TM1100 的 H.324 终端**

(1) TM1100 的基本功能

TriMedia 是 Philips 公司于 1997 年以来推出的系列多媒体 DSP 的总称，现在已经有了 TM1000、TM1100、TM1300 等系列产品。

由于实时多媒体数据处理算法比较复杂，运算量大，所以它对 DSP 的处理能力就有比较高的要求。TM1100 作为一种具有良好的内部接口、灵活的外部接口和强大多媒体处理能力的 DSP，正符合这一条件。本文所使用的 TM1100 的内部模块如图 13-5 所示。

其核心 CPU 的运行由实时操作系统 Kernel 进行控制，它支持 C 及 C++级的代码。内部各单元之间的通信是通过片内高速数据总线来完成。信息输入、输出单元与外围器件之间采用 DMA 方式进行数据交换。它由以下几个主要部分组成。

A. 内部高速数据总线

CPU 内部各功能单元是通过内部数据总线连接起来的，它的内部总线是由 32 位数据和 32 位地址总线组成，总线的数据传送采用块传输(block-transfer)协议，所有内部单元均可成为总线的主控机或被控机。

B. 核心 CPU

它是 TM1100 内部一个的 32 位数字信号处理器，采用 VLIW(超长指令字结构)结构，允许 5 条指令同时运行，可寻址 32 位的地址空间，包括 128 个 32 位的通用寄存器，32 kbit 的指令 Cache 和 16kbit 的数据 Cache. TM1100 除了可运行所有传统微处理器的指令外，它还拥有一些多媒体专用指令，这可以大大加快视、音频信号算法的运行速度。

C. VLD(变长解码器)单元

它可以完成 MPEG-1、MPEG-2 码流的 Hullfman 解码。

D. 视频输入输出单元

视频输入单元接收符合 CCIR601/CCIR656 标准的 YUV4：2：2 格式的数据。数据在输入后先被拆分成独立的 Y、U、V 数据，然后再送入 SDRAM（synchronous dynamic random access memory）中。如果需要还可以对输入的视频数据进行水平方向的亚采样。视频输出单元输出符合 CCIR601/CCIR656 格式的视频数据，它还可对输出的数据进行内插，以使亚采样后的数据恢复为 640 点/行或 720 点/行。

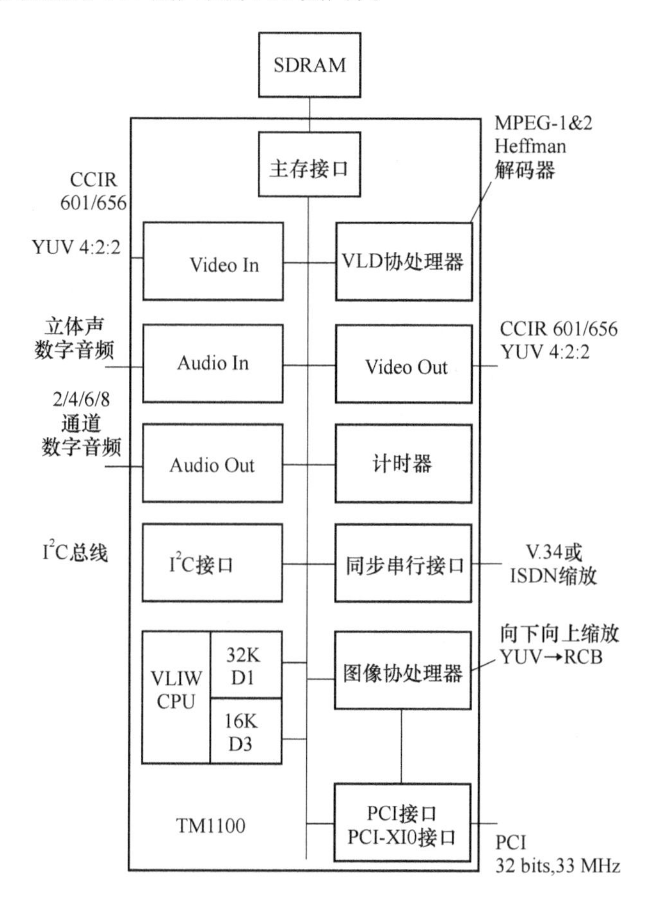


图 13-5 TM1100 模块图

E. 音频输入输出单元

音频输入输出单元分别与串行的 ADC、DAC 芯片相连，采样时钟受 TM1100 控制，采样频率可从直流到 100 kHz。输入输出的数据可以是 8 位或 16 位的串行单声道或立体声数据。

F. ICP（图像协处理器）

当 TM1100 应用于 PC 环境时，ICP 可以在不需要 CPU 参与的情况下直接把图像从 TM1100 的 SDRAM 中拷贝到主机的视频缓存中。ICP 有存储器—存储器和存储器—PCI 两种工作方式。

G. $I^2C$ 接口

$I^2C$ 总线使用 2 根线，串行数据线（SDA）和串行时钟线（SCL），属于多主控总线。该总线上的数据传输率为 100 kbit/s，快速方式下，可达 400 kbit/s。

H. 同步串行接口

主要用于实现 Modem 或 ISDN 与 CPU 的接口。

Ⅰ. PCI 接口

TM1100 通过 PCI 接口和 PC 机，或其他拥有 PCI 接口的 CPU 结合来完成复杂的任务。

(2) 终端构成

A. 系统框图与工作原理

图 13-6 是基于 TM1100 的可视电话的基本框图。我们可以将图 13-5 中的各单元的功能和计算机中的相应部分作一简单的类比。图中的 EEPROM 类似于 PC 中的 BIOS，FLASH MEMORY 类似于 PC 中的硬盘，SDRAM 类似于 PC 中的内存，V. 34 Modem 类似于 PC 中的调制解调器。其工作过程简述如下：在给本地 A 机加电后，A 机的 CPU 首先从 EEPROM 中读取系统启动的一些重要信息，例如 CPU 工作的时钟频率、外围 SDRAM 的大小等信息。然后 CPU 从 EEP2ROM 中把启动程序读入 SDRAM，再由启动程序把 FLASH MEMORY 中的主程序读入 SDRAM 并开始执行。音频、视频端口输入的数据被主程序处理后经 V. 34 端口发送至电话线，传送到远端 B 机。在发送数据的同时，A 机也接收到 B 机发来的数据，它对收到的数据进行处理之后把视频数据通过视频输出端口传送至电视机，同时把收到的音频数据通过音频输出端口传输至喇叭。B 机的工作过程也和 A 机大致相似，于是通信的双方就实现了可视电话通信。

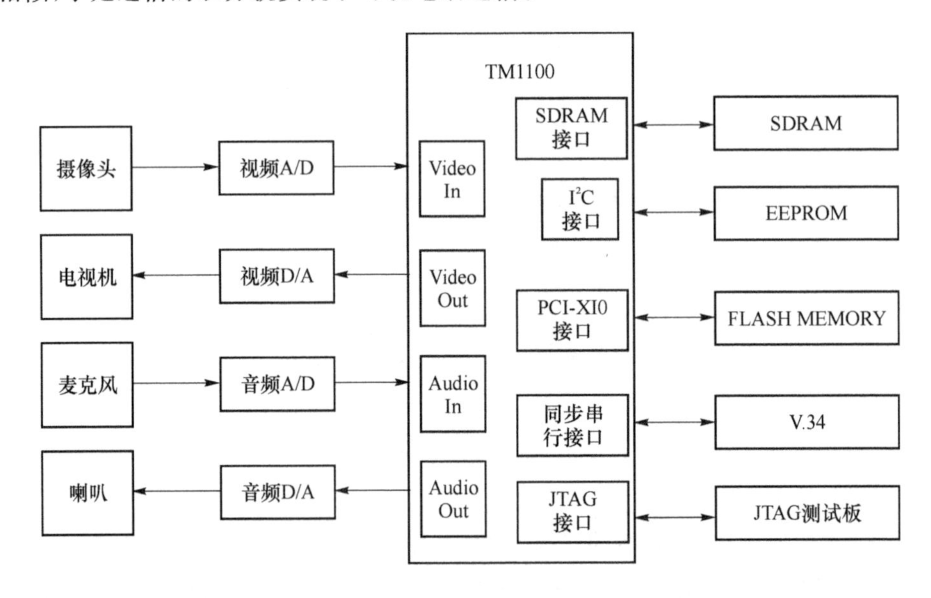


图 13-6　基于 TM1100 的可视电话系统框图

B. 外围芯片的选择

在本系统中，外围芯片的选取情况如下。

(1) SDRAM：使用的 SDRAM 存储结构为 1M×16 位，工作速度可达到 125 MHz。

(2) 电视信号解码器：选用了 Philips 公司的 SAA7111，实现视频 A/D 变换，反混迭滤波，线性相位锁定，行、场同步信号检测，数字亮色分离等功能。

(3) 电视信号编码器：选用 Philips 公司的 SAA7185，将输入的数字 YUV 视频数据编码为 NTSC、PAL 或 CVBS 等模拟视频信号输出。

(4) 音频 A/D 转换器：用于对麦克风输入的模拟声音信号进行数字化，选用 Crystal 公司的 CS5331。CS5331 是一种立体声模数转换器，形成串行数字音频流送到 TM1100 的音频输入口。它输出数据的采样频率可在 2 Hz 到 50 kHz 之间进行精确调整，输出每一样点的采样精度可达到 18 bit。

(5) 音频 D/A 转换器：选用 Crystal 公司的 CS4338 来完成这一任务。

(6) Flash Memory：用于存储主程序，它是一种高密度、高稳定性、低成本、可快速擦写的非易失性存储器。它与 ROM、EPROM 相比，提供了更高的性能，更大的灵活性；与 SRAM、EEPROM 相比，它有更高的密度和更合理的价格。在这里选择的是 INTEL 公司的 28F320J5 芯片，它内部有 32 个 128 kbit 可擦除块，存储容量为 32 Mbit，数据线可选择为 8 位或 16 位。

# 第 14 章　基于 H. 323 协议的 IP 可视电话终端

## 14.1　H. 323 终端模型

H. 323 是针对没有 QoS 保证的局域网环境中的视听业务而制定的。在这种环境下，参加视听会议的所有终端、网关、MCU，以及对它们进行管理的网卫(Gate Keeper，GK)的集合，称为域(Domain)。一个域至少有一个终端，可以有、也可以没有网关或 MCU，但必须有一个、且只能有一个 GK。图 14-1 给出了一个 H. 323 系统的域。

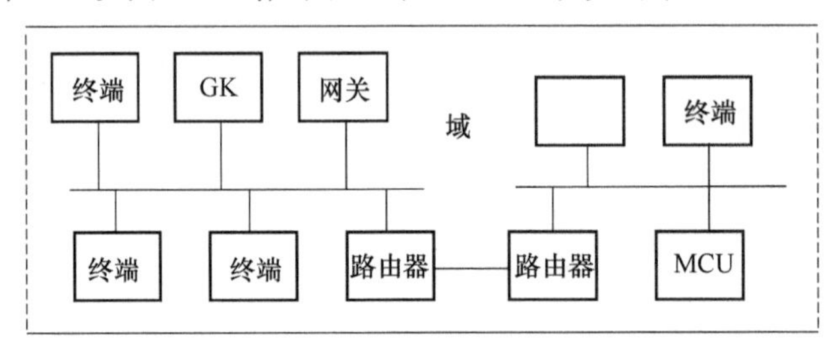


图 14-1　H. 323 系统域

由于 LAN 对接入没有控制，因此引入 GK 对域内的终端进行接纳控制(接纳准则尚未标准化)以防拥塞。GK 还可以控制某个终端所使用的带宽、控制通话模式等。由此看来，GK 对改善在无 QoS 保障的 LAN 上的视听业务质量是有益的。

H. 323 网关用于 H. 323 终端与其他种类的终端，如 H. 320，H. 324 等之间的连接。

MCU 提供会议管理、终端能力的交换以及视频、音频信号的混合与切换等功能。

H. 323 终端模型如图 14-2 所示。

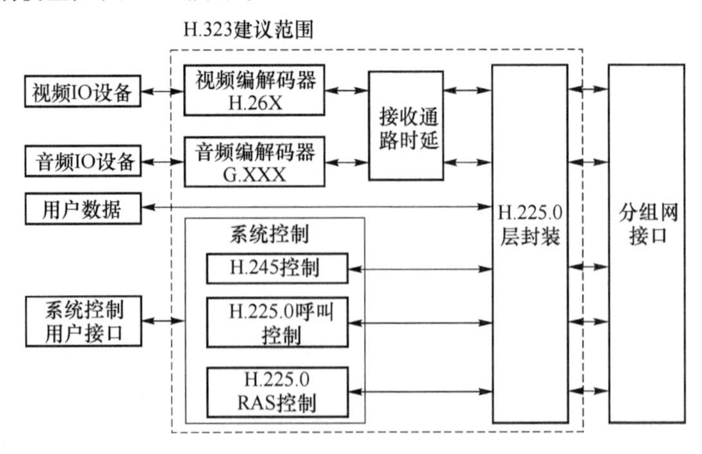


图 14-2　H. 323 终端模型

H. 323 终端的网络接口是 H. 225 建议所描述的，它规定网络接口必须为系统提供如下

内容：

(1) 对 H.245 控制信道、数据信道、呼叫信令信道提供可靠的端到端服务(如 TCP、SPX 等)。

(2) 对音频、视频和 RAS 信道提供不可靠的端到端服务(如 UTP、IPX 等)。

这些服务可以是双工的，也可以是单工的、单播的或组播的。

H.323 终端的视频编解码器必须提供 H.261 QCIF 的视频解码能力。对于支持 H.263CIF 或更高分辨率的 H.323 终端，必须也支持 H.261CIF 格式的视频编解码能力。对于支持 H.263 的终端必须支持 H.261QCIF 格式。除了支持以上格式外，还可以通过 H.245 交换能力信息来协商其他视频编解码算法。

H.323 终端音频编解码器必须能提供 G.711 的语音编解码能力。也可具有 G.722，G.723.1，G.728，G.729，MPEG-1 音频编解码能力。音频编解码器的选定是通过 H.245 能力协商来实现的。

H.323 终端的数据功能是基于 T.120 系列建议的基础上的。它可以通过 H.245 的打开逻辑信道、关闭逻辑信道等消息来建立一个或数个单向或双向逻辑信道，在这些逻辑信道上实现 H.323 系统的全部数据功能。

H.323 终端是通过交换 H.245 消息来实现控制的，在 H.323 终端中使用的 H.245 消息有：

- 确定主/从关系消息
- 交换能力消息
- 逻辑信道信令
- 双向逻辑信道信令
- 关闭逻辑信道信令
- 模式请求
- 环境时延的确定
- 维护环建/拆信令

H.323 终端除了上述四类信号外，还有两类信号，它们是 BSA 信号和呼叫信号：

RSA 信号是终端于 GK 之间使用，因为网络的特性，在 H.323 系统中有称为网卫(又称守门人)的设备，于是就存在终端与网卫之间的信令。RSA 是终端与网卫之间为了登记(Registration)、管理(Admission)、状态(Status)、带宽改变以及两者脱离关系等过程所需的信令。RSA 信道不受 H.245 信道管理。

呼叫信号是用于在 H.323 系统中两个末端设备之间建立呼叫连接的。呼叫信令信道与 RSA 信道和 H.245 信道都是独立的。呼叫信令信道与 RSA 信道一样，是最早建立的信道，且不受 H.245 信道的管理。在有 GK 的场合，由 GK 来决定呼叫信道是在终端与 GK 之间，还是在终端与终端之间建立。

上述六类信号在 H.225.0 层上复用和解复用。

在通信之前，H.323 终端必须先找到一个 GK，并在那里注册。用来传输注册、接纳和状态信息的非可靠信道称为 RAS 信道。在启动一次通信时，首先通过 RAS 信道向 GK 传送一个接纳请求。当被接纳后，则通过一个可靠信道利用 Q.931 向接收端进行呼叫，呼叫结束后建立一个可靠的 H.245 控制信道。一旦控制信道在收、发端建立起来之后，可根据能力交换协商情况，为音频、视频信号及数据载建立其他子信道。我们知道，连续媒体和离散媒体在传输方面要求很不相同，不同的媒体采用不同的子信道传输，可以对不同的子信道提出不同的 QoS 要求，从而有效地利用系统和网络资源。为了降低延时，音频和视频信号采用实时传输协议 RTP，并使用非可靠的传输层服务（如 UDP）。

媒体打包和控制的 H.225.0 层定义在传输层（如 TCP/UTP/IP 等）之上，与 H.225.0 有关的协议栈如图 14-3 所示。由图看到，H.225.0 不仅描述了 H.323 终端之间，也描述了 H.323 终端与在同一 LAN 上的 H.323 网关之间的传输方法。这里的 LAN 可以是一个网段，也可以是用桥或路由器连接的企业网，但是使用过大的网（如几个互连的 LAN）会导致视听业务质量的明显下降。H.225.0 给用户提供方法以确定质量下降是不是由 LAN 拥塞而引起，并提供相应的对策的步骤。

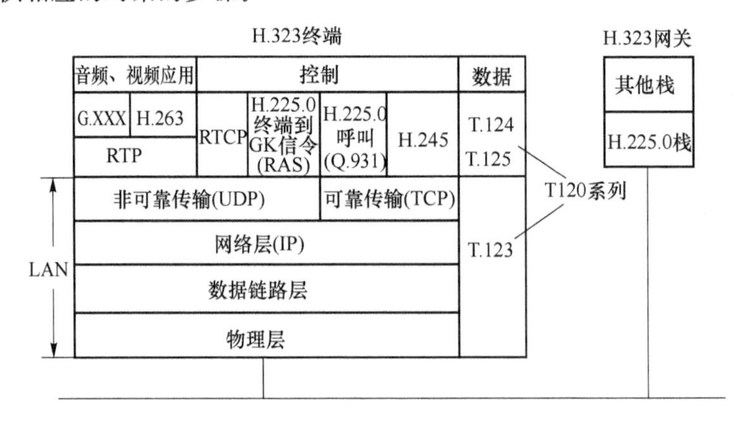


图 14-3　与 H.225.0 相关的协议

# 14.2　H.323 终端的硬件结构

## 14.2.1　概述

本系统的硬件平台采用 Philips 的 DSP 芯片 TM-1300 作为中心处理芯片，配以外围的辅助芯片，构成一个完整的硬件系统。它主要可分为以下几个部分：TM-1300 与外围存储器、语音和视频的输入输出、IP 网络接口、键盘和逻辑控制。图 14-4 是硬件平台的结构框图。

TM-1300 既可以用做单板处理器，也可以作为传统 CPU 的协处理器。它的 32 位操作和独立的 DMA 驱动协处理器能够完成一些很重要的多媒体操作。视频、语音的编解码以

及协议的控制都是在这里进行的。外围芯片通过芯片上的专用接口或通用总线与 TM-1300 相连。

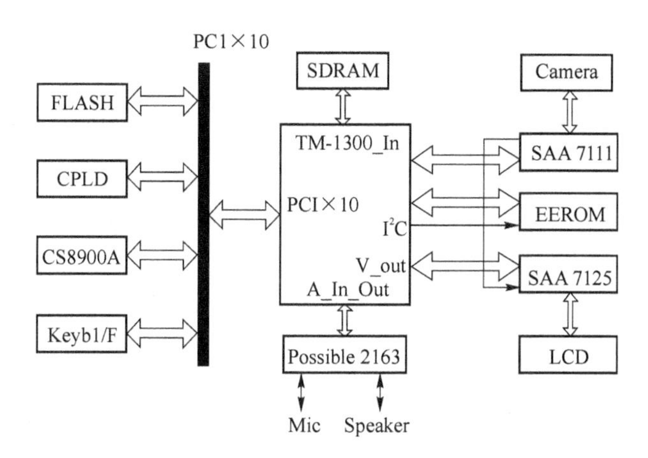


图 14-4 H.323 终端硬件构成框图

存储器有 EEPROM、SDRAM 和 FLASH，其中 EEPROM 用于存储 TM-1300 的有关配置数据和一级启动代码。当系统上电时，TM-1300 通过 $I^2C$ 总线读取 EEPROM 中的配置信息并进行 TM-1300 的初始化工作，然后读取一级启动代码并加载，接着执行一级启动代码，从外部的程序存储器 FLASH 中读入程序，载入到 SDRAM 中并执行，最后由程序来进行其他外围芯片的各种配置初始化工作并执行系统应用。

语音和视频的输入输出部分包括：外设的话筒、扬声器、摄像头、液晶显示器和硬件板上的语音处理芯片 PSB2163、视频输入芯片 SAA7111、视频输出芯片 SAA7125。PSB2163 进行语音的 A/D 和 D/A 变换，通过专用的语音口和 TM-1300 进行数据交换。SAA7111 进行视频的 PAL 解码，SAA7125 进行视频的 PAL 编码，通过 $I^2C$ 总线来进行配置，而它们的数据传输通过 TM-1300 专门的视频输入输出接口进行。

CS8900A 是 10M 单片以太网控制器，它是实现与 IP 网络之间的接口，并且带有标准的 ISA 总线接口，CS8900A 通过 PCI/XIO 总线与 TM-1300 相连。

键盘通过 PCI/XIO 总线进行操作。CPLD 则在系统中进行一些逻辑操作和控制，其中包括 PCI/XIO 总线和 ISA 总线之间的协调控制。

### 14.2.2 视频输入芯片 SAA7111 简介

SAA7111 采用 CMOS 工艺。该器件通过 $I^2C$ 总线与 PC 接口。内部包含两路模拟处理通道，能实现视频源选择、抗混叠滤波、模数变换(A/D)、自动嵌位、自动增益控制、时钟产生、多制式解码及亮度、对比度和饱和度控制。同时提供场同步信号 VREF、行同步信号 HREF、奇偶场信号 RES1、像素时钟信号 LLC2。SAA7111 可为视频信号的数字化应用(比如多媒体领域、数字电视、图像处理、视频监控、可视电话、视频桌面系统等领域)提供极大的方便。

SAA7111 的主要特点如下。

(1) 可编程选择四路模拟输入中的一路或二路组成不同单位工作模式,在内部有两路模拟预处理通道,可进行静态增益控制或自动增益控制,两路 8 位 A/D。

(2) 可编程进行白平衡控制、抗混叠滤波、梳状滤波。

(3) 能实现行同步、场同步的自动检测和分离;片内产生时钟通过数字 PLL 锁定行同步。

(4) 自动进行 50/60 Hz 场频的检测,自动进行标准 PAL 制式和 NTSC 制式之间的转换。

(5) 可对各种制式的视频信号的亮度和色度进行处理。可进行亮度、色度、饱和度的片内控制。

(6) 数据输出格式多样,具体格式如下:

-4∶1∶1 的 YUV 格式(12 位)

-4∶2∶2 的 YUV 格式(16 位);

-4∶2∶2 的 YUV 格式[CCIR-656](8 位);

-5∶6∶5 的 RGB 格式(16 位);

-8∶8∶8 的 RGB 格式(24 位)。

(7) 通过 $I^2C$ 总线接受外部控制器的完全控制。

SAA7111 的功能框图如图 14-5 所示。

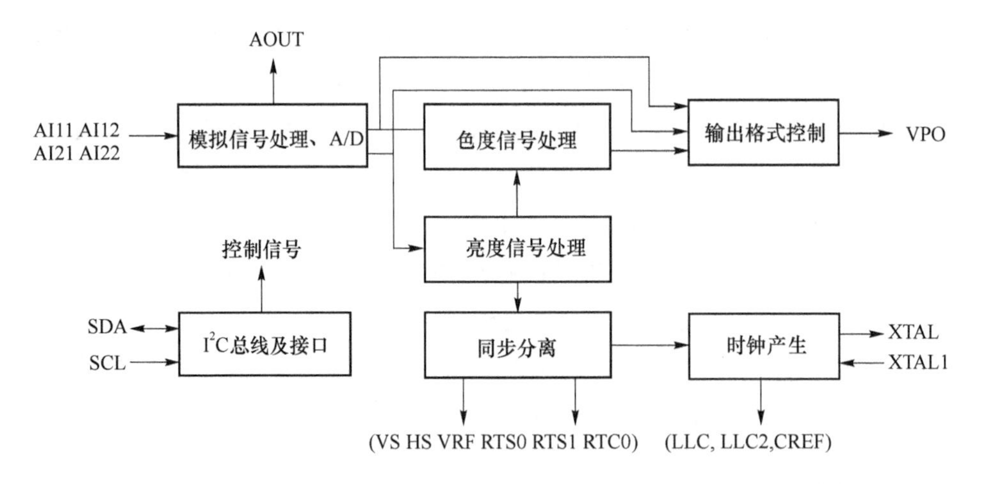


图 14-5 SAA7111 功能框图

SAA7111 的四个模拟视频信号 AI11、AI12、AI21、AI22 经模拟处理后,一路经缓冲器从模拟输出端 AOUT 输出用于监视;另一路经 A/D 形成数字化色度信号、亮度信号,分别进行色度处理和亮度处理。处理后的亮度信号一路送色度处理,进行综合处理形成 Y、U、V 信号经格式化后从 VPO 输出;另一路送同步分离,经数字 PLL,产生相应的行、场同步信号 HS、VS,同时 PLL 驱动时钟发生器,产生与 HS 锁定的时钟信号 LCC1、LCC2。所有这些功能都是通过 $I^2C$ 总线控制下完成的。SCL 是 PC 机输入的时钟,SDA 是双向数据线。

芯片 SAA7111 的方框图如图 14-6 所示。

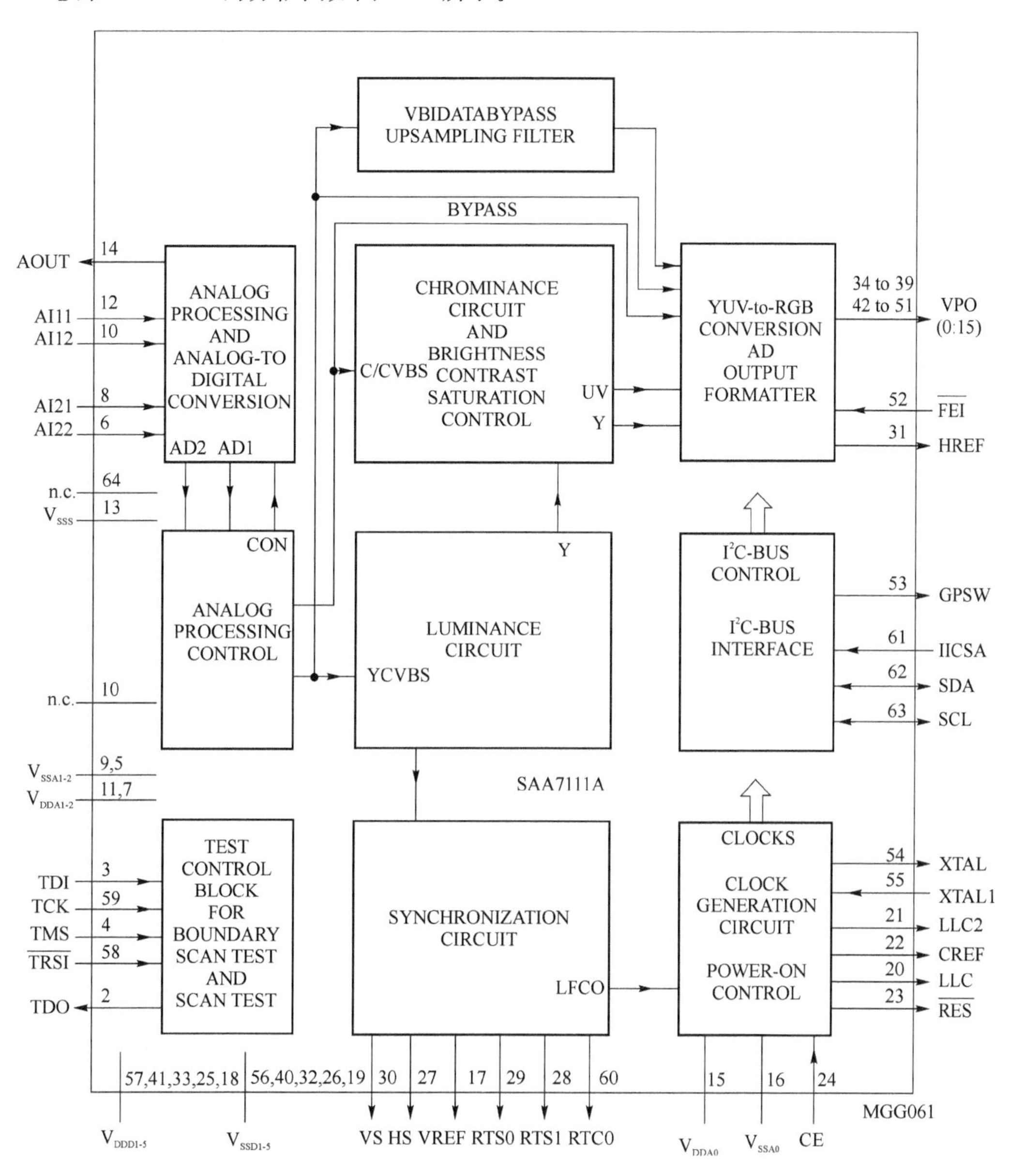


图 14-6 SAA7111 方框图

## 14.2.3 以太网控制芯片 S8900A 简介

**1. S8900A 基本结构及功能**

TM1300 可以在嵌入式操作系统 pSOS 中运行，同时由于系统 pSOS 带有 TCP/IP 协议栈，因此可以方便地完成编码码流的 TCP/IP 封装。

S8900A 是 CIRRUSLOGIC 公司生产的以太网控制芯片。其内部结构图如图 14-7 所示。CS8900A 内部功能模块主要是 802.3 介质访问控制器(MAC)。802.3 介质访问控制器支持全双工操作，完全依照 IEEE802.3 以太网标准（ISO/IEC8802-3，1993），它负责处理有关以太网数据帧的发送和接收，包括冲突检测、帧头的产生和检测、CRC 校验码的生成和验证。通过对发送控制寄存器（TxCMD）的初始化配置，MAC 能自动完成帧的冲突后重传。如果帧的数据部分少于 46 个字节，它能生成填充字段使数据帧达到 802.3 所要求的最短长度。

S8900A 支持 8 位、16 位微处理器，可以工作在 I/O 方式或 MEMORY 方式，片内集成了 ISA 总线接口，可直接与具有 ISA 总线的 CPU 系统无缝连接。片内集成 4KB RAM，包括片内各种控制、状态、命令寄存器，以及片内发送、接收缓存。用户可以以 I/O 方式、MEMORY 方式或 DMA 方式访问它们。

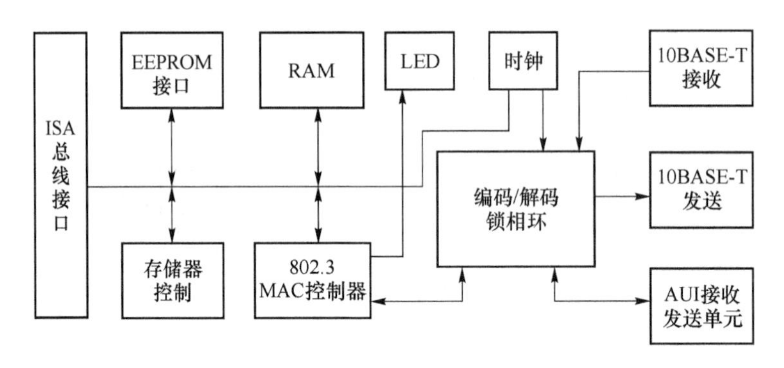


图 14-7　CS8900A 内部结构图

它的主要特点如下。

- 符合 IEEE802.3 以太网标准，并带有 ISA 接口；
- 片内 4 KB RAM；
- 适用于 I/O 操作模式，存储器操作模式和 DMA 操作模式；
- 带有传送、接收低通滤波的 10Base-T 连接端口；
- 支持 10Base2，10Base5 和 10Base-F 的 AUI 接口；
- 自动生成报头，自动进行 CRC 检验，冲突后自动重发；
- 最大电流消耗为 55 mA（5 V 电源）；
- 全双工操作；
- 支持外部 EEPROM。

要实现 CS8900A 与主机之间的数据通信，在电路设计时可根据具体情况灵活选择合适的数据传输模式。CS8900A 支持的传输模式有 I/O 模式和 Memory 模式，另外还有 DMA 模式。其中，I/O 模式访问 CS8900A 存储区的缺省模式，比较简单易用。

CS8900A 基本工作原理是：在收到由主机发来的数据报从目的地址域到数据域后，侦听网络线路。如果线路忙，它就等到线路空闲为止，否则，立即发送该数据帧。发送过程中，首先，它添加以太网帧头（包括先导字段和帧开始标志），然后，生成 CRC 校验码，最后，将此数据帧发送到以太网上。接收时，它将从以太网收到的数据帧在经过解码、去掉帧头和地址

检验等步骤后缓存在片内。在 CRC 校验通过后，它会根据初始化配置情况，通知主机 CS8900A 收到了数据帧，最后传到主机的存储区中。

**2. TM1300 与 CS8900A 硬件接口设计**

TM1300 的 XIO 总线用于提供用户扩展外设，有 8 根数据线 $D_0 \sim D_7$，24 根地址线 $A_0 \sim A_{23}$ I/O 读写信号 RD、WR。可利用 TM1300 的 8 位 XIO 总线模拟一个 16 位的 ISA 接口与 CS8900A 的 ISA 总线接口，即可解决硬件接口问题。接口图如图 14-8 所示。

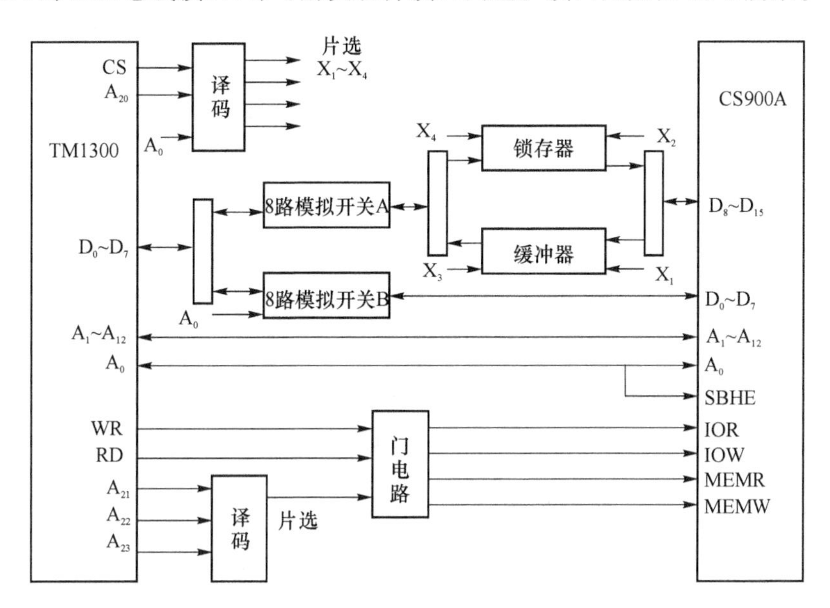


图 14-8 TM1300 与 CS8900A 硬件连接图

CS8900A 的高 8 位数据线通过一个 8 位锁存器和缓冲器连接到 8 路模拟开关 A 的一端，低 8 位数据线连接到模拟开关 B 的一端。模拟开关 A、B 的另一端连接到 TM1300 芯片 XIO 总线的数据线 $D_0 \sim D_7$。

A、B 在同一时刻，只有一组连通，$A_0=0$，B 连通，$A_0=1$，A 连通。

TM1300 的 $A_{20}$、$A_0$ 译码控制锁存器和缓冲器的操作，逻辑关系如下：

- $A_{20}$用于控制高 8 位读写：$A_{20}=0$ 时，CS8900A 的 $D_8 \sim D_{15}$ 从缓冲器入(读 CS8900A 的高 8 位)；$A_{20}=1$ 时，高 8 位数据经锁存器到 CS8900A(写 CS8900A 的高 8 位)。
- $A_0$ 用于控制低 8 位或高 8 位操作：$A_0=0$，对应低 8 位数据读写；$A_0=1$，对应高 8 位数据读写。

根据以上逻辑关系可得对 CS8900A 的 16 位数据读写操作如下：

读 16 位数据：$A_0=0$，$A_{20}=0$，从 B 读 CS8900A 低 8 位，

$A_0=1$，$A_{20}=0$，从 A 读 CS8900A 高 8 位。

写 16 位数据：$A_0=1$，$A_{20}=1$，高 8 位到锁存器

$A_0=0$，$A_{20}=1$，低 8 位由 B 到 CS8900A，同时允许锁存器输出。

# 14.3 H.323终端软件

本方案的软件系统是在嵌入式实时多任务操作系统 pSOS 下开发的。TM-1300 的生产商和 pSOS 联合开发了基于该芯片的底层驱动和设备库，为开发人员提供了良好的软件开发环境和调试工具。整个系统分为多个任务，它由 pSOS 统一来管理和调度。另外，pSOS 包括 1 个 pNA＋模块，即 TCP/IP 网络协议管理器，还包含其他的协议包，如 SNMP、Telnet、TFTP、NFS 等，方便进行 IP 通信的开发。

软件系统包括外围芯片的驱动、视频和语音编解码、通信协议和总体应用程序，其中视频和语音的编解码算法是整个软件工作的核心，它是 CPU 资源的主要耗费者。视频编解码采用 ITU-T 的会议电视的图像压缩标准 H.263＋，语音编解码采用符合 ITU-T 的 G.729.A 语音压缩国际标准。各个驱动程序保证相应硬件正常工作。通信协议软件则关系到系统和其他终端的通信、互通、兼容等问题。总体应用程序则统一协调软件各模块和分配 CPU 时间资源，进行合理调度，它对于系统整体性能的提高有着很重要的作用。

如图 14-9 所示为系统的软件结构。其中：主控程序完成人机接口、各个模块的调度；视频和语音的编解码模块提供视频和语音的实时压缩解压缩，压缩后的数据打成 RTP 包或者从 RTP 包中恢复压缩后的数据并进行解码。

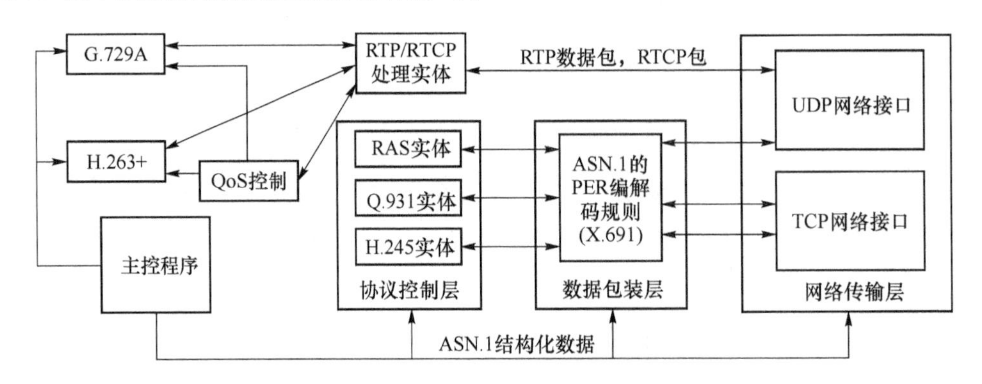


图 14-9　终端软件系统

协议控制层用来完成协议规定系统控制功能：包括 Q.931 呼叫控制实体和 H.245 控制。RAS 控制在无关守的网络中没有作用，因此为可选功能。RTP/RTCP 处理实体完成对服务器与终端交互的多媒体数据包(RTP 数据包)的处理功能，以确保实时接收和传送多媒体数据包。同时，它利用 RTCP 包报告网络和对端的状况，以及 QoS 的监控。

ASN.1 元数据类型编码层用来完成数据的打包工作。它按照 X.691 建议中的规定，将协议控制层传来的 ASN.1 结构化的数据按照 PER 编码规则打包成可在网络上传输的比特流数据。H.225.0 给出了 RAS 控制消息和呼叫信令控制消息的 ASN.1 结构，H.245 中给出了 H.245 控制消息的 ASN.1 结构。控制消息的形成即是控制消息 ASN.1 结构数据化的过程，这是在消息编码层中完成。

网络传输层为邮件服务器提供透明的通信服务，它包括两种服务：面向连接的服务和面向非连接的服务。该系统相应的传输层采用 TCP（面向连接）和 UDP（面向非连接）协议。H.225.0 的呼叫信令和 H.245 的控制信令在可靠的 TCP 信道上传输，RAS 信令和 RTP 数据包在不可靠的 UDP 信道上传输。

整个软件系统根据 H.323 协议构建，根据在通话中的所执行的功能不同，整个系统可以分为 3 个模块。

(1) 初始化模块

初始化模块的主要任务是设置参数。参数包括呼叫参数和收发送参数，呼叫参数包括对方终端地别名或 IP 地址、设置铃声、设置网络参数，需要网关支持的话还需要设置网关等。收发送参数包括输入音视频格式、收发送图像格式、采用的音视频编解码协议等。

(2) 呼叫连接和释放模块

呼叫连接和释放模块的主要功能是根据初始化所设置的参数，与目的终端建立呼叫连接，并在多媒体信号收发过程结束之后释放呼叫。它又可分为呼叫连接子模块和呼叫释放子模块。

两个电话在能够进行音视频收发之前，必须先建立连 IP 接，这就是呼叫连接子模块的功能。在 H.323 协议体系中，这一过程由 H.225.0 协议及 H.245 协议完成。它又可以分为呼叫控制和连接控制两个子过程。其中，呼叫控制子过程由 H.225.0 协议执行。它先根据公认的端口号建立起连 TCP 接，即可靠的呼叫信道。然后在此呼叫信道上发送 H.225.0 呼叫信令消息，直至建立起另外一条 TCP 信道——H.245 控制信道，呼叫控制过程结束，连接控制过程开始。连接控制过程由 H.245 协议完成。其中最重要的过程为能力交换过程，在此过程中，发送方根据接收方送过来的能力集，决定所采用的音视频编解码协议。每个终端都必须具有一个音频编解码器和一个视频编解码器。它们都能对于各自的数据进行基于不同协议的编码或解码。例如：音频编解码器能进行 G.711、G.729 解码和 G.711、G.723.1 编码。但实际运用中，到底采用什么协议编码和协议解码，就需要进行能力的交换。

呼叫释放子模块的功能是释放一个呼叫。此过程可以由通话的任意一个 IP 电话终端发起。首先，发起终端停止在逻辑信道上传送信息，关闭所有逻辑信道。然后通过 H.245 控制信道向对方终端发送“结束会话”命令。对方终端接到上述消息之后，关闭所有逻辑信道，向发起终端回送“结束会话”命令消息。至此，整个通话过程结束。

(3) 多媒体处理模块

多媒体处理模块是整个软件的核心，它也由多个子模块组成，每一个子模块负责一个视频或音频协议的编解码过程。在呼叫连接模块完成呼叫和连接之后，根据 H.245 协议建立其多条逻辑信道，每一条逻辑信道上只传送一种协议媒体信号。每一个子模块的功能是将 VI 或 AI 接口输入的信号经过滤波、编码之后发送到与之对应的逻辑信道上，同时接收逻辑信道上由对方终端传来的信号，并经解码，送到 VO 或 AO 接口输出。由于采用模块化设计，如果要添加新的多媒体通信协议，只需将该协议的编解码软件做成一个新的多媒体处理子模块，加入主程序就可以了。

图 14-10 显示了整个软件系统的流程。

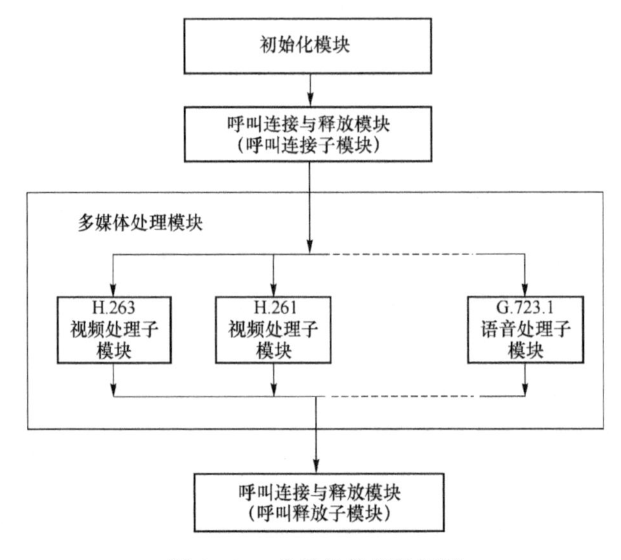


图 14-10　终端软件流程框图

# 第15章　DVB技术简介

## 15.1　DVB概述

DVB(Digital Video Broadcasting)意为数字视频广播。DVB是欧洲有170多个组织参加的一个项目。数字电视是电视技术发展的下一代产品。

### 15.1.1　DVB核心系统

DVB为数字电视广播系统提供了一个广义的技术解决方案,其核心系统可简单概括为:

1. 系统运载MPEG-2音、视频和数据的灵活组合;
2. 使用通用的MPEG-2传送流复用;
3. 有一个通用的业务信息系统来提供节目的详细内容;
4. 选择调制和信道编码系统来满足不同传输媒介的需要;
5. 可使用通用的加扰系统和通用的条件接收接口。

### 15.1.2　DVB分类

根据不同的传输媒介和不同的应用领域,DVB划分为以下几个系统。

- 卫星数字电视广播系统:DVB-S。
- 有线数字电视广播系统:DVB-C。
- 地面数字电视广播系统:DVB-T。
- 微波数字电视广播系统:DVB-M。
- 交互数字电视广播系统:DVB-I。

其中最常用的三类系统如下。

**1. DSB-S**

将200 Mbit/s以上速率的音、视频以及数据信号,经过MPEG-2压缩编码为15 Mbit/s以下速率的数据传输流,再经过多节目复用器,获得更高的MPEG-2混合传输流,并依节目制作者的需要,通过节目复用器将节目加扰,再被送到QPSK数字调制器,最后将中频的QPSK信号进行上变频到C波段或Ku波段所需要的频率,通过天线上行发射。DVB-S发送端原理如图15-1所示。

**2. DVB-C**

与DVB-S不同的是系统采用QAM调制方式,根据传输环境状态,可采用16-QAM,32-QAM,64-QAM,128-QAM,或256-QAM等不同调制速率。对传输远,噪声大的系统可采用低的调制速率,否则采用高的调制速率。目前 CATV 使用 64-QAM 调制速率。在 8 MHz 带宽内可传送数据率高达 38.5 Mbit/s。在 CATV 前端,经复用器后,对 DVB 传输数据流的处理概括为:同步反转和能量扩散、RS 编码、卷积交织、字节到字符的变换等,进入 QAM 调制器调制,输出一路已压缩的多套数字电视节目射频电视信号。经上变频 RF 变换到 CATV 网络所需要的频段,并送 CATV 网。DVB-C 前端原理图如图 15-2 所示。

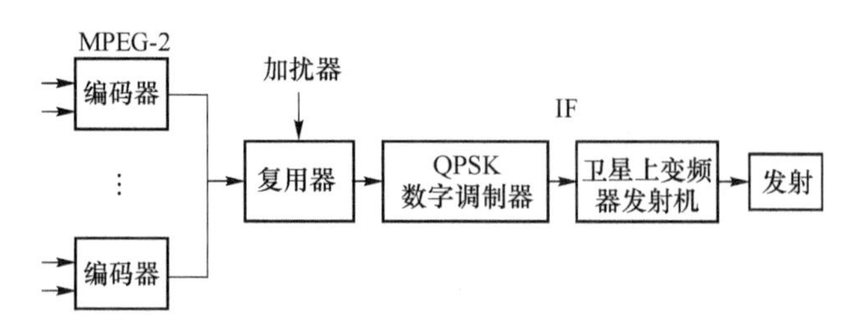


图 15-1 DVB-S 发送端原理图

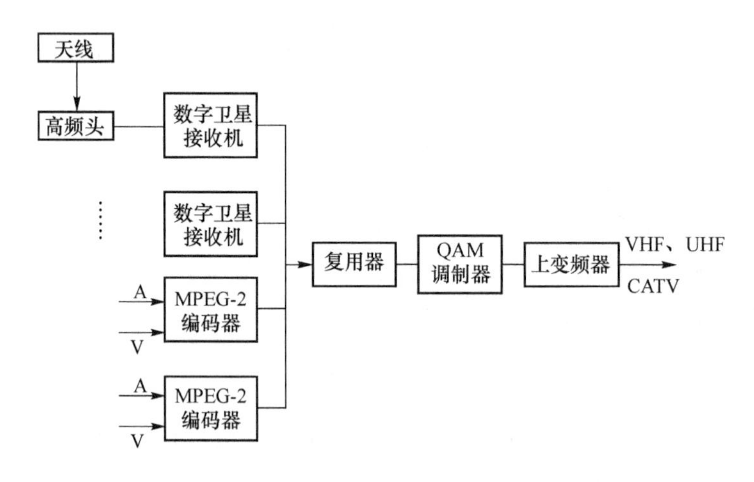


图 15-2 DVB-C 前端原理图

**3. DVB-T**

采用目前的开路电视特高频或甚高频频段广播数字电视。针对地面电视广播信道的特性,例如,地面建筑物对信号的多次反射及多种噪声的干扰,为此,在 DVB-T 中引入 COFDM 处理方式(Coding Orthogonal Frequency Division Mulyiplex,编码正交频分复用调制)。信号经 COFDM 方式处理后,再灵活采用 QPSK 或 QAM 调制。最后再经上变频器进行上变频,送到天线。DVB-T 发端原理图如图 15-3 所示。

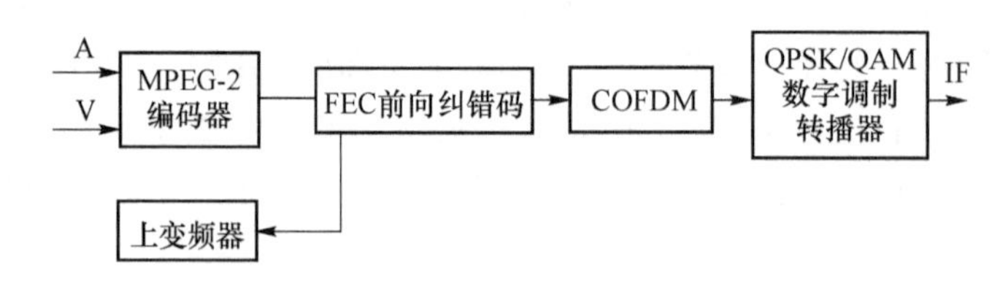


图 15-3 DVB-T 发端原理图

# 15.2　H.324数字机顶盒

## 15.2.1　概述

**1. 机顶盒**

对于机顶盒，目前没有标准的定义，传统的说法是："置于电视机顶上的盒子。"它以电视机作为用户终端，以提高现有电视机的性能或增加其功能。由于功能和用途不同，使得"机顶盒"这个概念有些模糊不清，如早期的增补频道机顶盒、图文电视机顶盒、付费电视机顶盒等。

**2. 数字电视机顶盒**

数字电视机顶盒是信息家电之一，它是一种能够让用户在现有模拟电视机上观看数字电视节目，并进行交互式数字化娱乐、教育和商业化活动的消费类电子产品。它被称作数字电视广播与模拟电视接收机之间的"桥梁"。数字电视机顶盒又分为卫星数字电视机顶盒(DVB-S)、地面数字电视机顶盒(DVB-T)和有线数字电视机顶盒(DVB-C)三种。目前应用较为广泛的是数字卫星机顶盒和有线电视数字机顶盒。

**3. 数字电视机顶盒的主要功能**

数字电视机顶盒的基本功能是接收数字电视广播节目，同时具有所有广播和交互式多媒体应用功能，包括：

① 电子节目指南(EPG)。它为用户提供一种容易使用、界面友好、可以快速访问想观看的节目的方式，用户可以通过该功能看到一个或多个频道甚至所有频道上近期将播放的电视节目。

② 高速数据广播。它能为用户提供股市行情、票务信息、电子报纸、热门网站等各种信息。

③ 软件在线升级。它可看成是数据广播的应用之一。数据广播服务器按DVB数据广播标准将升级软件广播下来，机顶盒能识别该软件的版本号，在版本不同时接收该软件，并对保存在存储器中的软件进行更新。

④ 因特网接入和电子邮件。数字机顶盒可通过内置的电缆调制解调器方便地实现因特网接入功能。用户可以通过机顶盒内置的浏览器上网，发送电子邮件。同时机顶盒也可以提供各种接口与PC相连，用PC与因特网连接。

⑤ 有条件接收。有条件接收的核心是加扰和加密，数字机顶盒应具有解扰和解密功能。

总之，到目前为止，围绕数字机顶盒的数字视频、数字信息与交互式应用三大核心功能开发了多种增值业务。具体内容如表15-1所示。

表 15-1　数字机顶盒目前开发的增值业务

| 项　目 | 内　容 |
|---|---|
| 基本业务 | 模拟电视广播、FM 广播、模拟付费(加扰)电视 |
| 数字视频 | 卫星数字视频广播(DVB-S);地面数字视频广播(DVB-T);有线数字视频广播(DVB-C);数字付费(加扰)电视 |
| 数字音频 | IP 电话/传真;音乐(MOD);实时音频卡拉 OK 点播(KOD) |
| 数字数据 | 信息点播(IOD);数据广播(BIS);股市证券信息广播(SIS);VBI 图文电视;应用程序下载;远程数据库;电子商务;家居银行 |
| 交互式媒体 | 互联网接入服务(IAS);远程教育;远程医疗;网上购物;网上收费;电子广告;股市证券服务(SES);网上(音、视频)广播业务;可视电话与电视会议;社区多功能服务 |

### 15.2.2　DVB 数字机顶盒的设计与实现

近年来,各大芯片厂家都针对数字电视机顶盒推出了套片和解决方案并形成了系列产品。美国的 LSI 公司先推出了 LLS64768、LSLS64108,LS64005,又推出了单芯片 SC2000 方案;欧洲的 ST 也有 ST5500、ST5512、ST5518 方案;日本的富士通公司也推出了 MB87L2250 解决方案。

#### (一) 基于 LSI 公司芯片方案

**1. 概述**

考虑到目前有线电视网在数据传输上的单向性,并考虑到普通电话的极大普及,系统采用电话网(PSTN)作为上行信道,而利用 CATV 网络作为下行信道。用户根据主选单选择节目后,数字机顶盒通过上行信道将用户的节目请求信息传送到中心控制系统,中心控制系统根据用户请求信息往 CATV 网络发送相应的节目。而后数字电视机顶盒接收 CATV 网络上的信号,完成下变频、解调、信道解码、解复用、解压缩、视频编码和音频 DAC 的功能,并将模拟视频和音频输出信号送到电视机,从而实现交互视频/数据信息服务。数字机顶盒的结构框图如图 15-4 所示。

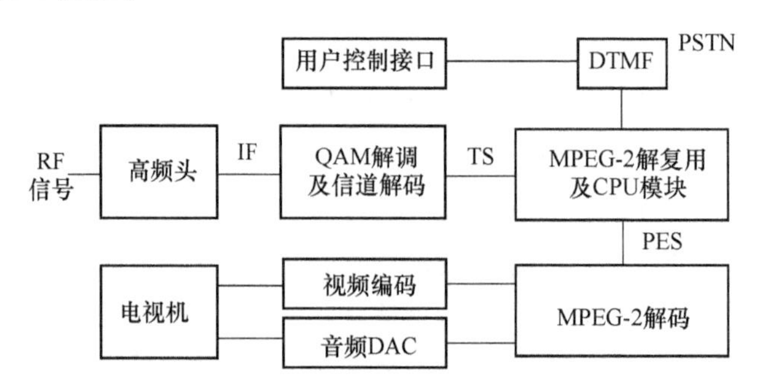


图 15-4　DVB-C 数字电视机顶盒方框图

信源编码中视频采用 MPEG-2 标准,而音频采用 MUSICAM 标准,业务复用采用的是 MPEG-2 系统层规范,信道编码采用 RS+交织方式,而调制式则采用 QAM 调制。

**2. 数字机顶盒的硬件实现**

(1) 高频头

CATV 网络上传送的是 45～860 MHZ 的高频信号,数字机顶盒首先必须对高频信号进行下变频,由高频头来实现。本系统通过 I2C 总线可对高频头进行调谐,控制高频头输出中频信号,其中一路为 36.15 MHZ 的第一中频,另一路为 7 MHZ 的第二中频,带宽都为 7 MHZ,本系统采用第二中频信号。

(2) QAM 解调及信道解码

系统信道编码采用 RS 交织方式,而调制方式则采用 QAM 调制。因此,数字机顶盒必须完成 QAM 解调、解交织和 RS(里德-所罗门)解码,具体过程如图 15-5 所示。

图 15-5 QAM 解调及信道解码过程

系统采用 LSI 公司的 LS64768 实现以上功能。L768S 主要包括 8 个模块:ADC 模块(模数变换)、QAM 核心模块、FEC 核心模块和微处理器及主机接口模块。它主要完成 QAM 解调、解交织和 RS 解码的功能。来自高频头的第二中频信号经外部或内部模数变换,变换为每个样点 8 bit 的数字信号(取样频率为 4 倍的第二中频频率),随后信号被分为同步和正交信号。LS64768 具有自动获得波特率的特性,当到达实际的波特率时,实现环路锁定。L64768 测量输入样点的平均功率后,通过一个外部被动低通滤波器控制高频头的 AGC,以实现高频头输出信号功率的稳定性。解交织器以确定的方式重排信号次序,解交织的块大小为)204 B。L64768 中的 RS 解码器完全符 CCITT 推荐的 CCIR723 标准,它实现(204,123)的 RS 解码,从而完成前向纠错的功能。信号经过 QAM 解调和信道解码后,将以 MPEG-2 传送流的形式送出,由下级模块进行解复用。

(3) MPEG-2 解复用

"业务复用"是指先将数字数据进行分组,然后将视频数据分组、音频数据分组和辅助数据分组复用到单一数据流中。DVB-C 使用 MPEG-2 传送流对视频、音频和数据信号进行分组和复用,采用 LSI 公司的 LS64108 实现 MPEG-2 解复用功能。L64108 接收传送数据,对数据进行解复用后形成音频 PES 分组数据和视频 PES 分组数据,并将音频和视频数据直接送给 MPEG-2 解码器进行解码。MPEG-2 传送数据流通过 L64108 的系统解码接口进入芯片后,L64108 利用内部 PID 处理单元对输入数据进行分析,用户通过应用软件控制 LS64108,以提取相应的音频 PES 数据、视频 PES 数据、程序特殊信息(PSI)、服务信息(SI)以及私有数据。音频 PES 数据和视频 PES 数据通过 LS64108 的 A/V 接口输出,而程序特殊信息(PSI)、服务信息(SI)以及私有数据则被存储到外部 DRAM 中,通过应用软件的控制,L64106 的内嵌 CPU 可以对这些数据直接进行存取操作。

(4) MPEG-2 解码

解复用模块送出的数据是压缩的视频 PES 数据和音频 PES 数据,必须由 MPEGT-2 解码器对 PES 数据进行解压缩。采用 LSI 公司的 LS64005 来实现 MPEG-2 解码功能,其主要功能是对 LS64108 送出的 PES 分组进行解码,它输出两组信号:一组为送给数字视频编码器的 CCIR601 数字视频信号,另一组为送给音频 DAC 的 PCM 格式的数字音频信号。

(5) 视频编码

视频编码器的功能是将已解码的数字信号转换为模拟电视信号，它接收 MPEG-2 解码器送出的 CCIR601 数字视频信号，并将它转换成混合视频信号(CVBS)或"S 端子视频信号，这些信号经过低通滤波后，便可送到电视机进行播放。

(6) 音频 DAC

音频 DAC 的功能是将已解码的数字 PCM 数据转换成立体声模拟信号。同时音频 DAC 产生过采样时钟，作为参考时钟提供给 MPEG-2 解码器，以产生精确的音频系统时钟。

(7) 用户接口

用户接口主要由单片机控制电路、显示电路、遥控电路组成。在视频广播系统中，数字机顶盒开机后，将首先接收中心控制系统发送的节目信息，并以节目选单的形式在电视机上显示。用户可以通过用户接口，翻阅节目选单，并根据自己的喜好对节目进行选择。

(8) DTMF 模块

数字机顶盒接收到用户发出的节目选择信息后，必须将选择信息通过上行信道发送到中心控制系统，这是实现交互视频服务的第一步。本视频广播系统采用 PSTN 网作为上行信道，由于 PSTN 网络是模拟网络，数字机顶盒通过 DTMF(双音多频)模块接入 PSTN 网。数字机顶盒通过 DTMF 模块进行拨号，与中心系统的接入服务器、通信服务器建立连接，并将用户发出的节目选择信息上传到中心控制系统，以实现用户与中心控制系统的交互功能。

## (二) 基于 Philips 公司芯片方案

### 1. 基本组成

由于数字机顶盒的功能是接收数字编码的视频、音频信号，通过解调、解复用和解码转换成模拟电视机能接收的标准制式。因而，一个典型的数字机顶盒系统的结构可由以下几个模块组成：信号获取模块、信号处理模块、用户接口模块、显示模块。如图 15-6 所示。

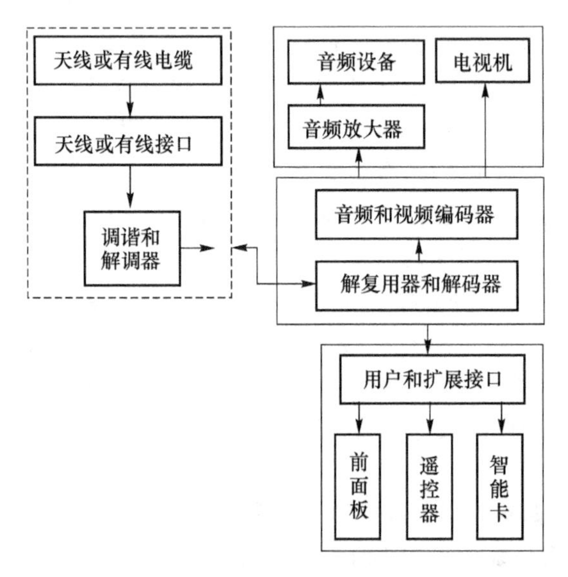


图 15-6　DVB-C 基本组成框图

信号获取模块起着从信息源获取 MPEG-2 数字信号的作用。在 DVB-S 情况下，该模块由卫星的调谐器和 QPSK 解调设备组成；而在 DVB-C 情况下，由于信息通过有线电视网络传输，因而该模块将由有线网络调谐器和 QAM 解调设备组成。数字机顶盒与用户的交互通过用户接口模块完成。通常该模块包括红外遥控器、前面板、智能卡等设备，以及与这些外设进行通信的通信程序；而显示模块由常用的模拟电视机和相关的音频设备组成，用来显示和播放已转换为模拟形式的视频和音频信号。最复杂的模块是信号处理模块，它是整个数字机顶盒的核心部件。它接收信号获取模块得到的 MPEG-2 传输流信号，通过解复用、解码，再转换成显示模块可接收的 PAL 或 NTSC 信号。因而它基本上由控制微处理器、内存、解复用器、音频和视频解码器、音频 D/A 和视频编码器等部件组成。同时它控制着用户接口模块、显示模块和信号获取模块。

本系统设计中，使用了 Philips 的一些专用芯片开发数字机顶盒，如使用 SAA7214(包含 MIPSCPU)实现中心控制和解复用功能；使用 SAA7215 实现解码和转换功能。从图中可知，用于 DVB-S 的数字机顶盒与用于 DVB-C 的数字机顶盒的唯一差异是图中虚框显示部分。

**2. 硬件结构**

根据系统功能和模块，DVB-C 数字机顶盒系统的硬件将分成以下几个部分：主处理板、前面板、调谐和解调板、智能卡板，其中每个部分分别与系统的各个模块相对应。总体的硬件框架可用图 15-7 表示。

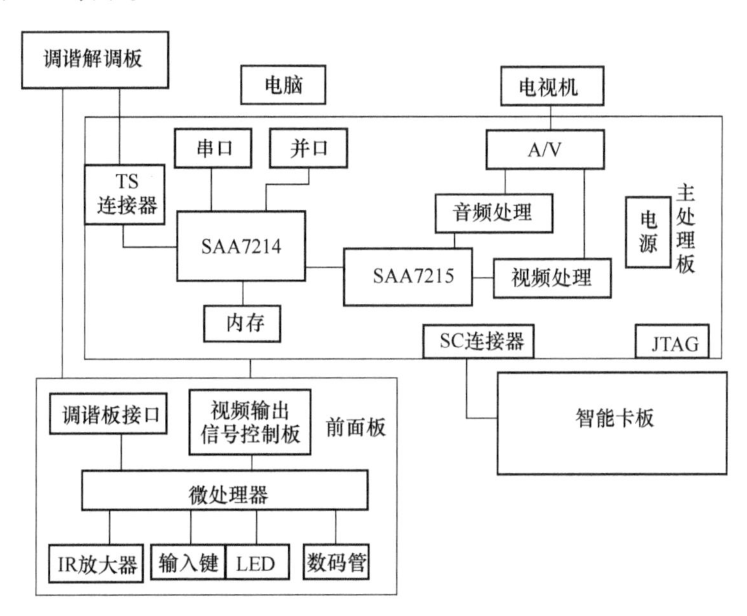


图 15-7 总体结构的硬件框架

前面板负责机顶盒与用户间的接口，它处理用户输入设备和输出设备的操作，如红外遥控器的远程控制、面板按钮直接控制、数码管和发光二极管的显示等。

调谐和解调板负责从信息源接收数字信号，并解调成主处理板能接收的 MPEG-2 传输流。DVB-S 数字机顶盒的调谐和解调板由卫星调谐器和 TDA8044 芯片组成，它接收与 DVB 兼容的卫星信号，并转换成数字 MPEG-2 传输流，然后将传输流送入主处理板中。

DVB-C 数字机顶盒的调谐和解调板则可通过网络接口与有线网相连，经过调谐器和 QAM 解调设备，从有线网中获取 MPEG-2 传输流。

智能卡板的设计完全是为了数字电视的加密和付费，在智能卡板上有一个智能卡阅读器，通过总线和主处理板中的 SAA7214 相连。当用户将卡插入其中时，可确定用户是否可收看数字电视。

在硬件结构中，最核心的部件是主处理板，它是由 SAA7214、SAA7215 等物理连接芯片，以及相关内存等部件组成。

在 SAA7214 硬件设计中包含了分组标识(PID)滤波器、解扰码器、段滤波器、传输流和节目流(TS/PES)滤波器、节目时钟参考(PCR)处理器等，除此之外，SAA7214 还包含微处理器(MIPS CPU)和许多外围设备接口，如 UART、I2C、IEEE 1284(并口)等，能够执行数字机顶盒中所有的控制任务。当数据流接入后，首先应用到一个解扰芯片上，通过存储在内存中的 6 个控制字对 DVB 的解扰算法进行解扰；随后对传输流进行解复用，将传输流分解成 32 个独立数据流，从中可得到时钟恢复和时间基的管理信息、节目专用信息(PSI)、服务信息(SI)、条件访问信息(CA)和专用数据等。所有这些数据被存放在外部动态内存中，MIPSCPU 将对此作进一步的处理。

SAA7215 在主处理板中与 SAA7214 芯片直接相连，实现 MPEG 音频和视频的解码，同时还可提供增强图形显示、背景显示、OSD(On Screen Display)和输出视频编码等功能。SAA7214 解复用后的视频和音频压缩数字信息，通过 SAA7215 的解码和转换可直接在模拟电视机中播放。由于 SAA7215 使用了对音频、视频解码的最佳结构，因而它可使用外围设备的最大容量和外部 CPU 的最大处理能力来进行图形显示。

# 参考文献


[1] 张健全,等.中国强制性国家标准汇编·电子与信息技术卷.北京:中国标准出版社,2003.

[2] 余兆明,等.MPEG标准及其应用.北京:北京邮电大学出版社,2002.

[3] 钟玉琢,王琪,贺玉文.基于对象的多媒体数据压缩编码国际标准——MPEG-4及其校验模型.北京:科学出版社,2000.

[4] 张春田,苏育挺,张静.数字图像压缩编码.北京:清华大学出版社,2006.

[5] 吴乐南.数据压缩(第二版).北京:电子工业出版社,2005.

[6] 余兆明,等.图像编码标准H.264技术.北京:人民邮电出版社,2006.

[7] 毕厚杰.新一代视频压缩编码标准——H.264/AVC.北京:人民邮电出版社,2005.

[8] 张锐、黄本雄.视频编码H.264/AVC新技术及其优化.电信工程技术与标准化,2005年第2期,37-39.

[9] 戴辉,卢益民.多媒体技术.北京:北京邮电大学出版社,2010.

[10] 彭芬.H.264/AVC中的CABAC编码技术.山西电子技术,2007年第3期,86-87.

[11] 国家标准:《信息技术 先进音视频编码 第二部分 视频》(GB/T20090.2-2006),中国标准化出版,2006.

[12] 国家数字音视频编解码技术标准工作组.视频编码标准AVS技术介绍.电子产品世界.2005年第10期,58-62.

[13] 高文,王强,马思伟.AVS数字音视频编解码标准.中兴通讯技术.2006年6月,第12卷第3期,6-10.

[14] 梁凡.AVS视频标准的技术特点.电视技术.2005年第7期,12-15.

[15] 刘元春.AVS视频标准研究.中国有线电视.2006年第16期,1554-1558.

[16] 黄铁军,高文.AVS标准制定背景与知识产权状况.电视技术.2005年第7期,4-7.

[17] 数字音视频编解码技术标准工作组.数字音视频编解码技术标准AVS.2006年7月,http://www.avs.org.cn/reference/AVS进展(20060710).pdf.

[18] 黄铁军.视频编码国家标准AVS与国际标准MPEG的比较.http://www.avs.org.cn/reference/AVS与MPEG视频编码标准的比较-v2.8.pdf.

[19] 李彦东,许生旺.AVS-P2和H.264标准的比较.无线电工程,第36卷(2006年)第8期,48-50.

[20] 虞露,胡倩、AVS视频的技术特征.电视技术,2005年第7期,8-11

[21] 任哲,等.MFC Windows应用程序设计.北京:清华大学出版社,2004.

[22] Eugene Olafsen,等.王建华,等,译.MFC Visual C++6.0编程技术内幕.北京:机械工业出版社,2000.

[23] George Shepherd,等.潘爱民,译.Microsoft Visual C++.NET技术内幕.北京:清华大学出版社,2004.